电路板图形转移技术与应用

林定皓　著

乔书晓　赵　彬　审

科　学　出　版　社

北　京

内 容 简 介

本书是“PCB先进制造技术”丛书之一。本书基于笔者收集的数据和以往的经验，从实际应用出发讲解电路板线路制作、选择性局部覆盖、阻焊制作、介质层制作涉及的图形转移技术与应用，目的是引导从业者深入了解图形转移技术，提高精细线路制作能力。

本书共15章，着眼于图形转移技术涉及的各种工艺与材料，讲解光致抗蚀剂（液态油墨及干膜）的应用、线路图形及导通孔的制作、孔金属化、铜面处理、贴膜、曝光、显影、电镀、蚀刻工艺。

本书可作为工科院校电子工程、电子信息等专业的教材，也可作为电子制造业、电子装备业的培训用书。

图书在版编目（CIP）数据

电路板图形转移技术与应用/林定皓著.—北京：科学出版社，2019.11

（PCB先进制造技术）

ISBN 978-7-03-062284-6

Ⅰ.电… Ⅱ.林… Ⅲ.印刷电路板（材料）–基本知识 Ⅳ.TM215

中国版本图书馆CIP数据核字（2019）第194183号

责任编辑：孙力维 杨 凯 / 责任制作：魏 谨

责任印制：师艳茹 / 封面设计：张 凌

北京东方科龙图文有限公司 制作

http://www.okbook.com.cn

科 学 出 版 社 出版

北京东黄城根北街16号

邮政编码：100717

http://www.sciencep.com

北京九天鸿程印刷有限责任公司 印刷

科学出版社发行 各地新华书店经销

*

2019年11月第 一 版 开本：787×1092 1/16

2019年11月第一次印刷 印张：13

字数：308 000

定价：108.00元

（如有印装质量问题，我社负责调换）

推荐序

电子信息产业是当前全球创新带动性最强、渗透性最广的领域，而PCB是整个电子信息产业系统的基础。作为“电子产品之母”，PCB的核心支撑与互连作用对整机产品来说非常关键。PCB行业的发展在某种程度上直接反映一个国家或地区电子信息产业的发展程度与技术水准。

经过三次迁移，全球PCB产业的重心已转移至中国。目前，中国已成为全球最大的PCB制造基地和应用市场，同时也是全球最大的PCB出口和进口基地。国内PCB直接从业人数约60万，加上设备、材料等相关配套产业，总从业人数超过70万。

随着5G+ABC+IoT等新技术的蓬勃发展和深入应用，PCB产业也将迎来新一轮的发展机遇和更广阔的发展空间。预期未来PCB技术将继续向高密度、高精度、高集成度、小孔径、细导线、小间距、多层化、高速高频和高可靠性、低成本、轻量薄型等方向演进，这对PCB行业人才提出了更高的要求，人才的系统培训也显得愈发重要。基于PCB行业跨越机械、光学、微电子、电气工程、化学、材料、应用物理等多个学科的特性，业界全面系统介绍PCB技术的专业书籍不多，通俗易懂的入门书籍更是稀缺。

林定皓老师从事PCB行业30年以上，有着非常深厚的技术理论功底及丰富的实践经验。同时，林老师也深度涉足半导体等领域，在技术理解方面有着宽广的视野。这套丛书所涉及的主要内容从基础到进阶，不仅涵盖了PCB行业的基本概念解释和发展趋势分析，还针对PCB制造等多项技术进行了详细介绍和探索。林老师以循序渐进的方式带领读者一步步从认识到操作，力图对每一个主题进行深入细致的阐释，包括对最新问题的理解以及对未来潜在技术的研究。这套丛书图文并茂、通俗易懂，可为从业者及科研人员提供全面系统的参考，是不可多得的入门书籍和专业利器。

感谢林定皓老师分享的宝贵经验和技术知识，同时特别感谢大族激光为这套丛书出版所做的努力。期待该丛书协助从业者夯实理论基础，提升实践技能，也帮助更多非业界人士全面深入地了解PCB，吸引越来越多的人参与进来，助力PCB产业破浪前行。最后，祝愿中国PCB产业乘势而上，坚定向高质量发展方向迈进。

中国电子电路行业协会理事长

由镭

序

电子产品高密度化已经是不争的事实。早年还要关心是否可以利用丝网印刷制作线路，随着集成电路特征尺寸的精细化，现在已经不需要再讨论这个问题。细线与小孔是空间竞争的利器，作为全球电子产业的重镇，亚太地区的经济脉动与电子产品精细化息息相关。

前辈们的心血散见在不同的文献中，其中有许多关于线路制作技术的讨论。但鲜见专门书籍对整体线路及细致结构进行探讨。笔者曾经编写过相关技术书籍，不过近年来一些革命性的技术变化让原有的数据显得有些陈旧。基于在该领域多年的从业经验，笔者尝试根据部分发表过的文献与手边资料，对相关内容进行修订。

图形转移技术是电路板关键技术之一。秉持分享经验的想法，笔者希望为图形转移技术的知识推广，略尽绵薄之力。

本书内容涉及技术范围较广，编写成一本小册子相当有挑战。但笔者不希望读者有太大的负担，权衡数据的完整性，为了避免缺漏必要的陈述，只好以完整性考虑为先。

本书的目标读者，是对电路板有一点基础经验，有意更进一步了解图形转移技术的人士。本书内容着重于材料与工艺的探讨，在设备方面则以湿制程概述为主。曝光机较复杂，又涉及厂商设计的相关细节，为避免描述不清，笔者权衡后进行了适当取舍。电路板图形转移技术内容庞杂多元，书中错漏在所难免，不能尽如人意，请各位读者不吝赐教。

景硕科技

林定皓

前　言

图形转移技术广泛应用于电路板制作，包括线路制作、选择性局部覆盖、阻焊制作、介质层制作等。早期的电路板制作因为线路或图形较宽大，利用丝网印刷制作线路图形，蚀刻后在覆铜箔基板上形成线路。经过多年发展，虽然现在丝网印刷技术依然在不同领域使用，但除了价格较低的产品，多数产品都已采用图形转移技术制作。

感光油墨类材料的发展，让业者可以在市面上获得相关的产品。20 世纪 70 年代，杜邦等公司推出了图形转移干膜，由于容易操作同时有好的图形转移性能，很快被市场接受。目前的电路板图形转移材料市场中，感光油墨与干膜产品共存，但阻焊应用以液态油墨为主。出于薄板的需要，早期被淘汰的阻焊干膜又重出江湖了。

半导体制作所用的图形转移技术，采用的是不同等级的光致抗蚀剂、底片、曝光设备、光源及不同的湿制程设备，其概念与电路板图形转移技术类似，也可供电路板线路制作借鉴。

本书内容的适用范围

单一技术领域无法独立于整体产品技术，讨论时难免涉及一些相关技术。目前电路板的主流干膜产品，以水溶性图形转移负像显影为主要技术方向，因此，本书内容也以此为重点。液态感光油墨的主要差异在配方和操作方法上，原理多数与干膜相同，因此，讨论时只进行适当说明，整体仍以干膜相关技术为主。

电路板的设计与制作

计算机辅助工程（Computer Aided Engineering，CAE）的核心工作在电子封装设计逻辑方面。一些线路网表图，会对电子功能的定义及元件间的相互关系进行规范。最后，计算机辅助设计（Computer Aided Design，CAD）会定义电路板的相关尺寸、层次、布线状况、线路形式、孔连接状态及元件位置等。根据这些计算机辅助设计的数据，可输出电路板的各层线路结构、底片数据、钻孔数据、测试夹具数据、AOI 检验数据及零部件安装规划资料。具体的电路板制作，会随电路板结构的不同而异。对于简单的单面板、双面板，可能不需要特别提供某些数据，但高层数或高密度互连电路板的数据会复杂得多。

感光高分子材料在电路板制作中的角色

消耗性高分子材料

感光高分子材料用于电路板线路制作时会被消耗，不会出现在最终产品上，因此被归类为暂时性材料。这种材料会在显影过程中被部分去除，在线路制作完毕时被完全去除，进而成为废弃物。因此，这种材料只是提供线路制作区域的选择而已，主要发挥抗蚀刻、抗电镀等功能。

永久性感光高分子材料

永久性感光高分子材料，如阻焊、挠性板覆盖膜、感光介质层等，都是主要应用，这种材料在实际电路板产品上可以看到。最早的永久性感光高分子材料，是一种可用于强碱液体的感光材料，经过线路制作及化学沉铜后，直接成为介质材料，不需要再去除。这种材料，在早期溶剂型显影材料为主的时代，较容易操作且有成功案例，后来因为环保要求及技术进步而逐渐消失，它目前只在全加成工艺类产品上有少量应用案例，在一般感光材料的应用中已比较少见。

电路板用的阻焊材料，也是重要的永久性感光高分子材料。早期显影曾使用溶剂型材料，当时也有厂商将其制成干膜出售。自从配方中加入丙烯酸树脂后，阻焊材料也可制成水溶液。但受限于配方因素，阻焊与 FR-4 基材的结合力存在大缺陷，经过严苛热循环测试后有剥离风险。特殊的全环氧树脂阻焊配方虽然仍然采用溶剂显影，但还拥有一定的生存空间。多年来经过专业人士的努力，一些纯环氧树脂感光体系也可使用水溶液显影，使得这种技术仍有普及的潜力。

阻焊材料，不论配方如何改变，其电气性能、吸湿性、绝缘阻抗、机械性能、耐热冲击性、耐化学性仍有一定的要求。当然，从电路板的角度看，永久性感光材料还有其他应用，如感光成孔用材料、挠性线路板覆盖膜。至于近年来业者讨论的光波导材料，也是永久性感光高分子材料，但因为工艺概念与阻焊材料相近，又并非主要议题，本书的讨论仍以一般电路板线路制作技术与阻焊制作技术为主，不做周边材料应用的相关陈述。

目　录

第 1 章

液态油墨与干膜

1.1 液态油墨

一般液态油墨有三种名称：

◎ 液态感光油墨

◎ 液态光致抗蚀剂

◎ 湿膜（区别于干膜）

有别于传统油墨，电子产品轻薄短小带来的尺寸精度要求，是传统网版技术无法突破的瓶颈。根据网版印刷能力的一般水平，线宽可达 7 ~ 8mil①，线距则可达 10 ~ 15mil，这与目前追求的 3mil 线宽 / 线距或更细线路有很大差距。鉴于此，必须用感光图形制作法制作线路。干膜工艺很难在非平整表面实现良好黏合，因此，阻焊油墨在朝液态发展。图 1.1 所示为印刷油墨与感光材料制作的外观比较。

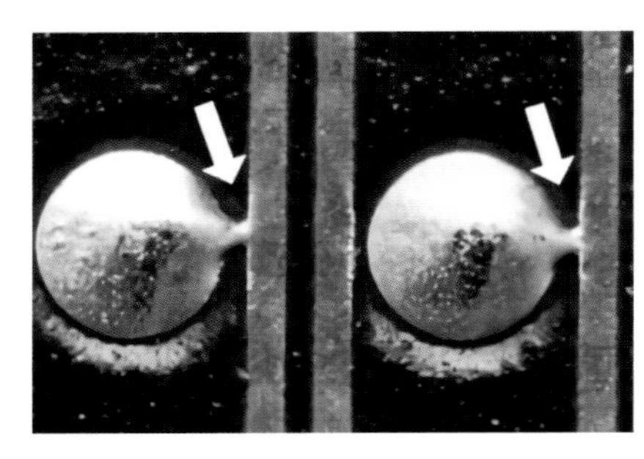

图 1.1 印刷油墨（左）与感光材料（右）制作的外观比较

由图 1.1 可知，采用印刷油墨制作线路容易产生较模糊的边缘。对于阻焊制作，存在短路或覆盖焊盘的风险。采用感光材料则可以做出较精准的边缘。

1.2 电路板用液态油墨的分类

依据不同的分类标准，电路板用液态油墨的分类见表 1.1。

表 1.1 电路板用液态油墨的分类

依据电路板工艺分类	依据涂覆方式分类
液态感光线路油墨	浸涂型
液态感光阻焊油墨	帘幕涂覆型
	滚涂型
	静电喷涂型
	电沉积型
	印刷型

① $1mil = 10^{-3}\ in = 2.54 \times 10^{-5}m$。

1.3　液态感光油墨与阻焊油墨的特性要求

液态感光油墨的特性要求

◎ 分辨率高

◎ 黏附性和流平性好

◎ 耐酸碱

◎ 材料稳定

◎ 操作条件宽

◎ 去除性好

液态感光油墨的主要成分及功能

◎ 感光树脂，用于感光

◎ 反应性单体，稀释及反应聚合

◎ 感光剂，启动感光

◎ 填料，提供印刷及操作性

◎ 溶剂，调整流动性

液态感光阻焊油墨的化学成分及用途

◎ 合成树脂（丙烯酸树脂），UV 及热硬化

◎ 光引发剂（感光剂），启动 UV 硬化

◎ 填料（填充粉及触变剂），调整印刷性及尺寸稳定性

◎ 颜料（色粉），调整颜色

◎ 消泡剂（界面活性剂），消泡流平

◎ 溶剂（酯类），调整流动性

利用感光树脂加硬化树脂产生互穿聚合物网状结构，可以使阻焊油墨达到一定的强度。

树脂中含有酸根，可被 Na_2CO_3 溶液显影。在烘烤后，由于此键已融入树脂，故无法被洗掉。此时若要退洗阻焊油墨，只能用 NaOH 在高温下浸泡脱洗，但浸泡过度可能导致基材织纹显露。图 1.2 所示为典型的织纹显露缺陷。

图 1.2　典型的织纹显露缺陷

阻焊油墨是电路板上的永久性材料，应具备必要的物理和化学性能。一般阻焊油墨测试项目见表 1.2。

表 1.2　一般阻焊油墨测试项目

测试项目	测试方法
附着力	剥离试验
耐磨损能力	铅笔刮削试验

续表 1.2

测试项目	测试方法
热应力	热应力测试（助焊剂 260℃，10s，5 次）
耐酸能力	耐酸测试（质量分数 10%HCl 或 H_2SO_4，室温浸泡 30min）
耐碱能力	耐碱测试（质量分数 5% NaOH，室温浸泡 30min）
耐溶剂能力	氯乙烯测试（二氯甲烷，室温浸泡 30min）
耐助焊剂能力	水溶性助焊剂测试
耐镀金能力	电镀或化学镀镍 / 浸金测试

针对许多不同的应用，需要根据操作的必要性及油墨本身的特性，适当调整油墨黏度，以方便实际生产。常用阻焊油墨溶剂见表 1.3。

表 1.3　常用阻焊油墨溶剂

简　称	全　名	学名及化学式	沸点 / ℃	比　重	备　注
BCS	丁基溶纤剂	乙二醇单丁醚 C_4H_9—O—C_2H_4—OH	171	0.9	
BCT	丁基卡必醇	二甘醇一丁醚 C_4H_9—O—C_2H_4—O—C_2H_4—OH	231	0.95	
	二乙二醇丁醚醋酸酯	二乙二醇丁醚醋酸酯 C_4H_9—O—C_2H_4—O—C_2H_4—O—C = O）—CH_3	246	0.98	
	乙酸卡必醇酯	二乙二醇乙醚醋酸酯 C_2H_5—O—C_2H_4—O—C_2H_4—O—C（= O）—CH_3	218	1.0	丝网印刷 表面张力为 31.1dyn / cm[①]
	卡必醇	二乙二醇单乙醚 C_2H_5—O—C_2H_4—O—C_2H_4—OH	202	1.0	
PMA		丙二醇单乙醚乙酸酯 C_2H_5—O—C_3H_6—O—C（= O）—CH_3	145.5	0.97	帘幕涂覆 表面张力为 27.9dyn / cm
DPM		二丙二醇单乙醚 CH_3—O—C_3H_6—O—C_3H_6—OH	184	0.95	丝网印刷 表面张力为 28.8dyn / cm 低毒性
	乙酸溶纤剂	乙二醇单乙醚乙酸酯 C_2H_5—O—C_2H_4—O—C（= O）—CH_3	156.4	0.97	帘幕涂覆 表面张力为 31.8dyn / cm 毒性强
PM		丙二醇单甲醚 CH_3—O—C_3H_6—OH	120.6	0.92	喷涂 表面张力为 27.1dyn / cm

① 1dyn/cm = 1m · N/m。

1.4 干膜型光致抗蚀剂

光致抗蚀剂的配方及使用方法多种多样，它可以是液态的，也可以是干膜。液态光致抗蚀剂可以是均匀乳剂或溶剂，先制成稳定溶液，接着进行涂覆与除溶剂处理。而干膜则是由光致抗蚀剂制成的高黏度材料，以“三明治”法夹在两层薄膜之间，依据需要的宽度进行卷式裁切。应用时要先去除承载膜，并进行加热和加压贴膜，之后干膜就会与电路板铜面黏合。部分应用因为电路板翘曲度较大，只能采用真空贴膜。贴膜完成后进行曝光，在显影前去除保护膜。干膜的厚度均匀性与附着力对于图形转移十分重要，液态光致抗蚀剂的附着力与电路板平整度敏感性较低，但一般干膜在厚度均匀性上都有较佳表现。图 1.3 所示为感光油墨与干膜工艺的简单比较。

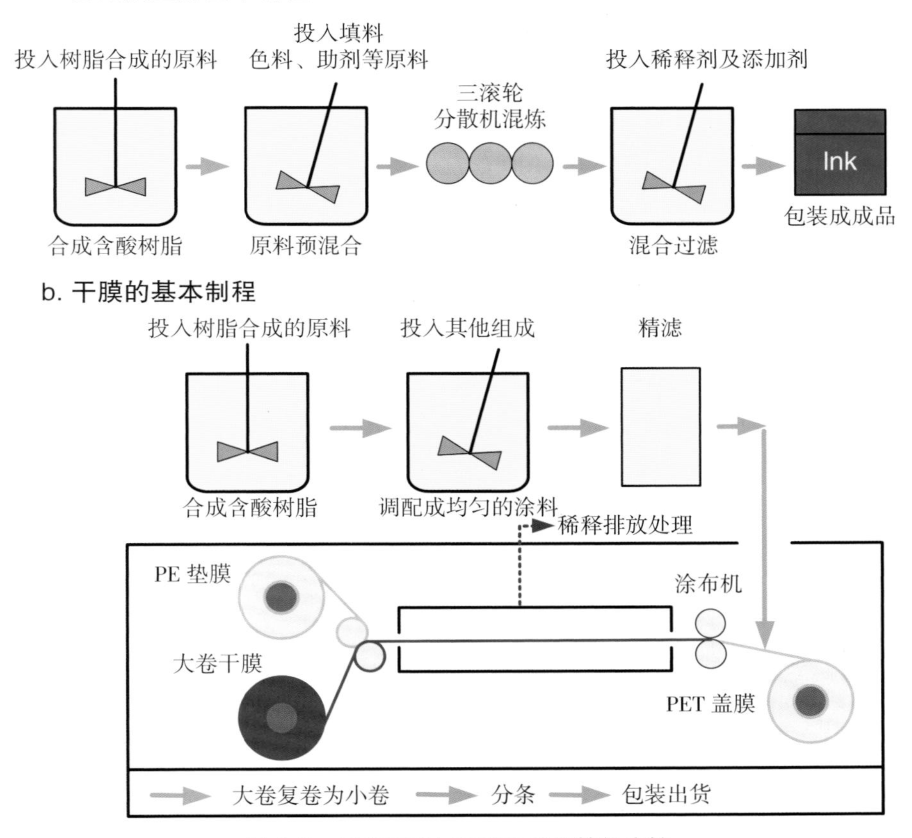

图 1.3 感光油墨与干膜工艺的简单比较

干膜原料都是在高洁净度环境下精密制作的。这种环境使得干膜出现针孔的风险降低，洁净问题比液态光致抗蚀剂少。一般液态光致抗蚀剂都是在电路板厂的环境下操作，环境比专业干膜涂覆厂差，因此，采用干膜的产品的良率似乎略高。也因此，使用液态光致抗蚀剂的厂商，如果能在清洁度与板面维持方面有所进展，则有机会改善液态光致抗蚀剂的整体性能。

1.5 负像型干膜与正像型抗蚀剂的区别

1.5.1 负像型干膜的反应机理

“负像”的含义是，要制作线路的区域在底片上是透光区，曝光后高分子聚合产生干膜保留区。正像型干膜则相反，透光区会在显影后去除。目前，多数电路板用的干膜，都采用见光聚合的丙烯酸树脂体系。图 1.4 所示为两种干膜的反应机理。

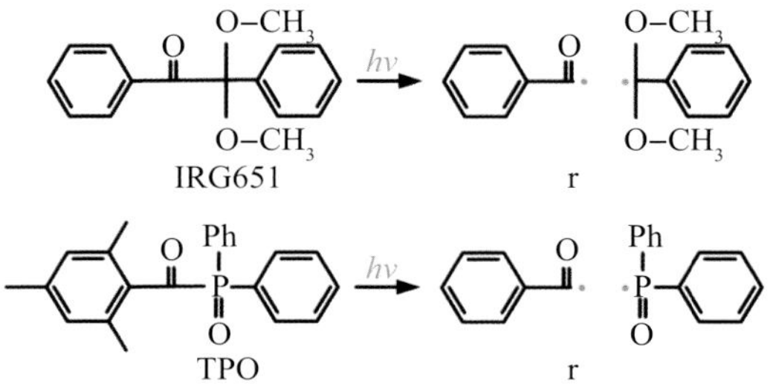

IRG651 —hν→ r
TPO —hν→ r

图 1.4 两种干膜的反应机理

负像型干膜中的丙烯酸树脂黏合剂提供了足够的溶解度，让未被紫外光曝光的区域能在弱碱碳酸溶液中溶解掉。至于见光聚合区，则在一般弱碱性环境下溶解慢，在强碱性退膜液中有一定的溶解度。可以在去膜时进行膨松、断裂、脱离等处理，使干膜局部溶解在退膜液中。丙烯酸树脂引发聚合的机理十分复杂，典型的引发机理是感光分子吸收光子能量，并将吸收的能量转移给光引发剂，光引发剂产生反应基并引发一连串链式聚合反应。

图 1.5 所示为丙烯酸树脂聚合反应。但在曝光反应中，同时会有一些吸光耗能反应和光引发剂竞争，也有可能导致光引发剂吸收能量不足，造成能量散失，无法达到应有的激发反应状态。这些条件的搭配必须恰当，否则会发生引发困难或曝光过久的问题。

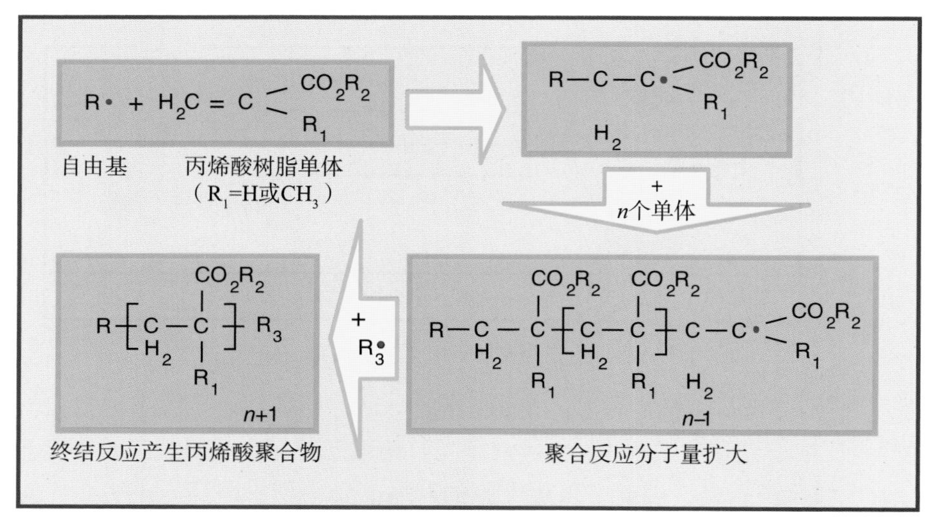

图 1.5 自由基（R）引发的丙烯酸树脂聚合反应

配方中偶尔也会加入少量的某些有机抑制剂，这些抑制剂会与激发光敏感的光引发剂作用，抑制先期聚合反应。这些光引发剂或反应基产生的非反应性产物，并不会让丙烯酸树脂单体反应，再遇到微量氧气则会终止整体聚合反应。图 1.6 所示为一般光致抗蚀剂聚合系列反应。这种配方可产生所谓自由基清除反应，在光致抗蚀剂中产生最低门槛的限制作用，让曝光时未受到足够光照的区域无法形成反应条件。低曝光能量让小量光敏感物质与引发剂达到激发态，但激发态的化学基与抑制剂或氧气产生了不会反应的钝化物，链式聚合反应不会持续。链式聚合反应只会发生在高曝光能量区，因为持续曝光时抑制剂会消耗殆尽。

光致抗蚀剂的储存寿命与储存温度条件及辐射状况有关。在低紫外光辐射下，因为抑制剂的存在，非曝光区的光致抗蚀剂不会大量聚合，但这些区域也会随着漏光出现某种程度的图形模糊现象。使用者希望这种模糊区域越小越好，以产生良好的对比度，让光致抗蚀剂图形有较清晰的轮廓。

负像型干膜的曝光区与非曝光区，会产生不同的聚合度与交联，在显影液和去膜液中呈现不同的溶解度。典型光致抗蚀剂配方中含有定量羧酸类官能团黏合剂及单体，这些会与显影液及去膜液中的碱类反应而产生盐类。某些光致抗蚀剂配方中也含有可溶性氨基官能团，要用有机溶剂或有机溶剂与水的混合液进行显影与去膜。这类光致抗蚀剂适用于需要承受特殊严苛碱性环境的应用。虽然光致抗蚀剂的溶解度差，但光致抗蚀剂分辨率的改良有多种途径，如曝光能量、显影能力等，这些在实际应用中已得到有效验证。

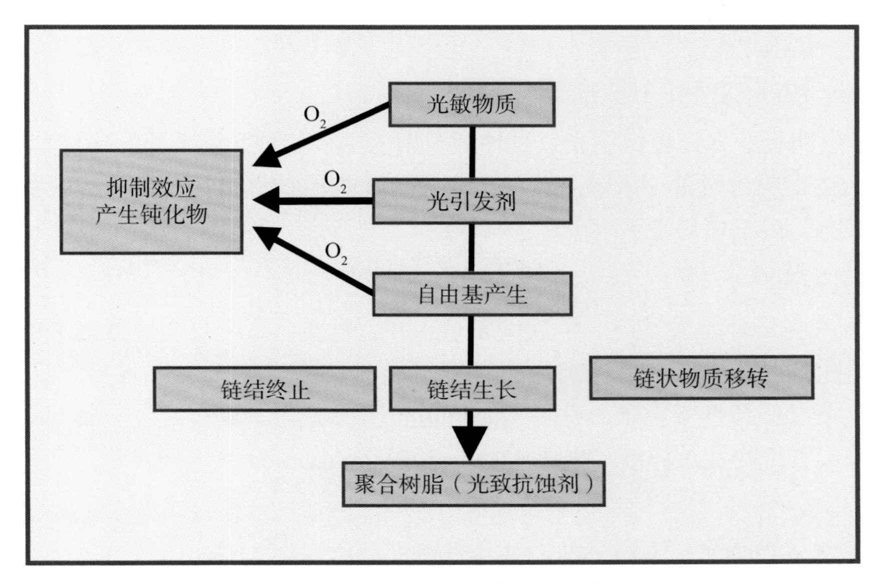

图 1.6 一般光致抗蚀剂聚合系列反应

1.5.2 正像型光致抗蚀剂的反应机理

正像型光致抗蚀剂的功能非常不同，典型配方中的溶解度依赖黏合剂中的酚醛官能团转换为可溶的酚盐，这样黏合剂就可溶解在强碱中。和负像型光致抗蚀剂相反，正像型光致抗蚀剂的曝光区有较高的溶解度，因为曝光区有感光产生的酸根。感光产生的酸根提供了较高的溶解度，因此，感光区可在碱性溶液中显影去除。一些浓缩醛类及酚类高分子，可与感光酸类反应生成正像型光致抗蚀剂。树脂的酚醛官能团会在强碱环境中转换成酚盐类产物，这样光致抗蚀剂就可以被剥除。

1.5.3 正/负像型光致抗蚀剂的特性比较

负像型光致抗蚀剂的优势

（1）负像型光致抗蚀剂单价较低，感光速度也较快，在生产及成本方面都有较好表现。

（2）在作业条件方面，负像型光致抗蚀剂也有较好表现，因为整个聚合过程在光引发剂及反应基消耗完后就结束了，这使得光致抗蚀剂从曝光之后到显影的停留时间有较大的调整空间，利于生产管控。

正像型光致抗蚀剂的优势

（1）正像型光致抗蚀剂的硬度比水溶性负像型光致抗蚀剂高，有较高的耐磨损性能，有利于良率的提高。

（2）对于内层线路工艺，许多缺陷来自曝光脏点问题。正像型光致抗蚀剂会产生短路问题，但这种问题的修复比开路容易。

（3）一次正像型光致抗蚀剂涂覆，可进行多次曝光与显影，可用于某些特殊应用。

1.5.4 光致抗蚀剂的成分与功能

目前，电路板业多以负像型光致抗蚀剂应用为主，其中又以干膜的比例较高，因此，本书的讨论以干膜为对象，附带一点其他光致抗蚀剂的特性描述。分析一般负像型干膜材料的成分时，以下项目必不可少。

光引发剂

光引发剂受紫外光激发而产生反应粒子，并引发整体聚合反应。更常见的是，利用光敏剂与活化剂混合或光引发剂产生活性基粒子。多数情况下，交联活性种来自光引发剂，它们会产生第二级活性基粒子，这种机制更适合引发光化学聚合反应。典型的光引发剂体系有芳香族有机物及六芳基二咪唑（Hexaarylbisimidazoles，HABI）等。

单　体

一般单体至少需要一个以上的双键与自由基反应，较适合的单体以丙烯酸树脂（丙烯酸化合物）体系为主，且常常需要在支链上做改性。其主要功能是在曝光时产生高交联结构，与黏合剂产生交联作用，使曝光区在显影液中具有较低的溶解度，呈现足够的机械与化学强度，以充分发挥抗蚀刻与抗电镀功能。一般干膜配方中的单体含量低于60%，单体含量太高会导致干膜黏度过低，黏合强度不足。

黏合剂

干膜的黏合剂含量应保持在25%以上，以维持足够的稳定性。黏合剂都是混合物，由丙烯酸、甲基丙烯酸、苯乙烯、醋酸乙烯酯等转化而成。实际应用中，黏合剂的平均分子量及分布，会影响退膜速度、盖孔能力、玻璃化转变温度（影响成膜性、常温流动性、热压变形量与贴附性）、柔软度与伸展性（影响机械与盖孔强度）、溶解度（影响退膜性）、化学强度（影响抗镀性能、耐碱性蚀刻性能）、毒性（影响工业安全及废弃物处理）。

在涂覆混合液中，黏合剂必须有良好的溶解度，才能做出均匀且不相分离的涂覆膜。若单体的化学特性与黏合剂类似，则有助于黏合剂融入与涂覆。有时候配方中还会加一点溶剂可溶的胶凝剂，调节常温下黏合剂的流动性。

稳定剂

稳定剂的主要功能是防止先期受热引发反应，其在制作光致抗蚀剂时就与单体一起添加了。稳定剂的添加必须谨慎，以防降低感光速度。典型的稳定剂化学成分为苯二酚、亚硝基二聚体。

增塑剂

添加增塑剂是为了调整光致抗蚀剂的弹性与硬度，保持光致抗蚀剂的强度与机械特性。在非曝光区，由于有大量单体，光致抗蚀剂具有一定塑性。但在曝光过程中，曝光区会消耗大量单体，使光致抗蚀剂产生交联，从而导致材料变脆与脱落。添加增塑剂就是为了改善这个问题。但这类添加剂最好不要产生与光敏感度相关的反应，否则会影响光聚合反应的速度与强度。同时，也不希望增塑剂有过高的吸湿性，以免影响材料的储存稳定性。聚乙二醇是典型的增塑剂，同时也可作为显影及去膜时的消泡剂。

填　料

填料可以是高聚合度的高分子颗粒、碳酸盐或硅酸盐，主要作为表面黏度调整剂，同时对阻焊的耐热冲击性也有帮助。还有一种观点认为可用它降低成本。

涂覆助剂

涂覆助剂主要用于改善涂覆质量及速度，有时候也可作为增塑剂及消泡剂。

结合力促进剂

芳香族重氮类配方，因为化学键的尾部有键力，可以强化与基板表面的结合力。这些物质因为会与铜发生配位化合物反应，也用于防止铜面氧化——有机保护（OSP）膜。至于光致抗蚀剂与保护膜间的黏性调整，也可通过添加制剂调节特性，过低的黏性会导致保护膜（Mylar）在贴膜或操作中脱落，过高的黏性会导致撕除保护膜时将光致抗蚀剂同时脱除，这些都不是好的干膜设计。

防光晕剂

曝光时未被光致抗蚀剂吸收的光源，会从基板表面散射或反射到非曝光区，使得曝光界面模糊不清而降低光致抗蚀剂的分辨率。这种非曝光区的聚合现象，首先出现在使用卤化银类底片的曝光工艺上，因此，将为防止因卤化银底片产生“鬼影”而添加的制剂称为防光晕剂。

将防光晕剂做在光致抗蚀剂与承载膜之间，就可以吸收板面反射的光。但实际上光致抗蚀剂直接与铜面接触，因此，防光晕剂必须混合在光致抗蚀剂中，虽然它会吸收异常散射光，但同时也会降低感光速度。

■ 颜　料

光致抗蚀剂的颜色其实并不直接与功能相关，但出于外观考虑与作业者喜好，光致抗蚀剂的颜色控制也成为重要的辅助指标。颜料在光致抗蚀剂的功能方面提供作业者目视的便利性，它有以下特性：

◎ 容易用目视简单判断均匀性及覆盖状况，这对液态光致抗蚀剂尤其有用

◎ 对于干膜应用，可方便对位操作

◎ 可通过特别设计的线路辅助确认对位精度

◎ 颜色对比有利于目视检查或光学设备检查

经过曝光的光致抗蚀剂都会有潜在的颜色变化，作业人员可直接进行颜色对比，确认曝光的大致效果及对位状况，不需要经过显影作业就可概略判断曝光效果。一般光致抗蚀剂设计是经过曝光就会呈现较深颜色，和未曝光区较浅的颜色形成对比。光致抗蚀剂有许多颜色，其中以蓝和绿两色应用最普遍，因为这两色与铜面的暗红或粉红色的补色性较高，容易产生较高的对比度。

颜料对光的吸收有一定影响，颜色过深可能会影响曝光效率，应用光致抗蚀剂时应该留意。某些颜料同时具有转移电子的功能，可引发光化学反应，但光致抗蚀剂体系较少采用这种机制设计，因为这不利于光致抗蚀剂的储存寿命。对于使用自动曝光系统的生产者，某些 CCD 对位系统需要一定的光致抗蚀剂透光率做光学对位，这时颜料添加与铜面处理方式就成了重要课题。

1.6　液态光致抗蚀剂的应用

最先用于电路板制作的是液态光致抗蚀剂，其基本应用方法与干膜决然不同。首先，必须将光致抗蚀剂涂覆在板面，不是用真空或热滚轮将膜压在电路板板面。两者的铜面处理方法也有不同，根据经验，干膜的结合力比液态油墨更依赖铜面粗化处理。当然，所有异物及脏东西都必须在涂覆光致抗蚀剂前彻底清除，否则会产生针孔。

液态光致抗蚀剂必须干燥后再曝光，后续显影等湿制程则与干膜相似。液态光致抗蚀剂涂覆厚度多数保持在 8 ~ 13μm，与干膜的 20 ~ 50μm 厚度相比，显影与退膜的速度都比较快，产生废弃物也较少。但对于图形电镀光致抗蚀剂应用，膜厚是必要条件，因此对于外层图形电镀应用，干膜仍然有较大优势。液态光致抗蚀剂也有正负像型之分，涂覆方法也有不同选择。半导体产业采用旋转涂覆，电路板内层工艺则采用滚涂覆法。电沉积法用于特殊外层线路制作，帘幕式涂覆及丝网印刷则主要用于阻焊制作。

浸涂也曾被部分厂商使用，不过容易产生厚度差异及清洁度问题，目前已不多见。喷涂是另一种传统电路板制作不常用的涂覆方法，主要是因为材料利用率差；但油墨覆盖性问题的出现，使得这类方法再度受到重视。一般电子产业常用的涂覆方法见表 1.4。

表 1.4　一般电子产业常用的涂覆方法

涂覆方法	电路板制作常用工艺
丝网印刷	内外层线路、丝印阻焊、塞孔、丝印字符、印锡膏
浸　涂	内层线路、外层线路（加塞孔）
滚　涂	内层线路、外层线路（加塞孔）、介质层、阻焊
喷　涂	阻　焊
电沉积	内层线路、外层线路（加塞孔）
狭缝式涂覆	目前用于平板显示器
旋转涂覆	目前仍以半导体应用为主
帘幕式涂覆	目前以阻焊应用为主
贴　膜	内外层线路、介质层、阻焊
其　他	化学气相沉积（CVD）、物理气相沉积（PVD）、溅射、电镀等

液态光致抗蚀剂在涂覆方法上与干膜有差异，在实际应用上有相似性，最大的不同就是液态光致抗蚀剂很难用于盖孔工艺。因为液态光致抗蚀剂会直接流入孔内，无法在孔上形成支撑膜。要想电镀后直接盖干膜进行线路蚀刻，就不能用液态光致抗蚀剂。

电沉积型液态光致抗蚀剂可以用于有孔电路板的直接线路蚀刻，但它对水质的要求较高，实际应用也不普及，在资源不易取得的情况下，目前使用者仍以日本厂商居多。图 1.7 所示为典型的涂覆设备。

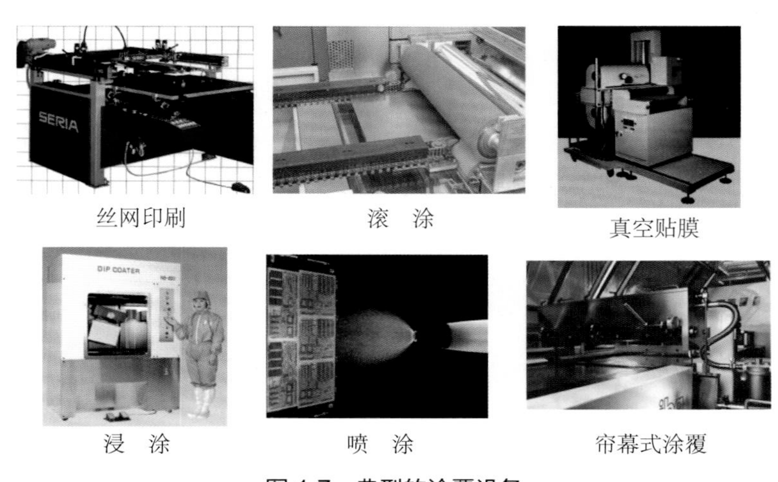

图 1.7　典型的涂覆设备

1.7　干膜的结构

典型的干膜是三明治结构：支撑膜为聚酯膜，厚度多数为 17 ~ 25μm；支撑膜上涂覆一层光致抗蚀剂，厚度为 15 ~ 75μm；表面覆盖一层保护膜，多数是 PE 塑料膜，厚度约为 25μm。图 1.8 所示为一般干膜的结构。

一般干膜会制成约 2m 宽的卷状材料，光致抗蚀剂层会以溶液的形式涂覆到聚酯膜上，经干燥将溶剂去除后，用保护膜覆盖。使用前干膜以整卷形态储存，长度多数都有几百米，需要特定尺寸时进行分卷、裁切处理。保护膜不可与干膜有粘黏，以便在贴膜操作中直接去除，让干膜与电路板贴附。贴膜完成后，聚酯膜仍然与干膜一起曝光。曝光完成后，聚酯膜必须撕除，此时应防止光致抗蚀剂层被剥离铜面。

干膜的作业环境是黄光室。为方便使用市售的贴膜机，干膜卷筒都有一定直径。切割完的干膜要用遮光黑胶袋套住，以防止曝光。为了方便干膜运送并保持稳定，包装纸箱内应设有防止材料滚动的支撑架。包装方式多数采用双卷模式，因为贴膜几乎都是上下两卷同时操作的。

阻焊涂覆必须填充线路间的空区，同时防止线路拐角产生空洞现象，因此，必须确保适用的厚度。为了完全填充死角，可采用真空贴膜法贴膜。实际使用的阻焊多数不是膜，但目前面对薄基材的应用，阻焊干膜有其优势。图 1.9 所示为典型的阻焊干膜，目前以封装载板类产品应用居多。

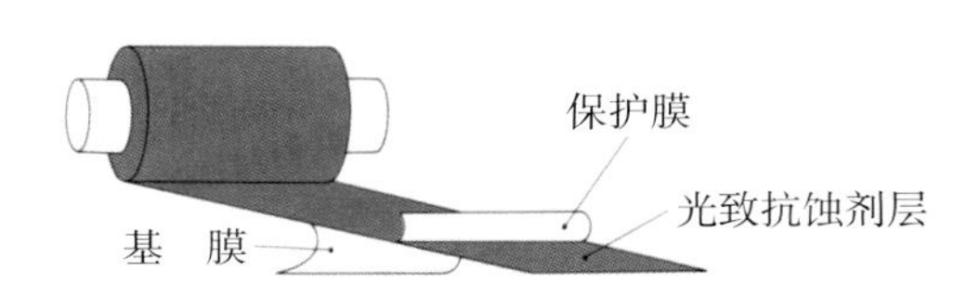

图 1.8 干膜的结构

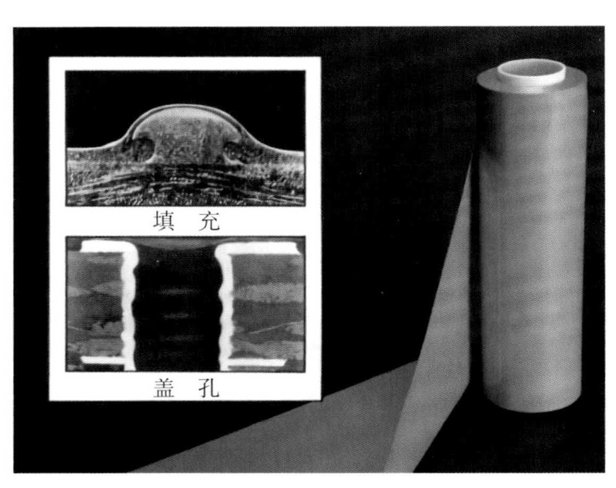

图 1.9 典型的阻焊干膜

第 2 章

电路板制作工艺

2.1 电路板线路制作

典型的电路板线路制作工艺包括：

◎ 图形电镀 / 蚀刻

◎ 全板电镀 / 盖孔蚀刻

◎ 图形电镀

这些工艺都以减成蚀刻为主要手段。当然，也有特殊的全加成线路制作法，但应用比例相当低，后续内容中会有所介绍。这几种电路板线路制作工艺见表 2.1。

表 2.1 主要的电路板线路制作工艺

<table>
<tr><th>图形制作 / 蚀刻</th><th>全板电镀 / 盖孔蚀刻</th><th>图形电镀</th></tr>
<tr><td>内层基板</td><td>双面板或多层板</td><td>双面板或多层板</td></tr>
<tr><td rowspan="4">—</td><td>钻 孔</td><td>钻 孔</td></tr>
<tr><td>去毛刺</td><td>去毛刺</td></tr>
<tr><td>孔金属化（化学沉铜或直接电镀）</td><td>孔金属化（化学沉铜或直接电镀）</td></tr>
<tr><td>全板电镀</td><td>全板电镀</td></tr>
<tr><td>前处理</td><td>前处理</td><td>前处理</td></tr>
<tr><td>贴 膜</td><td>贴 膜</td><td>贴 膜</td></tr>
<tr><td>曝 光</td><td>曝 光</td><td>曝 光</td></tr>
<tr><td>显 影</td><td>显 影</td><td>显 影</td></tr>
<tr><td rowspan="4">—</td><td rowspan="4">—</td><td>电镀前脱脂清洁</td></tr>
<tr><td>图形电镀</td></tr>
<tr><td>金属抗蚀层电镀</td></tr>
<tr><td>退 膜</td></tr>
<tr><td>蚀 刻</td><td>蚀 刻</td><td>蚀 刻</td></tr>
<tr><td>退 膜</td><td>退 膜</td><td>金属抗蚀层去除</td></tr>
</table>

多数电路板的线路制作都有相似处，主要采用全铜蚀刻或半蚀刻工艺，偶尔也会将几种工艺混合使用。例如，可能会采用部分全板电镀，接着采用图形电镀，获得更好的细线路制作能力。唯一没列入的全加成工艺，是通过图形转移制作线路图形，在线路区完全用化学沉铜制作线路，业者称其为“全化学加成工艺”。

图形电镀 / 蚀刻

图形电镀 / 蚀刻是非常简单的工艺，多数用于单面板或内层板制作，光致抗蚀剂图形以印刷或贴膜 / 曝光 / 显影法完成，基材上未被保护的铜区域被蚀刻去除后，用退膜药液退膜。用于这种工艺的光致抗蚀剂层多数较薄，厚度为 20 ~ 30μm，基本特性要符合酸性、碱性蚀刻需求。采用液态光致抗蚀剂时，因为没有贴膜能力限制，可以做得更薄，有利于蚀刻。图 2.1 所示为图形电镀 / 蚀刻工艺示意图。

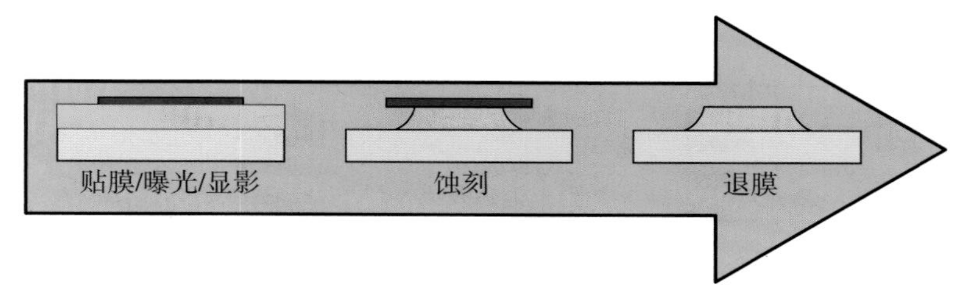

图 2.1 图形电镀 / 蚀刻工艺

全板电镀 / 盖孔蚀刻

全板电镀及盖孔蚀刻主要用于有通孔导通的电路板的制作。在这种电路板中，要适当保护孔内金属，防止孔内金属受到蚀刻液攻击。这里的“孔”包括内层通孔、双面板通孔、盲孔、多层板通孔等。

在盖孔蚀刻工艺中，电路板要先钻孔，之后进行去毛刺、化学沉铜、全板电镀，最后进行干膜贴膜、曝光、显影。由于电路板两面都受干膜保护，蚀刻液不会伤害到孔内金属。干膜在使用之后会被退除。这种工艺用的干膜必须有稳定的盖孔能力，承受机械应力及抵抗酸性攻击的能力特别重要。这类干膜的厚度一般在 40 ~ 50μm。图 2.2 所示为全板电镀 / 盖孔蚀刻工艺示意图。

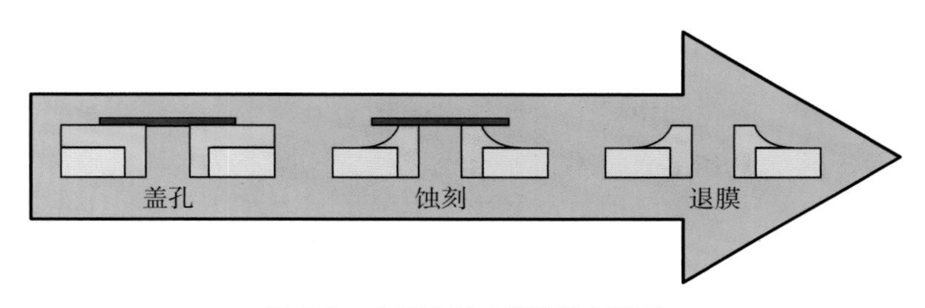

图 2.2 全板电镀 / 盖孔蚀刻工艺

图形电镀

在图形电镀工艺中，电路板要先进行钻孔、去毛刺、化学沉铜、全板电镀，之后进行干膜贴膜、曝光、显影，再进行图形电镀。电镀范围由干膜限定区域。完成图形电镀后，在线路区域上方再电镀一层抗蚀金属，如锡铅、纯锡或镍，之后进行退膜及碱性线路蚀刻。蚀刻液对线路上的保护金属伤害很小。

这类应用的干膜厚度多数在 40 ~ 75μm，主要是为了建立足够高的阻挡墙，避免电镀不均产生过度电镀，造成蘑菇头夹干膜问题，这部分会在后续内容讨论。干膜在全制程中必须有较强的附着力，不能因为化学品的攻击而脱落。同时，干膜与电镀药液的兼容性要提前确认，以免浸泡过程中释放的化学物质影响光亮剂的功能。图 2.3 所示为图形电镀工艺示意图。

制程短对成本和稳定性都较有利，但还要考虑线路制作能力及产品特性。如何在降低制作成本的同时兼顾制作能力，需要在工程方面进行权衡。因为电路板工艺有多种选择，且没有绝对顺序可遵循，后续内容会以图形转移技术为重点。

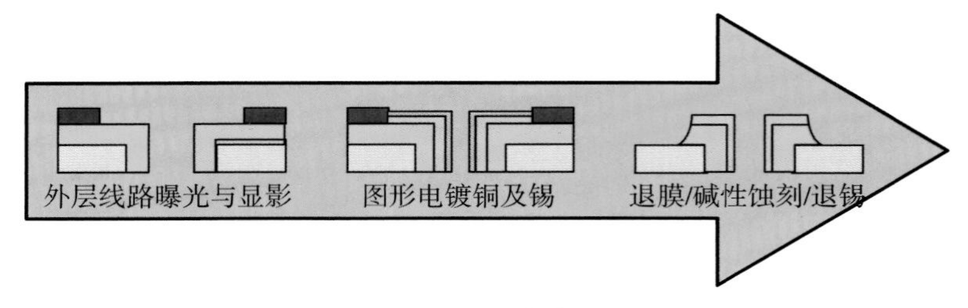

图 2.3 图形电镀工艺

2.2 电路板导通孔制作

▌机械钻孔与除胶渣

双面或多层板会以钻孔做层间导通，而钻孔产生的毛刺则用磨刷法去除，去除效果会对干膜盖孔能力产生影响。多数电路板都以数控钻机钻孔，不论是多轴机械钻孔还是激光成孔，对图形转移工艺的影响都有限，除了孔位精度，基本没有其他关系。

▌微孔制作

使用微孔（一般指直径小于 200μm 的孔）可大幅提高电路板的连接密度，尤其是盲埋孔技术的应用，可提高设计弹性。使用传统机械钻孔制作微孔，不但速度慢、成本高，深度控制也不切实际。微孔制作技术，目前以激光加工为主，紫外线激光及二氧化碳激光应用居多。至于其他微孔形成技术，如感光成孔、等离子体成孔、喷砂成孔、化学成孔等，虽然早期也有厂商使用，但目前都非主流。相关成孔技术可参考《电路板机械加工技术应用》一书。

第 3 章

孔金属化工艺

两层以上的电路板，会以孔进行跨层连接，在结构上有通孔、埋孔、盲孔等形式。传统导通孔金属化工艺以化学沉铜为主，主要做法是先做孔壁活化处理，之后以化学还原法进行化学沉铜。化学沉铜是在不提供电流的情况下，析出金属铜的工艺。这种工艺大量用于 HDI 类产品，在全加成线路制作上也有成功应用的案例。

导电膏、导电油墨、导电凸块技术，也在高密度电路板制作领域有应用案例，但整体市场占有率不够高。至于为了环保而发展的导电高分子、碳或石墨工艺、无 EDTA 工艺等直接电镀技术，也在市场中慢慢成长，取代了部分现有的化学沉铜技术。

3.1 关键影响因素

化学沉铜的关键影响因素包括化学沉铜槽液的碱度（%NaOH）、甲醛浓度、铜离子含量及温度，以及络合物及稳定剂的含量。当然，前制程也会影响孔金属化的质量，如除胶渣的清洁度、孔壁粗糙度等，这些都会影响导通孔的活化能力及金属沉积能力。相比之下，直接电镀技术的关键影响因素有较大区别。不同技术有不同的操作参数，研究发现，金属化技术的选择也关系到后续的电镀，必须注意匹配性。

3.2 直接电镀技术

直接电镀技术会影响图形转移，主要的直接电镀技术依据其化学特性分类如下：

◎ 钯金属化体系
◎ 碳 / 石墨金属化体系
◎ 导电高分子体系
◎ 无甲醛化学沉铜体系

3.2.1 钯金属化体系

20 世纪 70 年代“直接电镀”概念被首次提出，到 90 年代初才有实际商用工艺在垂直电镀设备上开始应用。这类工艺必须使用特殊处理槽生长钯金属，且只有非常少量的钯会在孔壁上析出，之后电镀铜。铜会先从表面开始生长，之后逐渐向孔内延伸，这种模式会导致孔铜产生狗骨现象。图 3.1 所示为电镀狗骨现象，孔边铜比中心略薄，严重时差异会更大。

因此，这种工艺的改善方向是提高孔内钯金属的电镀覆盖率，或增加孔的导电性。为了适用于一般电镀体系，这类工艺针对以下特性进行改善。

钯金属上生长第二种金属

在催化过程中，化学品会与另外一种金属产生置换作用。最典型的是金属铜生长在钯上取代锡，改善了孔的导电性。

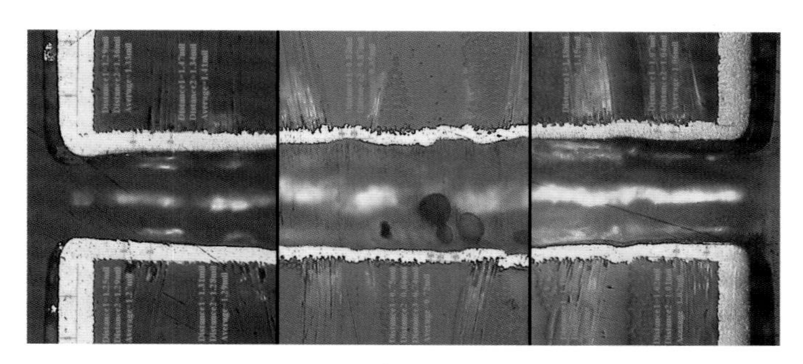

图 3.1 电镀狗骨现象

▌涂覆硫化钯

依赖钯金属粒子形成连续的硫化钯覆盖膜，以获得较好的连续覆盖孔壁，较好的导电性，以及较好的电镀速率。铜面的硫化钯在干膜覆盖时会以微蚀法去除，以确保铜与铜之间的结合完整性。

▌采用非常小的钯金属胶体

有几种体系提出了采用超小钯胶体，以获得更好的覆盖率与导电性。这些体系的最大问题是如何控制粒子的尺寸，化学品稳定性与寿命也是问题。这些钯体系直接电镀，并未对干膜光致抗蚀剂产生直接影响。全板电镀光致抗蚀剂的表面处理要求，与传统做法差异不大。如果能够改善铜面粗糙度，则对干膜贴合大有益处。表面粗化处理以磨刷或喷砂较常见，也有一些化学微蚀处理有不错的粗化效果。

不同工艺会有不同的表面前处理需求：采用图形电镀工艺时，干膜贴在磨刷后的铜面上；如果以化学沉铜直接做图形电镀，则可能会做在未磨刷化学沉铜层或抗氧化层的表面；对于采用钯金属体系处理的直接电镀，干膜必须贴在活化后的铜面上。采用钯胶体或金属直接电镀，贴膜时不需要做表面处理。铜面电镀前的表面状态依赖于去毛刺，若采用直接电镀，表面最多在前处理时受微蚀液影响而有轻微变化。对于普通电路板工艺，这种表面与干膜的结合力大多没有问题，退膜也不会有明显困难。

对于硫化钯体系，业者建议在贴膜前去除硫化钯，防止因这层膜造成干膜与铜面的结合不良。硫酸 – 过氧化氢体系适用于硫化钯去除，但用它处理过的铜面较平滑，不利于干膜贴合。另外对多层板的内层焊环铜层侧面，也必须经过完整的硫化钯去除，以免有铜与铜之间的结合问题。这种处理不但可以清洁铜面，而且可以将孔边毛刺降低，并强化表面粗糙度，有利于干膜贴合。

3.2.2 碳与石墨金属化体系

20 世纪 80 年代中期，首次提出碳类通孔处理体系，历经多年才得到实际应用。直到 90 年代初期，石墨类处理体系才有商品问世。这类工艺将碳粉或石墨粉吸附在孔壁上，但吸附在其他铜区域的碳粉或石墨粉必须用微蚀法彻底去除。若去除不全，就会产生铜金属结合力的问题，对干膜结合力也不利。

与硫化钯体系类似，这类直接电镀体系必须以足量微蚀去除残留在铜面的粒子，否则会影响干膜结合力。足量微蚀产生的粗糙度对干膜结合力有一定帮助。这类处理没有金属处理停留时间的问题，只要贴膜前有足够的除氧化能力，这类工艺便没有大问题。

3.2.3 导电高分子体系

导电高分子体系的发展始于欧洲，受到采用水平传动设备的厂商喜爱。这类设备可以用高电流密度电镀，短时间内将孔铜镀到足够的厚度。好处是高分子可以只做在需要的区域，金属区不产生覆盖，不需要额外的去除处理。这类处理会在贴干膜前，先在水平线上镀一层十分薄的铜层，因此，表面会比较光滑，贴干膜前最好能够进行表面粗化，以保证干膜的附着力。

3.2.4 无甲醛化学沉铜体系

这类技术不属于严格意义上的“直接电镀”，因为配方中不含有甲醛，到目前为止还没有得到广泛应用。其基本原理与传统化学沉铜类似，只是还原剂改用一些不同制剂，如某种替代甲醛的次磷酸盐。这类制剂会产生自限制现象，因此，首先要进行无电化学反应，之后再通电加厚。经过处理后，电路板转入酸性电镀槽电镀铜。但要注意，这类电镀并非与所有酸性电镀槽都兼容。对于干膜的前处理，没有需要特别注意的事项。但如前所述，电镀后的光滑表面最好做前处理，以便干膜附着。

总之，以上金属化技术对干膜的影响有限，使用者的主要着眼点还是要放在铜表面状态控制上。

3.3 避免金属化空洞问题的方法

电路板孔径越来越小，很难保证良好的孔铜覆盖质量。另外，要有均匀的金属层与保护层，才能达到良好的盖孔效果，防止蚀刻液攻击。孔内空洞现象有许多不同的原因，但以共同现象来看，缺陷以孔内铜覆盖不足或空区未被金属遮蔽居多。分析基本原因，空洞的产生模式不外乎两种：金属覆盖不足，或金属覆盖被外部处理去除。

覆盖不足可能因为操作条件不良，如化学品配方不适、搅拌不均、电流密度分布不均、电镀时间不足等；也有可能因为孔壁表面存在电镀阻碍物，如残留空气气泡、异物、胶渣、有机膜等。当然，还有可能因为电镀液无法到达某些区域，没有实现良好的电镀质量，典型例子如钻孔不良导致的剥离。至于表面铜覆盖被去除，应该都与化学处理工艺有关，如蚀刻或加工过程产生的吹孔、应力断裂与剥离现象。

要检讨缺陷形成的原因，就要遵循问题解决指南。首先要分析问题，确认问题现象，然后依据问题分类追踪可能的原因：遵循鱼骨图分类模式，做更精细的现象比对与可能原因分析，直到找出原因。某些问题解决指南不但提供可能原因分析，还提供可能的解决方案。下面针对较典型问题进行案例分析。

3.3.1 前工序导致的孔内空洞

钻 孔

钻头磨损会导致孔壁粗糙并产生拉扯，会对内层铜箔与树脂产生破坏，严重的会造成裂缝及玻璃纤维与树脂间的碎裂性缺陷。这些缺陷可能来自于钻孔参数的影响，也可能来自于树脂与铜箔或玻璃纤维结合力的影响。多层板黑化处理面与树脂的结合力，比铜箔粗糙面与树脂的结合力小，多数裂纹面会出现黑化面。

这类现象可通过切片确认，除非使用反向处理铜箔。这类现象最容易发生粉红圈缺陷（图 3.2），因为药液渗入铜面将黑化层溶解而呈现粉红色。因此，在多层电路板制造中，不良钻孔会造成粉红圈及孔内空洞双重缺陷。这种空洞一般表现为楔形空洞或吹孔，如图 3.3 所示。楔形空洞会从结合界面开始延伸，呈喇叭口状，且多数会被铜遮蔽。若铜遮蔽了空洞，则封闭在空洞内的水分会在后续高温工艺中汽化，如热风整平、组装。水分汽化会产生压力，破坏铜金属，因此，这种缺陷也被称为吹孔。

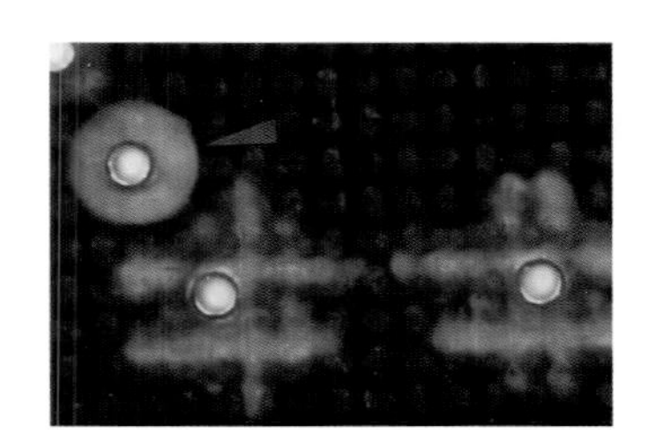

图 3.2 粉红圈缺陷

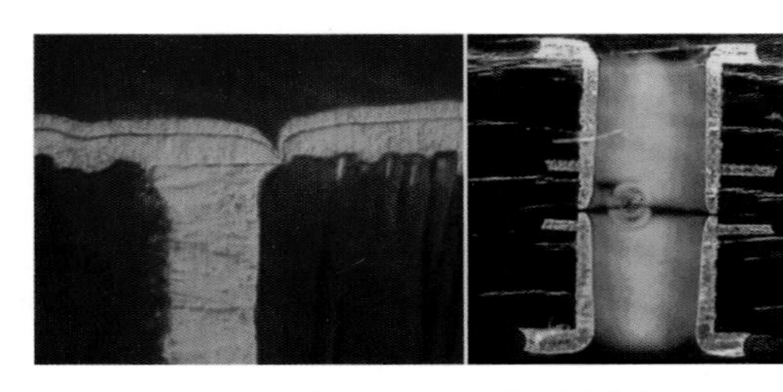

图 3.3 孔内楔形空洞

除胶渣 / 回蚀

除胶渣工艺采用化学法做内层铜侧面胶渣的去除，胶渣来自钻孔高温熔融。回蚀工艺可较大量地除胶与蚀胶，在电镀时产生所谓的“三面连接结构”，目的是增加孔壁铜与内层铜的结合力。

高锰酸盐是此工艺的典型化学品，用来氧化去除树脂胶渣。一般在氧化处理前，会进行膨松处理，然后通过还原处理去除残留物。至于玻璃纤维的回蚀，处理程序不同，常见的化学品以氢氟酸类为代表。图 3.4 所示为美国军用标准要求的除胶渣回蚀实现的三面连接。

有两种空洞缺陷是因为除胶渣处理不良，一种是胶渣去除不全，残留的胶渣会吸收水分及液体，导致吹孔缺陷；二是胶渣去除不全，会导致电镀铜与内层铜结合不良，后续产生孔壁分离。这种缺陷特别容易发生在高温工艺处理时，最后会在孔壁铜区产生楔形空洞。也有一些缺陷分析发现，除胶渣时中和还原或清洗不良也有可能导致楔形空洞缺陷。

化学沉铜前的活化

除胶渣、回蚀、化学沉铜工艺间的兼容性问题，是整体工艺优化必须注意的。传统化学沉铜的前处理，如清洁、整孔、预浸、活化、还原等，都是探讨对象。整孔是指用阳离子界面活性剂，将所有玻璃纤维表面改性为正电性，处理不足会导致催化剂吸附不良，处理过度又可能导致吸附过度，产生后续铜结合力不佳的问题。处理不良问题多发生在玻璃纤维表面，制作切片后会看到玻璃纤维覆盖不良的状况。

另一些玻璃纤维空洞缺陷的发生原因，包括玻璃纤维处理不足、树脂蚀刻过度、活化不足、还原不足或沉铜缸活性不足。至于其他影响因素，如钯金属的沉积效率，受操作温度、浸泡时间、药液浓度等的影响，有必要适当考虑。若空洞出现在树脂区，则必须检讨是否存在高锰酸盐残留或异常污染物污染。当然，整孔不足也可能是原因之一。

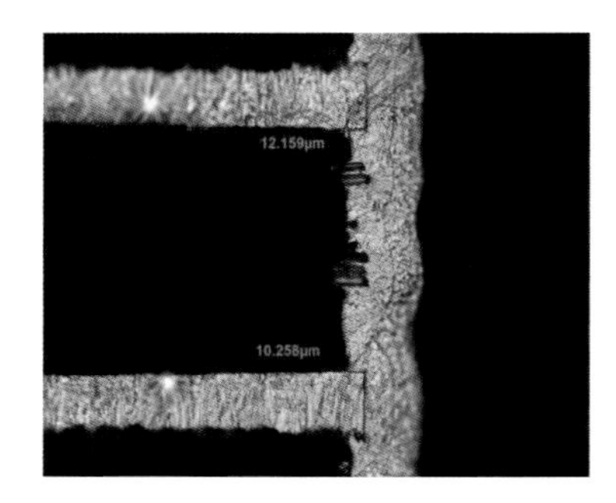

图 3.4 除胶渣回蚀实现的三面连接

3.3.2 化学沉铜导致的孔内空洞

检讨来自化学沉铜工艺的空洞缺陷时，要注意化学沉铜的前处理。若真有缺陷出现，则在化学沉铜后才能看得到。当然，孔内空洞也可能出现在化学沉铜与电镀铜之间，或锡铅与纯锡电镀之间。根据孔内空洞缺陷的现象，可大致辨别空洞是气泡空洞、固体异物还是有机胶渣等造成的，究竟是电镀问题还是活化问题。对于气泡问题，多数都是开始就有气泡。在这种情况下，可能是电路板一进入槽体就残留空气，或者化学沉铜反应产生的氢气未被排除。

对于孔内吸附气泡未排除导致的问题，在切片中能看到特定现象：多数气泡空洞会偏向一边，且空洞大小都很相近；或者都出现在孔内中段不易排除的区域。这些孔内气泡缺陷，等同于电路板表面的电镀针孔，是一个圆形规则凹陷。若空洞凹陷来自异物、灰尘、油污，则凹陷形状会较不规则。若是活化剂异常沉积的金属或异物颗粒造成的问题，则导致的现象会是被铜金属包覆状态。对于无机物颗粒，可用元素分析（EDS）法分析其原始成分；对于有机物，则可用傅里叶变换红外光谱（FTIR）法分析其原始成分。图 3.5 所示为典型的气泡导致的孔内空洞。

图 3.5 典型的气泡导致的孔内空洞

关于通孔吸附气泡的问题，相关的部分电镀参数被广泛探讨过，如挂架摇摆幅度、电路板间距、挂架振荡频率等。最有效的除气泡方法是进行强烈振荡，采用较宽的电路板间距及较大摇摆幅度也有明显效果。化学沉铜槽及活化槽内的气体搅拌，对孔内气体的排除没有太大帮助。

其他研究则强调，提升药液润湿能力有助于排除气泡，液体内气泡的表面张力也会影响生成的氢气泡的脱离尺寸，若气泡生成尺寸很小就能脱离，则有利于液体补充速度。

3.3.3 与光致抗蚀剂有关的孔内空洞

环形空洞现象

环形空洞是孔铜接近电路板表面的整圈空洞缺陷，这种缺陷主要是光致抗蚀剂渗入孔缘 50 ~ 75μm（2 ~ 3mil）深所致。典型的环形空洞缺陷可能出现在孔的单边或两边，表现为完全开路或部分开路，如图 3.6 所示。其他空洞缺陷多数来自化学沉铜、电镀铜、电镀锡，且时常出现在孔中间。如果空洞表现为环状断裂，又常出现在孔缘区域，则和应力有关，从物性上看是干膜产生的问题。

图 3.6 典型的环形空洞

环形空洞的产生机理

环形空洞是贴膜时光致抗蚀剂流入孔内，在显影过程中无法去除所致。这种残留会导致电镀铜上无法镀锡，退膜后蚀刻时底铜被完全蚀掉而产生空洞。光致抗蚀剂残留在孔内是不容易察觉的，即使是电路板制作完成后的切片中也看不到光致抗蚀剂的踪迹。此时，观察空洞位置及宽度可判断问题所在。光致抗蚀剂为何会进入孔内？因为贴膜时会对电路板加热，贴膜后气体冷却，孔内气体的压力会比孔外低约 20%，这种压力差会导致光致抗蚀剂流入孔内。这种流动会持续到显影完成或曝光后（对盖孔而言）。有三个基本因素会加速光致抗蚀剂流入孔内：

◎ 贴膜前残留在孔内的水分

◎ 高厚径比小孔（孔径＜ 0.5mm）

◎ 从贴膜到显影的停留时间较长

孔内残留水分是主要影响因素。残留水分会降低光致抗蚀剂的黏度，让光致抗蚀剂更容易流入孔内。高厚径比小孔因为不容易干燥，残留水分的问题更严重，且小孔也不易在显影中清洁干净，较长的停留时间也会让光致抗蚀剂有充分的时间流入孔内。多数空洞问题发生在表面前处理与自动贴膜联机工艺，但一般不会发生在不使用磨刷处理的工艺或者采用高压除水干燥的工艺。

用简单试验就可验证光致抗蚀剂是否流入孔内。依据以下做法做高厚径比小孔电路板试验，就可观察到缺陷：

◎ 表面处理后做干燥处理，可增加干燥

◎ 停留时间从小于24小时到5天不等

如果环形空洞随着停留时间延长而增多，随着增加干燥而减少，则表示主要缺陷原因为孔内水分残留。

减少环形空洞的方法

最简单的减少环形空洞的方法，就是加强电路板表面处理后的干燥。孔内干燥，自然不易产生环形空洞，即使停留时间较长或显影条件较差。略微加强干燥，缩短贴膜至显影的停留时间（不超过24小时），基本上不会产生环形空洞。但是，若以下工艺状况改变，仍有可能产生环形空洞：

◎ 采用新表面处理设备或安装新的干燥机

◎ 干燥设备异常

◎ 处理较高厚径比或更小孔径的电路板

◎ 停留时间再度异常

◎ 光致抗蚀剂变异或厚度变更

◎ 采用真空贴膜（产生更高压力差）

环形空洞的变异

操作状态较恶劣时，会在盖孔区发现干膜流入问题，流入深度约50 ~ 75μm。因为盖孔阻碍电镀液流入，环形空洞有时候会表现为盖孔破裂：孔的一边开始出现环形断裂，且断裂会延伸进入孔内；越接近孔中心，电镀厚度越小。

环形空洞的发展趋势

许多公司采用直接电镀法生产，并将贴膜机与直接电镀联机，如果干燥机制不够完善，就有可能产生环形空洞。要确保干燥电路板的孔，干燥孔内要比只干燥表面困难。

与盖孔工艺有关的空洞缺陷

采用盖孔图形转移直接进行蚀刻时，若盖孔破裂，则蚀刻液直接进入孔内将铜蚀掉，但很少见到两面盖孔干膜都破裂的情况。机械贴膜作业对干膜的破坏是随机性的，因此同一个孔两面都破裂的概率非常低。同时，如果较弱的盖孔结构是缺陷产生的原因，孔内负压会因为破裂而降低，这样另一面的盖孔结构就相对容易存活。

当盖孔结构破坏时，进入孔内的蚀刻液会先咬蚀孔铜。然而，此时蚀刻液进入的是一个死巷子，蚀刻液交换率会相当低。这会导致被攻击的孔铜形状呈现非对称，铜厚分布会呈现向破孔那面逐渐减小的状态。当然，实际状况要看盖孔破坏情况及位置，最严重的状况是孔铜被全部蚀光。

3.3.4 直接电镀造成的空洞

目前的直接电镀工艺主要有三类，分别为钯金属体系、炭黑或石墨体系及导电高分子体系。任何对正常催化剂析出的干扰，都会导致孔内空洞。多数钯金属及碳或石墨体系，都依赖适当整孔处理使孔壁呈正电性，以利于后续负电性催化剂胶体吸附。因此，所有化学沉铜工艺所需的清洁、整孔及催化剂吸附等，对于直接电镀工艺同样重要。化学沉铜槽中发生的现象，如产生氢气，不会在直接电镀工艺中发生。但是，若孔壁处理不良，直接电镀仍会造成孔内空洞。

若不遵循相应的操作建议，直接电镀可能会造成特定的空洞问题。例如，在炭黑体系直接电镀工艺中，经过前处理后不建议做磨刷，因为刷轮研磨会破坏孔边碳膜，导致孔边电镀无法顺利进行。如果伤害只发生在孔的单面，则电镀出来的铜会呈现由一面向另一面逐渐变薄的斜面，严重时可能会完全断开，类似盖孔破坏时铜被攻击产生的斜面。但使用过石墨体系直接电镀的厂商发现，在前处理后做磨刷，未必会发生石墨层断裂而无法顺利电镀的问题，据称是因为石墨体系的结合力处理使用了定形剂。另外，当后续的贴膜前处理采用喷砂工艺时，喷砂颗粒会进入孔内，损伤孔壁上吸附的颗粒，石墨体系似乎对此也有较高的容忍度。

3.3.5 电镀锡造成的空洞

前面讨论过在电镀正常的情况下，光致抗蚀剂残留导致的问题。但更令人关心的是孔内滞留气泡导致的电镀问题，和化学沉铜时类似，电镀时仍存在孔内滞留气泡的可能性。

酸性铜电镀的效率颇高，维护良好的电镀槽液不太需要担心氢气大量产生。要避免电流密度过高，防止产生较多的氢气。某些纯锡镀槽的效率比铜镀槽差，产生氢气较多，容易发生气体残留。一种避免氢气残留的方法是添加除针孔剂，这种有机化合物可在氢原子未形成分子前，参与清除氢原子的反应，避免气泡的产生。被还原的除针孔剂会在阳极再度氧化，再回到阴极循环作用。

最明显的孔内气泡以残留空气的形式存在，在电路板浸泡到槽液之前就已占据孔内空间。挂架制造者将电路板固定，利用桨叶搅拌法在孔两面产生压差，希望将气泡推出孔外。板面则辅以气体搅拌，支持这种处理。但气体搅拌也会产生气泡，可能会在循环过程中进入孔内。为此，部分厂商干脆采用无气泡搅拌。

除了气泡及光致抗蚀剂残留，电镀的深镀能力差和异物黏附也会导致明显空洞缺陷。深镀能力差产生的空洞，多数落在孔的中间区域，更多时候只表现为孔铜中间区厚度不足。酸性电镀铜深镀能力差的原因包括铜离子与酸的比例超出正常范围、添加剂浓度偏低、槽液污染、电流密度分布不均、遮蔽状态不佳、搅拌不良等。至于异物粘污，大多指向过滤不良、循环量过低、阳极袋破裂或阳极铜球黑膜成长不良等。潜在的电镀铜空洞缺陷，也是采用纯锡电镀时需要注意的。

3.3.6 蚀刻造成的空洞

任何影响金属抗蚀层形成的因素，都会导致孔铜暴露，造成铜被攻击，进而产生空洞。这种缺陷是铜形成后又被蚀刻液蚀掉所致，不是遮蔽造成沉积不良而产生的。蚀刻造成的空洞，其铜截面不是平缓外形，而是呈现较大的落差，如图 3.7 所示。

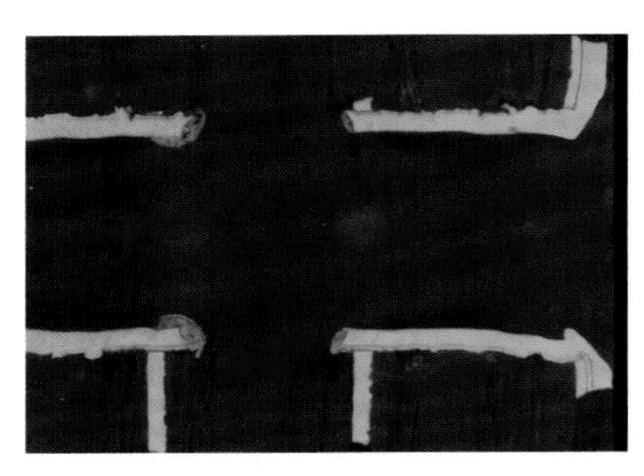
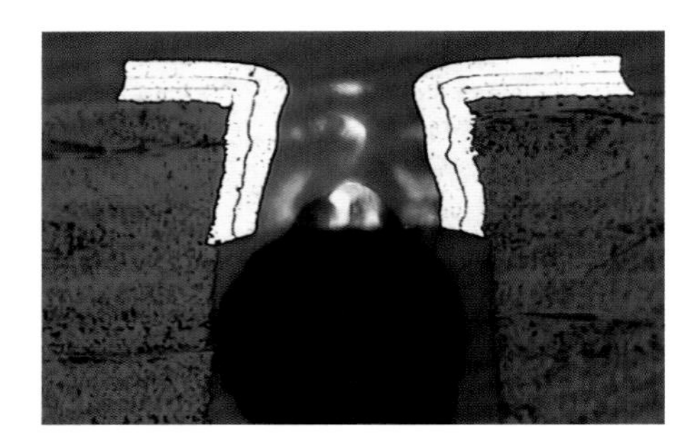

图 3.7　蚀刻造成的空洞

最有机会因铜被攻击而产生空洞的原因是，化学沉铜处理后的残留湿气，因为有腐蚀环境及较长停留时间。一种可能是，化学沉铜层氧化后，电镀前的浸酸处理将氧化铜完全融入酸内，相应的区域就产生了空洞。另一种可能是，电镀微蚀处理时的微蚀量过大。

另一个可能产生空洞的原因是，化学沉铜因脆性高而剥落，通过化学沉铜后或热冲击实验后的切片可以观察到。以上几种原因源自化学沉铜槽液的成分不平衡、槽液包覆、除胶渣不良导致结合力不佳、催化剂处理不良或速化剂处理不当等。孔铜破坏发生在波峰焊、热风整平、回流焊或其他高温工艺，多数源自先期对孔的金属化处理不良。电路板经过磨刷且用过高压刷，也可能因此损伤处理层，严重时还会因孔口凹陷而导致整圈铜都受损。若处理后仍有部分孔环保留铜连接，则电镀还是可以建立孔铜厚度，但磨刷方向会产生局部断开。

有一种比较特殊的铜电镀空洞，被称为“拐角空洞”。主要表现为四个角落的铜都消失了，表面只留下裸露基材；邻近孔的铜常会出现倾斜回蚀的边缘，且会看到纯锡延伸悬挂在铜面。主要原因是，纯锡电镀时产生了拐角偏薄现象，过薄的镀层不足以保护铜面免受侵蚀，铜被蚀刻液攻击、溶解。改善方式包括降低搅拌强度或调整添加剂。典型的拐角空洞如图 3.8 所示。

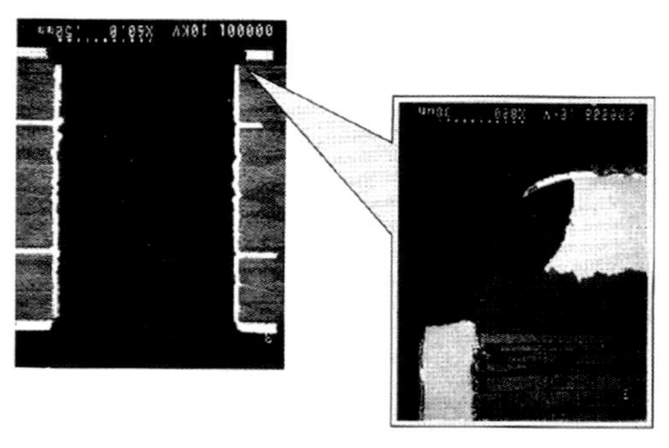

图 3.8　典型的拐角空洞

有研究证明，添加剂中的整平剂带正电荷，会向着高电流密度区移动，与金属离子的行为类似。槽液中的平整剂过多，有可能是因为整体浓度过高或孔缘浓度过高，孔缘的金属成长速度较低。降低整平剂浓度或适度调整搅拌方式，对这种现象会有所帮助，不过添加剂的消耗与补充平衡是最重要的控制因素。

3.4　小　结

孔内空洞有多种产生原因，但根本原因可能要回溯到钻孔工艺、后段纯锡电镀。常根据产生空洞的形状及位置，追踪分析根本原因。空洞常来自多个工艺的交错影响，仔细分析缺陷及按工序追踪是找出问题的必要手段。这些问题未必是图形转移产生的。

第 4 章

铜面及基材特性对图形转移的影响

4.1 介质材料的构建

基材或基板，常用来称呼覆铜箔的介质材料或卷式材料，本章重眼于材料表面铜箔的性质，它直接影响贴附在表面的干膜的性能及线路制作能力。材料特性可参考相关材料规格数据，与图形转移技术相关的特性列举如下：

（1）电路板的有机树脂材料决定了其电气绝缘特性，环氧树脂类材料是主流，许多不同形式的改性的目的是强化材料阻燃性及耐热性。其他树脂材料，如聚酰亚胺（PI）树脂、聚酯树脂、BT 树脂、聚四氟乙烯、酚醛树脂等都是知名材料。

（2）偶尔有树脂残屑或污染物黏附在铜面上会抗蚀刻，产生蚀铜残渣。辨别杂物来源有助于改善工艺，可通过傅里叶变换红外光谱（FTIR）分析辨认树脂化学成分，使用元素分析（EDS）仪与扫描电子显微镜（SEM）分析元素状态。若发生溴、磷反应，则树脂中可能含有阻燃剂。

（3）多数电介质材料会与增强纤维混合制造，以增强材料的强度及尺寸稳定性。增强纤维多数是玻璃纤维，采用玻璃纱编织而成。基材用的玻璃纱种类、制作直径纱数、树脂含量等，都会直接影响材料的性质。

（4）编织玻璃布经过压合后可能会产生表面织纹起伏现象，这会影响干膜的附着性。某些不织布制作的材料不会产生这种起伏，如杜邦生产的聚酰胺（thermount）材料就是不织布纤维材料，被用于知名的任意层内部导通孔（ALIVH）应用。

（5）多数电介质材料都含有紫外光吸收材料，其作用是防止阻焊制作时发生光透射。阻焊都涂覆在电路板外层两面，同时两面也都会进行曝光。然而，不像内层板图形转移，会有铜箔遮蔽紫外光透射。阻焊曝光时，没有铜箔遮蔽的局部区域可能会发生光透射，导致电路板另一面产生“鬼影”现象。因此，添加紫外光吸收材料是必要手段。

4.2 铜面的处理

铜不会像铁那样易腐蚀，但它比黄金腐蚀得快。即使铜经过了清洁处理，仍然会在吸收水分后发生氧化。当铜发生氧化时，铜原子会因为失去一个电子而成为亚铜离子，之后再失去一个电子而成为铜离子。铜离子的正电性会被带负电荷的氧离子或被其他负离子平衡，这些与铜面接触的负离子包括氯离子（Cl^-）、硫酸根（SO_4^{2-}）、磷酸根（PO_4^{3-}）等。

铜面处理的主要目的是去除多余的铜氧化物和抗氧化剂等。在铜箔制作过程中，为了保持铜面新鲜度，会进行抗氧化处理。但电路板制作工艺中，必须去除铜面的抗氧化剂。除此之外，去除可能的有机污染、油脂或手指印也是铜面处理的重要目的。

4.2.1 用于内层板的铜箔的来料状态

用于刚性电路板的铜箔，由铜箔制造商提供，几乎都采用电解铜箔。但挠性板常采用压延退火铜箔。图 4.1 所示为典型的电解铜箔的制作流程。

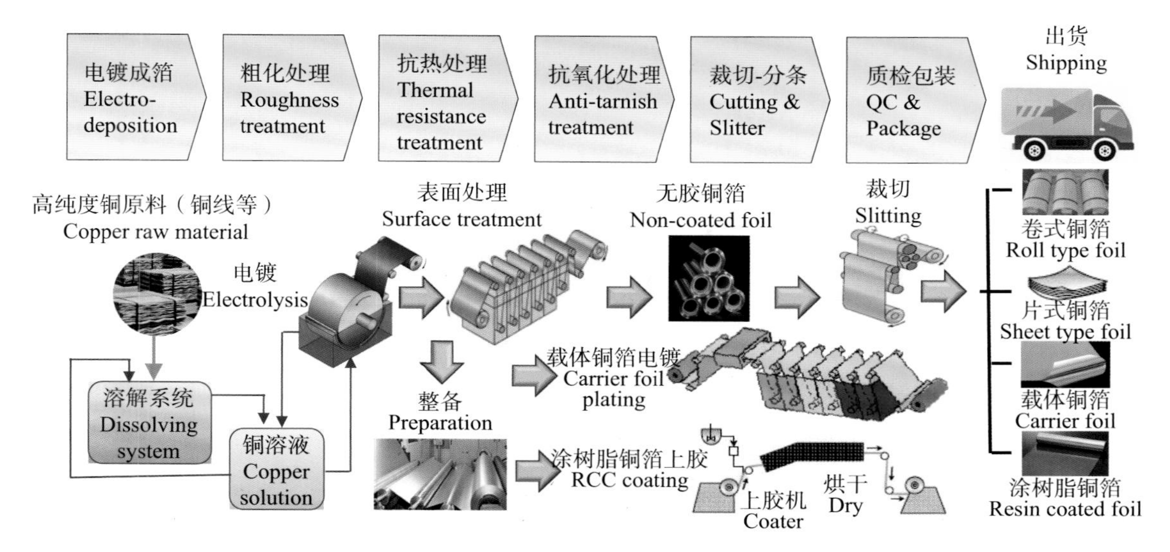

图 4.1 典型的电解铜箔制作流程

电解铜箔的制造方式是用硫酸铜溶液做电镀，将铜逐步析出到电镀鼓上，之后撕下成卷并做后续加工。面向电镀鼓的铜面呈现光滑的表面，面向外侧的铜面则通过刻意控制电流，产生适当的粗糙度。标准厂商供应的铜箔材料，粗化面会向着树脂材料贴合，以形成足够的结合力。实际作业时，铜箔的粗化面还会进行细致的小粗糙度加工，以增强铜箔剥离强度。在卷对卷处理工艺中，铜箔经过连续处理，在铜箔粗糙面生长小铜瘤；但铜瘤较脆，必须用第二道较抗拉的铜包覆。进行几次上述工序即可生长出多层次粗糙度的铜面，最后生长锌或青铜。接着做硅烷耦合剂处理，就可产生良好的铜面与树脂结合。

光面处理会增加一层薄锌或镍金属，接着做铬锌保护层。镍隔绝层用于防止铬与铜金属间化合物的形成，这种物质很难用一般酸性清洁剂去除。过去由于各金属成分及厚度得不到良好控制，因此没有良好的干膜结合力及良率，目前这类问题已得到改善。对铜面的保护与各处理层的去除能力必须进行权衡，可用质量分数 10% 的硫酸进行测试。正确的铬处理水平，可通过定量测试确认：室温下浸泡在质量分数 10% 的硫酸中几分钟，然后浸泡在棕化液内，如果出现均匀的棕化颜色，就代表铜面没有过量的铬金属；相反；若铜面有亮点，就表示铬金属过量。影响铬金属去除难度的参数包括抗氧化层的成分、孔隙度、亲水性及界面间阻抗层的基本特性等。

铜箔供应商处理过的铬金属面，由电路板制作者进行前处理后贴膜。该金属面的主要功能是防止铜面氧化，实际成分是铬的不同形式化合物，包括铬金属氢氧化盐 $Cr(OH)_3$，以及一些氧化态 Cr^{3+}、一些 Cr 原子及 Cr^{6+} 和其间混入的一些锌金属。铬的不同形式化合物中的氢氧化铬含量，直接决定了铬处理层是否容易被酸去除。典型铬处理层的覆盖厚度约为 $5mg/m^2$。有时候供应商会在铜面做有机抗氧化处理，贴膜前必须去除这些处理物。主要原因是，多数干膜配方都是以附着在新鲜铜面上来设计的，干膜可与轻微氢氧化铜或氧化铜表面产生良好的结合力。若面对的是不同的金属表面，则可能会产生过强或不足的结合力。经验证实，经过铬金属处理的铜面，与干膜不容易产生良好的结合。在内层板的生产工艺中，前处理具有双重作用：去除铬金属处理层，同时确认后续能顺利产生良好的氧化处理层，助力多层板的压合生产。

4.2.2　化学沉铜

化学沉铜是利用还原反应进行的铜沉积，沉积颗粒的外观有点像草菇。图 4.2 所示为不同配方的典型化学沉铜表面状态。沉积铜是由铜离子 Cu^{2+} 经过还原反应产生的，反应过程涉及强碱（NaOH）、甲醛（HCHO）、络合物（如 EDTA）及其他特有添加物。反应中生成的各种不同的小分子副产物，必须从铜面移除。因此化学沉铜后的水洗，对于直接图形电镀，就变成了贴膜前的清洗作业。这时要注意有机物清除的完整性，表面残留碱类物质是干膜结合力的杀手。用化学沉铜面直接贴膜时，还要注意表面是否经过抗氧化处理。

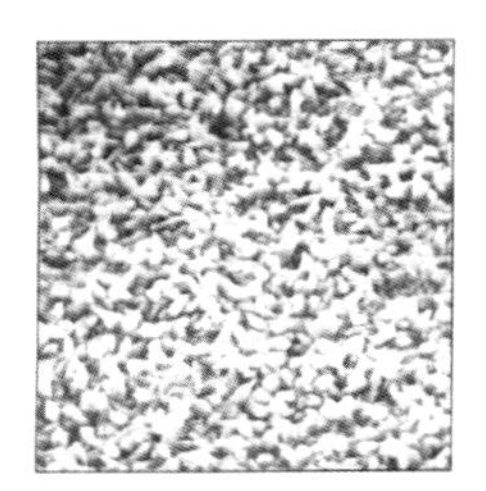
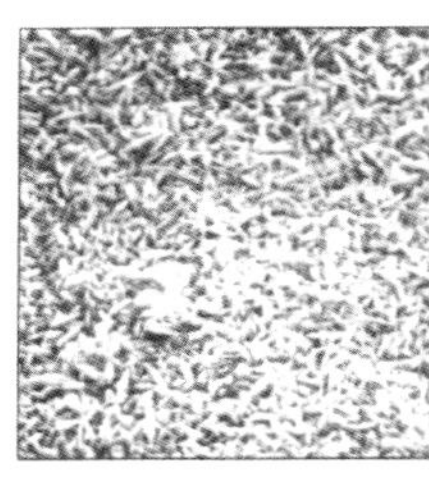

图 4.2　不同配方的化学沉铜的表面状态

4.2.3　反向处理铜箔

反向处理铜箔光面一般都经过了锌金属处理，可直接压合到树脂上。未经处理的粗糙铜面与干膜贴合，因为表面粗糙度高，不需要做机械或化学粗化。但是，其粗糙度一般都大于干膜操作表面最佳粗糙度（$R_a > 0.3\mu m$），贴膜前必须进行适度调整。图 4.3 所示为铜箔光面与粗面的比较。

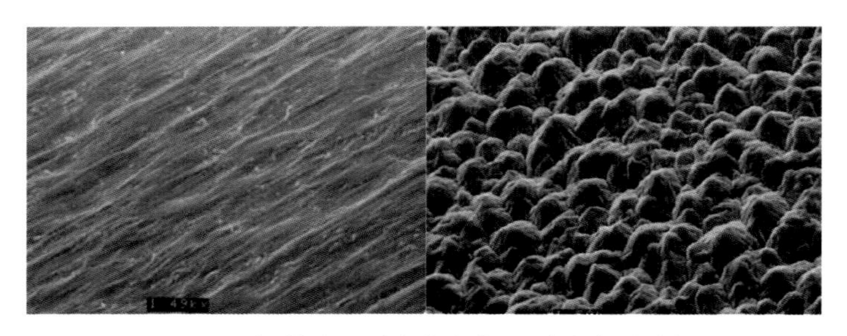

图 4.3　铜箔光面（左）与粗面（右）的比较

4.2.4　双面处理铜箔

顾名思义，双面处理铜箔的两面都经过了锌或青铜金属处理，铜面有细致的结晶结构，具有大表面积轮廓，形似化学沉铜表面。图 4.4 所示为双面处理铜箔与标准铜箔光面的比较。

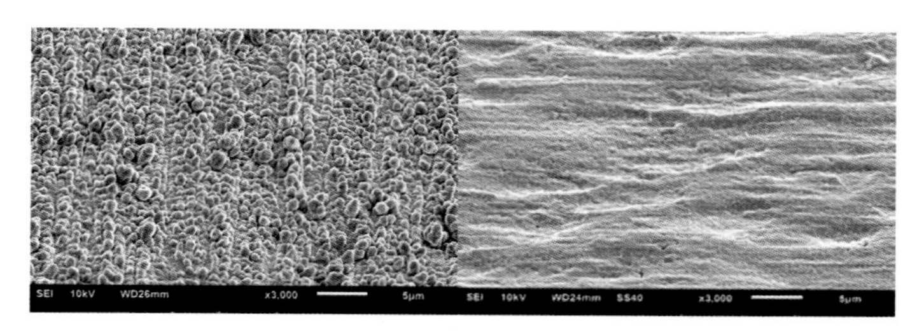

图 4.4 双面处理铜箔表面（左）与标准铜箔光面（右）的比较

这种铜箔的单价高于一般标准铜箔，但具备以下优势。

（1）用于多层板时不需要做粗化处理，可避免粉红圈缺陷。非常薄的铜箔通过氧化处理增强结合力，在操作上也有困难。

（2）不需要贴膜前处理，可节约一点操作成本。如果处理的是非常薄的基材，磨刷或喷砂都容易导致基材形状变异和扭曲。

这种铜箔的潜在问题如下：

◎ 双面处理材料不适合一般湿法贴膜

◎ 粗化外观会对 AOI 检查造成辨识困扰

◎ 对碱性蚀刻有一定抗蚀性

◎ 会磨损作业物的表面

◎ 较长停留时间容易导致干膜残留

4.2.5 细致晶格低轮廓铜箔

良好的阻抗控制及细线路制作需求，促生了低轮廓铜箔。这种产品有较细致的晶格结构。所谓“低轮廓”，是指与树脂贴附的铜面具有较平整、均匀的粗化状态。用这种铜箔确实可改善良率及线路均匀性。基于粗化面高低差的缩小，蚀刻时去除铜渣的时间变短，可以较精准地控制蚀刻。同时，热压合时低轮廓表面也更容易填充平整。图 4.5 所示为一般铜箔与低轮廓铜箔制作线路的比较。

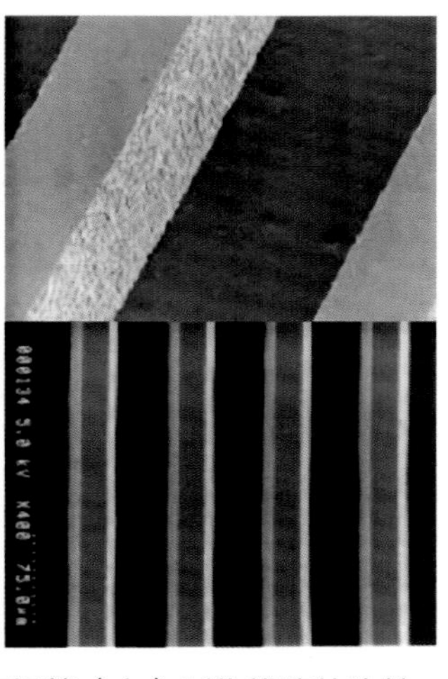

图 4.5 一般铜箔（左）与低轮廓铜箔（右）制作线路的比较

4.2.6 超薄铜箔

对超薄铜箔的兴趣，主要来自于细线路需求及全蚀刻工艺能力的限制，这也是制造者转向使用 2 ~ 5μm 厚铜箔以半加成工艺制作线路的原因。因为这种做法的线路厚度大部分来自电镀，蚀刻量较小。随着大量阵列封装的应用，细线路需求逐步增长，促生了超薄铜箔需求。但这类铜箔过于柔软，不适合直接操作，因此厂商用铝箔或铜箔作载体生产。这种做法不但可方便操作，也可减少热压合时的铜面污染。图 4.6 所示为典型的带载体超薄铜箔。

图 4.6 典型的带载体超薄铜箔

4.2.7 电镀铜

电镀铜的纯度非常高（$>$ 99.9%），因此，表面处理只需要在光滑面产生较大粗糙度。依据贴膜前电路板的储存时间，生产者必须在前处理工艺中适当加入抗氧化步骤。

4.2.8 抗氧化处理

抗氧化处理用于保护铜面的新鲜度，以防止氧化。对于需要停留较长时间的电路板，这是必要的处理。传统化学沉铜处理以吊篮生产，处理完的电路板都会停留较长时间，等待下一个步骤。除非化学沉铜板可以做磨刷再贴膜，否则氧化会影响工艺稳定性。水平工艺普及后，抗氧化就不是必需的处理步骤了，尤其是采用连续性工艺时。

与铜产生络合物的化学品，有较长时间的抗氧化能力，因此被用于电子产品组装前的抗氧化处理。抗氧化可以解读为防止表面变化的轻微涂覆，常用由有机可焊性保护（OSP）剂改性的化学品（也是增强干膜与铜结合力时添加的化学品）。多数做法是在化学沉铜线的末端增加抗氧化剂槽，在化学沉铜完成后直接浸泡，再干燥。抗氧化需求会因为应用的不同而不同，不同的应用应从不同的角度了解。

▌铜箔制作中的抗氧化处理

传统铜箔抗氧化依赖铬金属处理，近年来也开始使用有机抗氧化剂，偶尔也使用硅烷涂覆。涂覆硅烷是为了增强铜箔与树脂的结合力，根据涂覆设备的设计，可同时涂覆铜箔的两面。

电路板制作中的抗氧化处理

较强的抗氧化剂是苯并三唑类化学品，它们具有与铜络合反应的能力，可以减缓氧化。图 4.7 所示为这类抗氧化剂的典型反应机理。这些化学品具有较低的水溶性，但溶于酸或强碱溶液。供应形式为，以高浓度硫酸或醋酸溶液运输，之后以酸液稀释到质量分数 2% ~ 10%。轻微的抗氧化处理，常以醋酸作为主要处理酸。铜络合物较脆弱，抗氧化时间短，以低浓度处理及适当水洗去除多余化学品，是获得良好干膜结合力的建议做法。

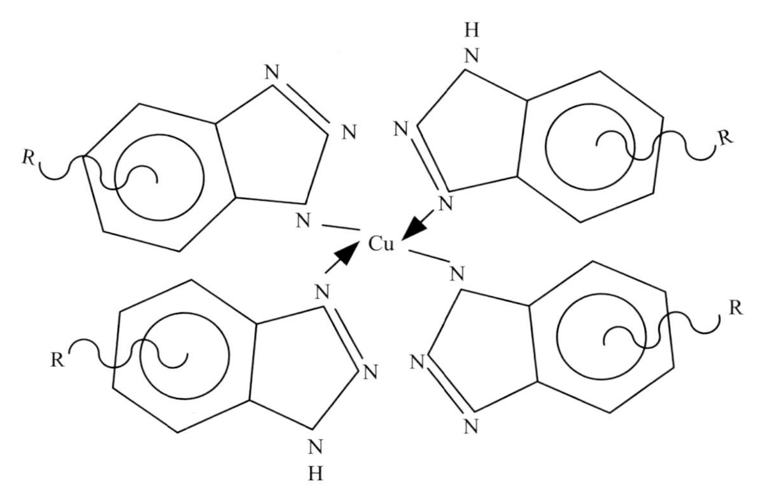

图 4.7　典型铜抗氧化剂的反应机理

光致抗蚀剂的交联反应

多数光致抗蚀剂会设计得适合与清洁铜面结合，而铜面实际上是铜金属、氧化亚铜、氧化铜及氢氧化物的混合体。水溶性光致抗蚀剂含有增塑剂与酸性官能团，可溶于碱性溶液中。这种光致抗蚀剂会与微量氢氧化铜表面形成足够的交联网络，不需要特别的结合力促进剂。图 4.8 所示为氧化铜、氧化亚铜以及铜离子水合物与光致抗蚀剂交联的机理。

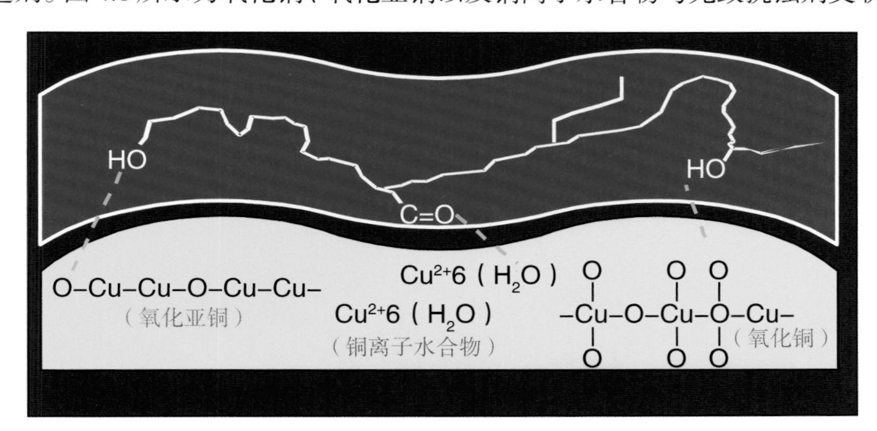

图 4.8　氧化铜、氧化亚铜以及铜离子水合物与光致抗蚀剂的交联机理

快速应用时不会产生残留，配方中有时会添加光致抗蚀剂残留控制剂。适合这样功

能的化学品，多数是有机环状结构药剂，如咪唑类、三唑类化学品等。一般化合物不见得都会形成络合物，但那些有高电子密度的络合性含氮结构，会倾向于形成强复合物。因此，具有这些化学结构的物质，可用来产生络合强度。

光致抗蚀剂开发初期，络合物溶液用于前处理，以增加溶剂型光致抗蚀剂与基板的结合力。实际应用显示，将小量络合物加入用于湿法贴膜的水中，能有效减缓干膜残留板面的问题。络合物阻隔层具有防止铜离子转移到光致抗蚀剂层内的功能，而铜离子与增塑剂会形成不溶性络合盐类。

可焊接的金属表面

有机保护膜处理被广泛用于取代热风整平，作为维持可焊性的金属表面处理，日本较早采用。4000 ~ 6000Å 的络合物厚度是一般处理要求，目前的主要缺点是存在一定的焊接工艺兼容性问题，尤其是无铅焊接工艺的兼容性。

4.2.9 直接电镀铜面

直接电镀铜面承袭了原始铜面的平滑特性，干膜附着力较差。对于钯金属、石墨或碳体系直接电镀，以微蚀法去除铜面残留物，防止后续铜电镀结合力不佳，是必要的处理。这种做法会使事先磨刷出的粗化表面重新变为平滑表面。

对于导电高分子体系及纯钯金属体系的直接电镀，可在传动线上处理铜面，处理后铜面也会较平滑。直接电镀工艺的供应商一般不建议采用表面粗化处理，以保证直接电镀性能。因此，不建议在早期碳类工艺中使用机械磨刷处理，以免孔缘碳颗粒脱落而造成空洞。喷砂前处理也有类似顾虑。

这类工艺需要干膜具有附着于较光滑铜面的能力。当然，对于石墨类直接电镀，因为可在前处理采用磨刷或特定表面处理做粗化，所以操作空间大得多，也可以适度使用现存的传统处理。

第5章

贴膜前的金属表面处理

铜面的化学成分与外观轮廓优化，有助于干膜的结合与剥离。这些表面处理可用机械、化学或电化学方法进行，处理原则取决于铜面形式及所需的表面状态，如一般铜箔、化学沉铜表面或电镀铜表面等。一般处理程序是对铜面进行粗化，增加干膜附着面积并去除异物，这些都有助于干膜附着力的提升。

5.1 关键影响因素

由直观判断可知，铜面的物理、化学状态决定了干膜附着力。接触面积难以量化描述，但它是干膜流动与黏合的重要状态变量。铜面外观可用机械或化学方法处理，磨刷压力、刷轮形式、磨痕控制与测试等，都是重要控制变量。以喷砂作业来说，喷砂的颗粒形式、尺寸、喷压等都会影响铜面外观。一般用于描述铜面状态的相关测量值，如 R_a、R_z 就是表达铜面状态的重要参数，可用非接触式表面粗糙度测试仪做定量测试。

至于铜面的化学状态，可用表面检测法测量，如俄歇电子能谱分析（AES）、光电子能谱化学分析（ESCA）、傅里叶变换红外光谱分析（FTIR）等。但这些并不适用于工艺监控，只适用于表面特性研究。一般铜面要去除的物质都是有机污染物、抗氧化物或铜氧化物等，水破实验可提供表面亲水性或疏水性的信息。对铜面污染物残留状态可采用化学测试验证，如铜面的铬金属残留可利用铜面氧化、铜面硫化、浸锡等均匀性测试法来验证。光激发电子发射（OSEE）测试可利用强烈紫外光源检测有机物、氧化铜、铬金属等，因为表面会有电子释放反应现象。

经过处理的铜面要防止被有机物及氧化再次污染，因此处理后的环境清洁度维持及停留时间控制都很重要。铜面及通孔内干燥是表面处理的重要事项，处理不当会导致不必要的再度快速氧化，影响后续干膜与铜面结合。

5.2 处理效果与影响

要获得良好的干膜图形转移效果，适当的表面处理必不可少，这是获得恰当铜面状态及化学性质的前提。处理的目标是铜面与干膜结合符合后续工艺要求，在线路制作时能稳定覆盖不需要处理的区域，在退膜时能稳定清除。界定干膜在显影与退膜工艺中的性能是否稳定的主要指标是，干膜在显影后不能有浮离或被渗透的现象，或者在图形电镀前的清洁处理中没有被攻击或浮离的现象。当然，蚀刻过程也是一样。如果未曝光区在显影时无法顺利显影，就会成为蚀刻障碍，在蚀刻后就会产生残铜问题，在图形电镀工艺中出现铜结合力不良问题。至于退膜不良问题，在内层蚀刻中有可能产生氧化不良，而图形电镀蚀刻可能会造成短路缺陷。表 5.1 所示为干膜结合力不足与过大可能导致的问题。

干膜制作者会在附着力与退膜能力间取得平衡，配方设计会将化学键力降低，但会适度加大表面粗糙度附着力。本小节以一般线路制作为主要议题，因为阻焊类光致抗蚀剂材料对分辨率、显影时间及清洁度的要求都非常不同。至于液态光致抗蚀剂，与干膜有明显不同，这类光致抗蚀剂对表面粗糙度的要求较宽松，但对操作清洁度的要求较严苛。虽然电路板贴膜前处理主要是为了形成良好的干膜贴合，但部分厂商还是期待前处理能去除表面的一些杂物，如铬金属处理层，使后续内层板的氧化处理更均匀。

表 5.1 干膜结合力不足与过大可能导致的问题

结合力不足	结合力过度			
显影 / 蚀刻	在非曝光区		在曝光区	
开 路	显影 / 蚀刻	电 镀	显影 / 蚀刻	电 镀
电 镀	蚀刻障碍	铜剥离	退膜不全	退膜障碍
短 路	短 路	报 废		短 路

5.3 表面处理与结合力的一般性考虑

干膜与铜面的结合力主要取决于界面化学状况及微观结合状态，是范德华力、极性作用力、氢键力、离子键力、共价键力等共同作用的结果。键力（N / cm）可采用拉力测试验证，主要来源当然是化学力和表面物理结合状态。一般化学力的大小如下：

范德华力<极性作用力<共价键力

通过拉力测试可明显看出粗化铜面会比平滑铜面有较高拉力，但这种测试方法并不适合测试干膜拉力。可尝试使用某些修正拉力测试，这类信息最好找干膜供应商讨论。关于干膜与铜面结合状况，有必要了解分子级作用。干膜产生形变，是受热与受压时与粗化表面贴合的必要条件，湿法贴膜可改善这种形变。一旦压合，干膜就会润湿铜面并产生结合，当然前提是污染物被完全清除。

“化学结合”与“机械性结合”的释义常会产生混淆。比较明确的解释是，结合是表面功能，它是接触能力与化学品交互作用的物理化学力的展现。产生拉力的区域，经过处理而有恰当的表面状态，更确切地说就是拥有更大干膜接触表面积，因此产生了机械性交互拉扯力。铜面与干膜的界面与拉扯应力方向呈现垂直的关系。

某些铜面有草菇状微观粗化表面，干膜不容易流入底部，因此结合界面容易发生剥离。这种表面的代表是经过化学沉铜处理的表面，或者经过特殊处理的铜箔及特殊微蚀液处理的铜面。高低差较大的表面处理，不是干膜所期待的，因为靠贴膜滚轮的力量加上高黏度干膜，未必能将光致抗蚀剂填入，这意味着接触表面积减小。

干膜与铜面的结合，还必须能承受一定的侧向剪力。这种能力必须在侧向推力下测试，而不能在正向拉力下测试。这种机械侧向剪力的承受能力很重要，原因有二：一是多数膜剥离常源自侧向攻击，包括喷流冲击及可能的刮伤；二是当攻击产生化学反应而形成渗透扩散时，能承受侧向剪力的结合有利于减缓攻击速度。为了减小对表面处理的理解偏差，最佳的方式就是利用这些测试方法评估影响，厘清问题。

机械磨刷及化学处理都对铜面物质移除有一定的作用，但对喷砂的污物移除作用有限。若没有将氧化物或保护膜去除，铜面的基本化学状态是不会有太大改变的。一些化学表面处理方法，如碱性清洁处理，可通过去除有机污染来改变表面状态，但无法影响铜面微观状态。如果采用过硫酸盐微蚀处理，则两者都可以改变。

5.4 铜面状态与接触面积

良好的铜面状态，可提供较大的干膜接触面积。然而，似乎没有一种传统测量方法能量化表达出总表面积与接触面积。因此，附着力的定义，需从膜流动性及厚度等着手。至于铜面参数，如形状、厚径比、绝对深度等也必须列入附着力参数考虑。即使是简单的总表面积这种参数，也很难与传统粗糙度（如 R_a、R_z）、单位面积内的峰值或凹凸程度产生关系。这些参数的定义如图 5.1 所示。

粗糙度R_z、R_{max}
十点高度取样值R_z：
在十个取样距离中，五个最高的峰点平均值与五个最低的谷点平均值所产生的结果

$$R_z=\frac{1}{5}(R_{z1}+R_{z2}+R_{z3}+R_{z4}+R_{z5})$$

R_{max}为五个最高的峰点平均值与五个最低的谷点平均值的差

平均粗糙度R_a
平均粗糙度的定义：
取样区的峰点与谷点相对于平均高度线的差距算术平均值

$$R_a=\frac{I}{I_m}\int_0^{I_m}[y]\,dx$$

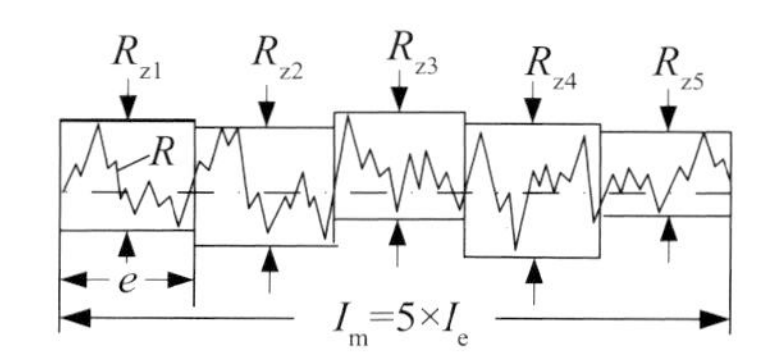

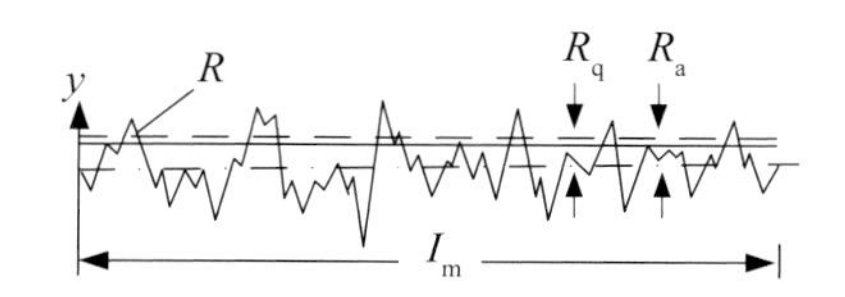

图 5.1 R_z、R_{max} 及 R_a 的定义

另外，还有一些常见的表面粗糙度术语，其定义及说明如下：

◎ 高点数：高于取样区内平均高度的峰点数

◎ 峰点数：单位长度内的峰点与谷点数

◎ 凹凸转折数：单位长度内的高低转折数

表面粗糙度可用粗糙度测量仪测量，但是测量结果受粗糙度测量仪精度的影响较大。比较好的办法是，采纳同一测量仪的测量结果，并结合实际作业状况进行关联分析，这对实际工艺控制与研究较有帮助。这些粗糙度参数并不会一直与结合力或良率产生关联，实际结果与附着力、表面化学因素等也息息相关。另外，粗糙度参数与总表面积不完全成比例。若要测试铜面的总表面积，采用化学吸收法或电化学法或许更实际。然而，这些方法仅适用于药液研究或实验，对日常生产来说并不实际。

扫描电子显微镜（SEM）照片能提供非常好的表面微观状态。一旦选定工艺，如何避免外在污染及不必要的药液参与反应才是最大的挑战。

表 5.2 是根据文献整理的各种贴膜前表面处理方法与粗糙度的关系。

表 5.2 不同表面处理方法与粗糙度的关系

表面处理方法	R_a / μm	凹凸转折数 / cm
180 号磨刷用尼龙刷	0.2 ~ 0.35	350 ~ 1300
320 号磨刷用尼龙刷	0.21 ~ 0.27	450 ~ 1600
500 号磨刷用尼龙刷	0.17 ~ 0.18	800 ~ 1300
磨刷片	0.15 ~ 0.18	845 ~ 1220
中等磨刷片	0.3 ~ 0.55	
超细磨刷片	0.23 ~ 0.11	
喷　砂	0.16 ~ 0.21	963 ~ 1195
硫酸 – 过氧化氢	0.16	1100
过硫酸盐	0.3	

表 5.2 中的表面处理方法会产生方向性刷痕及粗糙度，包括传动方向及振荡方向的痕迹。这些方向性痕迹，常与结合力弱有关，而刷轮振荡会减少这种现象。然而，方向性问题依然存在，一些需要更高分辨率的产品，会因为有效接触面积不足而无法获得应有的结合力。在这种状况下，喷砂、化学微蚀可产生异向性粗化表面，是较恰当的表面处理方法。铜箔的晶体结构及蚀刻方法会造成铜面的微观差异，但与量产良率是否有直接关系还存有疑问。微蚀时的金属晶界对蚀刻结果的影响，可能比蚀刻液本身的影响还大。

在低浓度蚀刻剂的攻击下，局部晶界区产生氧化还原电池反应，对晶界腐蚀性的影响会比大环境的化学反应大。部分研究显示，氯化铜、硫酸 – 过氧化氢类蚀刻剂对晶界的攻击性比过氧化物还强。根据表 5.2 中的数据，加上辅助参考数据，可对不良表面处理及良好表面处理大致定义如下。

（1）良好表面粗化处理可产生的表面特性 R_a 值范围为 0.2 ~ 0.4μm。

（2）使用喷砂法时，R_z 值可控制在 1.6 ~ 3.2μm 的良好水平。

（3）使用磨刷清洁法时，R_z 值可控制在 2 ~ 3μm，也可保持一定良率。附着力测试采用胶带法，以铜面残留的干膜量为指标。对电镀镍金应用的严苛考验，还有待测试数据验证。

（4）一般希望单位长度（mm）内的峰点数为 22 ~ 30。

（5）若铜面凹陷或有波浪微观，且深度大于 5μm，就不容易用热压滚轮法稳定贴干膜。一般内层板玻璃纱间距为 0.5 ~ 1.0mm（20 ~ 40mil），表面高低差在 0.75 ~ 7.0μm。因此当板面高低差偏大时，可能会发生干膜接触不良的现象。

（6）某些研究认为，高低差小于 4μm 时，多数情况下都可稳定贴干膜。

基于表面处理的微观粗糙度与贴膜的关系，获得良好铜面状态的改性处理基本上以微蚀、喷砂、磨刷为主要作业手段，调整处理参数使表面达到 R_a、R_z 经验值以及单位长度内的峰点数。因此，可以得出以下结论。

（1）多数蚀刻剂（过硫酸钠、硫酸 – 过氧化氢、氯化铜、氯化铁）似乎都可产生

较好的 R_a 与 R_z，但蚀刻时间一旦延长，表面马上就会出现平整化现象，无法得到期待的效果。

（2）180号刷轮对于多数表面处理应用都过粗，用320号刷轮勉强产生可接受表面，因此多数应用都倾向于使用500号刷轮。

（3）对于喷砂处理，颗粒大小为60 ~ 80μm是较常用的水平，颗粒含量一般会保持在约15%体积分数。

（4）湿法贴膜与适合湿法操作的干膜设计，有助于改善粗糙面结合力。

（5）对粗大纤维基材，喷砂或化学处理的效果比磨刷好，因为磨刷产生的波浪形微观可能会导致贴附不良。

但这些表面处理方法都没有直接表现出可实现接触面积最大化，也没有表现出可让干膜与铜面产生适当的化学结构及机械结合力。根据许多实际经验及业者发表的报告，仍可以发现电路板的表面处理水平其实对贴膜有直接影响，建议的贴膜前表面处理的微观指标如下：

$$R_z = 1.5 \sim 3\mu m$$

$$R_a = 0.15 \sim 0.3\mu m$$

5.5 铜面状态的磨刷改性

一些特殊的操作状态在磨刷机的操作手册中有详细交代，但是电路板生产者并不会满足，因为一般设备厂商提供的资料无法涵盖不同的产品需求。一般生产者希望知道的是，如何确认板面的微观状态以及它与良率的关系。更重要的是，依据参数的设定确实可以得到期待的表面微观状态。

某研究结果表明，一般期待的表面状态是 $R_z = 2 \sim 3\mu m$，可以获得不错的结合力及良率。R_z 取决于机械参数的设置，如传动速度、切削速度、振荡速度等。这个研究包含了刷轮种类、平面压力以及刷轮形式的测试。由经验得知，每个单一的参数都不是决定性因素，除了表面状态参数 R_z，干膜的选用、贴膜的状态等也是应该注意的因素。

5.6 铜面处理工艺的选择

工艺的选择并不取决于纯技术考虑，如操作空间的限制、投资额、废弃物处理等，都有可能成为重要的工艺考虑因素。如果从纯生产的角度切入，铜面的微观状态恐怕也不是主要决定因素。例如，基板的铜厚有一定的规格限制，因此，表面处理的去除量也会受到限制，这直接影响表面处理工艺的选择。

在超薄铜箔基板应用方面，有可能只能用电解的方式进行表面处理，之后利用微蚀技术进行非常微量的铜蚀刻，因为实际的铜厚已经相当小了。要想减小铜去除量，也可以在电解处理之后进行喷砂处理。几种前处理工艺对铜厚的影响见表 5.3。

表 5.3 各种前处理工艺对铜厚的影响（内层板）

方 法	铜去除量 / mil
碱性清洁 / 微蚀	70 ~ 100
碱性清洁 / 硫酸处理 / 微蚀	40 ~ 60
磨 刷	20 ~ 40
氯化铜（酸性）	80 ~ 160
喷 砂	几乎为 0
电解 / 微蚀	30 ~ 35
酸性清洁 / 微蚀 / 酸洗	20 ~ 60

减小基板的尺寸变异与扭曲，是另一个选择表面处理工艺时的重要考虑因素。磨刷、喷砂、化学处理等表面处理工艺，在内层板处理方面会受到限制。对于一些十分薄且有孔的内层板，日本业者倾向于电镀后直接进行图形转移与蚀刻。一般内层板选择前处理工艺的原则见表 5.4。

表 5.4 一般内层板选择前处理工艺的原则

内层板（总厚度）	500 号刷轮	喷 砂	化学处理
$>$ 8mil（0.2mm）	可	可	可
6 ~ 8mil（0.15 ~ 0.2mm）	不 可	不 可	可
$<$ 5mil（0.15mm）	不 可	不 可	可

为了避免薄板尺寸变异过大，建议采用化学处理。但是电镀后的铜面一般不容易产生一致性粗化，这与一般压合铜箔的性能不同。某些替代方案采用电镀的方式产生粗化的表面，就像制作铜箔的粗化面一样。

5.7 铜面的化学成分

对于各种铜面的表面结构及化学成分，前文已有相当多的讨论，下面只强调重点。

（1）典型铜面不是纯铜，是铜与铜氧化物及水合物的混合体。

（2）多数干膜都设计得与这类表面有较强结合力，退膜后也能呈现清洁表面。

（3）过度的铜氧化不利于良好的干膜贴合，因为厚氧化层呈脆性，且容易被酸攻击而溶解，进而影响结合力。

（4）铜箔常带有抗氧化层或特殊处理层，其功能是减缓铜面氧化。适度去除这种表面处理层，是铜面贴膜前处理的重要课题。

（5）清洁工艺必须清除有机物以及各种特别处理物。

本节的讨论以测试及分析铜面特性为主，铬金属类表面处理会另外讨论，清洁后的停留时间也会特别讨论。

5.7.1 铜面状态与良率的关系

▌表面状态的控制与检测

以统计过程控制（SPC）为工艺控制手段时，必须注意铜面处理的关键参数，如干膜与铜面的结合面积、干膜与铜面的界面化学力等。为了控制后续状态，工程上必须测量铜面清洁度，如量化测量残铬、残锌、氧化铜或有机物残留等，以确认实际清除状况。这种工艺控制并非常态执行，要考虑时间与成本。典型的化学分析，一般用于问题分析或确认造成良率问题的污染源。

有各种不同的分析技术与方法，可用于铜面检测。通过简单的目视质量检查，就可检查出表面的过多污染物，使用显微镜可辅助检查更多细节。水破实验提供了数据化的表面状况，可用来检测疏水性及有机物残留，但无法检测一些亲水性有机物，如润湿剂或无机物杂质。微量有机污染是没办法用光学显微镜检查出来的，有荧光反应的有机材料或许可以用荧光检测设备检测。这种方法曾经成功用于检测铜面残膜，样品在波长546nm 时发光，利用滤波器就可看到光波效应。

另一个成功用于有机残留检测的方法是，在扫描电子显微镜（SEM）系统中，利用低能量（−2keV）电子束将能量引导到污染铜面，做有机污染物测试。当电子束撞击到铜面时，会产生反射性电子束分布，这种反射状态会产生图像。存在有机物时，低能量电子会被有机物拘束住，因此金属区与有机污染区会产生不同的反射状态，有机污染区会呈现较暗颜色。SEM 图像暗区产生的面积数据，可供质量控制参考。这种方法可检测所有有机污染，不像水破实验只能检测斥水性物质。表 5.5 列举了一些铜面检测方法，供参考。

表 5.5 铜面检测方法

方 法	用 途
目视检查	检查铜面的污垢、氧化、不均等
水破试验	测试铜面的亲水性
显微镜检查	检查铜面的外观、污物等
棕化、浸锡、表面颜料、微蚀测试	检查有机物或保护膜的残留
扫描电子显微镜（SEM）观察	检查表面粗糙度及精细外观
光激发电子发射（OSEE）测试表面的反应	以电子束观测铜面的异物存在状态
元素（EDS）分析	用频谱检测铜面的元素
荧光反应测试	利用有机物的荧光反应特性检测有机物种类型
立体显微镜	观测铜面的微观与立体状态
傅里叶变换红外光谱（FTIR）分析	检测铜面的有机物残留状态

无机物表面清洁度的标准难以定义，不能像有机物那样将标准定为零污染，因为铜相关的氧化物本身就是无机物，铜面上永远都有微量无机物残留。对铜以外的其他元素设定控制门槛似乎也不切实际。较合理的假设应该是对铬、锌、磷、锡等设定门槛，采用光电子能谱化学分析仪（ESCA）类设备分析，但成本太高，不适合一般工艺管制。因

此，必须找到成本适当的微量无机物分析方法。目前，一般生产厂商并未对无机物进行严格管制，但其生产依然顺利，原因就在于前处理放大了作业宽容度。因此，只要维持作业管制范围，无机类污染的影响应该有限。

另外，在表面粗糙度的测量方面，光学轮廓仪利用光学干涉原理进行物质表面状况分析，这样的分析可以提供电路板表面的区域性轮廓数据。由于电路板表面状况已经转换为实际的接触面积数据，因此可以呈现出比传统 R_a、R_z 描述更有意义的信息。图 5.2 所示为典型的光学轮廓仪测得的光学干涉表面状况。它不但将电路板表面状态转换为电子图像，而且经过数据分析可以得到一般传统方法无法获得的铜面粗糙度信息。

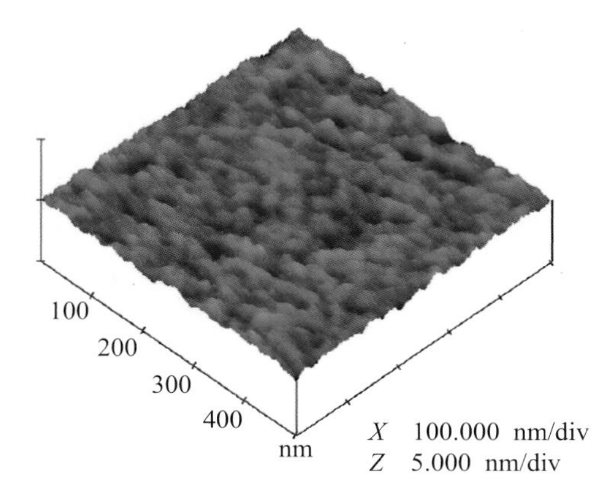

图 5.2 典型光学轮廓仪测得的铜面粗糙度信息

对良率影响的实验规划

铜箔状态对干膜性能的影响，要以实际工作状态来评估：结合力、显影后分辨率、图形电镀剥离强度及图形转移 / 蚀刻开路比例等。测试样本是一组 75μm 线宽 / 线距的单一线路，采用回绕与重复设计法做在板面上，线路总长度约为 1000m。每种铜箔与清洁方法都有五片测试电路板。

为测试线路的制作良率定义相对标准是有难度的。以一定长度产生的开路缺陷作为检验数据，以统计进行差异分析。若观察发现两者差异不大，则可大胆认为两者差异小是事实。为了避免实验交互作用的影响，实验应采用随机顺序。

表面特性与结合力

表面处理期待的是清洁表面，可通过 30s 水破试验来检验。出现部分不合格品并不意外，并非所有未清洁板都无法通过测试。经验证得知，干膜在贴膜 30min 后几乎都有良好的结合力。这意味着贴膜后不需要特别的停留时间来增加附着力。另外，剥除保护膜时的力量平衡在以往也是个问题，但目前已不成问题。追踪各项贴膜、显影数据可知，只要表面处理达到了一定的清洁度与表面微观，显影对干膜分辨率的影响就小得多。干膜的电镀浮离范围是 5 ~ 59μm，主要视检验技巧与操作方法而定。0 ~ 5μm 的浮离是很难检测的，除非采用 SEM 检查。

5.7.2 停留时间

贴膜前的停留时间影响

清洁后的铜面在空气中会再次氧化，贴膜前过度氧化会发生问题：膜下方厚重疏松的氧化层容易被攻击并容易溶入酸，进而降低干膜结合力。因此通常定义在常态作业环境下，处理后等待贴膜的时间不应该超过 4h。图 5.3 所示为处理后铜面 Cu、Cu^+ 及 Cu^{2+} 的浓度变化模型。

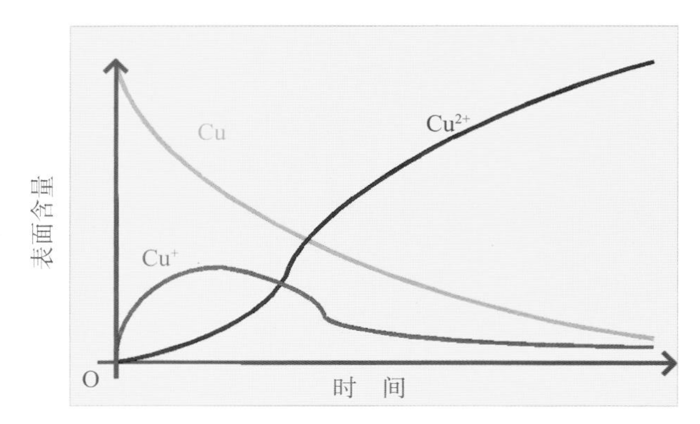

图 5.3 铜面处理后 Cu、Cu^+ 及 Cu^{2+} 的浓度变化模型

初始状态有较高的 Cu、Cu^+ 浓度时，会有较高的反应速率。Cu 浓度降低，Cu^+ 的产生速度就会降低。同时，Cu^+ 是 Cu^{2+} 的反应物，也会在反应中消耗并产生氧化铜。因此，亚铜离子浓度也会在铜金属浓度降低后达到最高，之后逐步降低，持续形成氧化铜。这个模型是在液态或气态下反应可自发的一种模拟，并不是讨论固态金属铜氧化的过程。实际测得的 Cu、Cu^+ 及 Cu^{2+} 表面浓度随时间的变化，也呈现类似曲线。

停留时间与铜重新氧化时间相关，因此与处理过程相关，不同处理的铜面有不同的氧化速度。由经验可知，化学沉铜与微蚀过的铜面具有较高活性，与喷砂铜面有较大差异，这可由目视变化获知。但不论如何检验，还是无法获得铜面处理后不可停留超过 4h 的直接证据，因此最好的做法是尽量缩短等待时间。

贴膜后的停留时间影响

干膜与铜面会在贴膜后的停留时间内发生化学反应，早期电路板厂商要求的停留允许时间约为八天，以应对生产中可能发生的状况。但面对现在的连续生产与产品周期缩短，这种要求显然不切实际，且过长停留时间确实容易产生问题。由于整体作用不易完全掌控，干膜可能会与板面产生过大结合力，造成显影与退膜不净。另外，干膜极性添加剂会因为停留时间过长而产生铜盐迁移，这些化合物不易在碱性溶液中清除。图 5.4 所示为典型的干膜铜盐产生残留的机理。

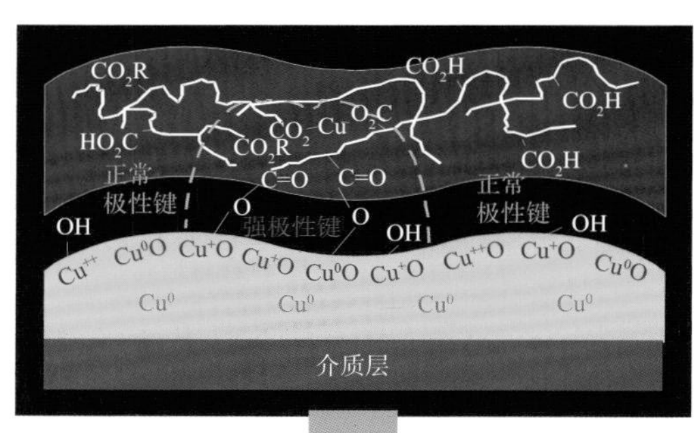

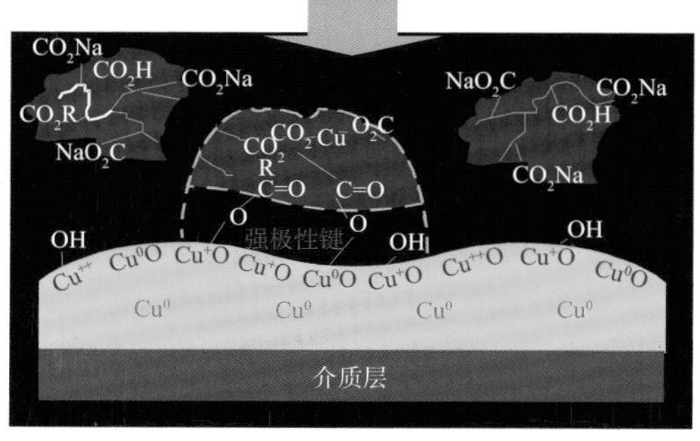

图 5.4 典型的干膜铜盐产生残留的机理

有测试结果显示，在碱处理后用酸略微浸泡，可以将铜盐化合物转换回羧酸官能团，再用碱退膜。铜盐转移到干膜内需要一定时间，而铜盐与膜内的增塑剂反应也需要一定时间，这就是停留过长时间容易产生问题的原因。这类问题在湿法贴膜工艺上特别容易发生，因为水分会让铜盐迁移加速。

5.8 质量检验

表面前处理的重点是做出适当铜面，让后序工艺顺利进行，因此必须设计出恰当、快速、便宜的表面处理检测方法。问题是不经过贴膜、曝光、显影、电镀、退膜等程序，实在无法了解实际处理效果。因此，退而求其次的做法是，以质量检验监测表面状况，获得清洁、良好接触面积的处理面。

清洁的处理面本身就不易检测及定义，只能通过有机物残留检测、铬金属保护层检测、氧化层检测等验证。由于缺乏这方面的表面状态经验值，因此较直接的做法还是用水破试验来间接检测。

直接定义铜面接触面积是不可能的，R_a 在 0.15 ~ 0.3μm，R_z 在 1.5 ~ 3.0μm 是建议的操作经验值。铜面起伏对贴膜也有影响，一般建议的峰与峰间距是 4μm 以下。观测表面光泽度可提供有效的表面状态信息：使用光束以某夹角（如 20°）照射，另一端以传感器接收，若表面如同镜面，则会产生很强的反射；若表面粗糙，则会产生散射，反射很弱。这种做法也可作为在线间接检测的指标。综合的铜面质量检测建议见表 5.6。

表 5.6 综合的铜面质量检测建议

参 数	检测方法	规 格
疏水性有机物	水破试验	＞ 30s
R_z	轮廓仪	1.5 ~ 3μm
R_a	轮廓仪	0.15 ~ 3.0μm
峰与峰间距	轮廓仪	＜ 4μm

5.9 各种表面处理工艺

5.9.1 磨 刷

磨刷设备一般采用水平传动设计，以一组高速转动刷轮在上下方做切削粗化。最常见的机械设计是上下各一个刷轮，两个刷轮为一组。为了大量切削，设备编组也会采用四刷或八刷配置。但对于一般干膜作业，双刷设计是最常见的。图 5.5 所示为典型的磨刷设备。作业中必须以充足水量冷却板面，同时将脱落材质带到液体中，再用过滤系统去除。

刷轮有多种不同的制作方法，用途与质量也有很大差异。电路板的磨刷应用，以贴膜前处理、钻孔毛刺去除、表面清洁粗化、压板钢板清洁、金手指表面处理等为主。近年来，随着封装载板及高密度电路板的发展，塞孔树脂研磨、线路表面细致化等需求也应运而生。对应多变的产品需求，设备商也会强化机械稳定性、操控性及加工效率。在刷轮制作材料方面，也有多种不同选择。图 5.6 所示为典型的去毛刺磨刷前后的效果比较。

目前市售的刷轮各式各样，用于电路板加工的就有多种，如研磨用的毛刷、陶瓷刷、不织布刷、发泡刷等，视材料与制作方法及粗糙度有很多种选择。图 5.7 所示为各式研磨用的刷轮。

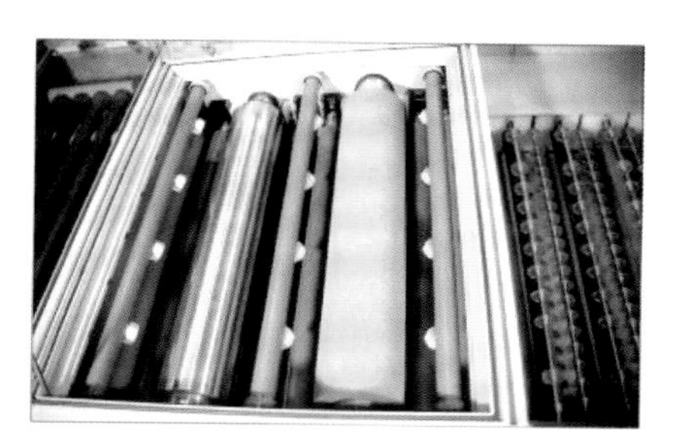

图 5.5 典型的电路板磨刷设备

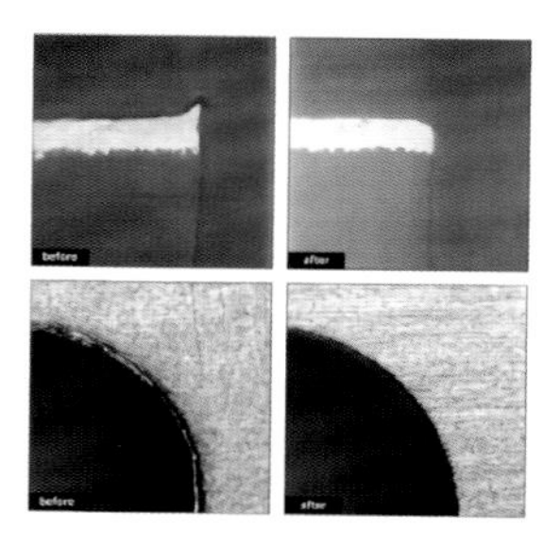

图 5.6 典型的去毛刺磨刷前后的效果比较

图 5.7 各式研磨用的刷轮

毛刷似乎有较长的使用寿命，单价也较低，但实际应用中，这类刷轮较适用于表面粗化及清洁，不适用于大量切削。传统做法是将这类刷轮用于图形转移前的粗化处理与清洁，如外层线路、阻焊前处理。也有人直接称其为“尼龙刷”，其实这与实际状况不符：“尼龙刷”指的是没有切削力的纯清洁用毛刷，而有研磨能力的毛刷嵌入了磨料。

直接提升研磨能力的方法是提高研磨材料的密度，典型做法是采用较致密的支撑材料，如不织布。对于电路板表面要有全面研磨，尤其是要求切削量较大的工艺，不织布是可考虑的选择。毛刷是以线接触作业的，而不织布刷轮是以面接触作业的，所以不织布刷轮的切削量大得多。正是因为切削量较大，当外径、内径、有效面均相等时，毛刷的使用寿命更长。

其实，刷轮的材质、设计、制造方法对实际产品的良率影响十分明显。若需要的切削量大，却又不使用高密度磨料，对实际产品的质量与功能势必有不良影响。这时就不能考虑使用寿命与单价，应该以质量为重。讨论刷轮时，多数人会直接提及粗糙度或目数，但这并不是磨刷质量的唯一决定性因素。好的磨刷作业必须具备良好的稳定性、持续性、单价低、容易作业等特征。良好的稳定性是指一片电路板经过研磨后，表面非常均匀、平整。良好的持续性是指研磨后片与片间的表面均匀性差异极小。

从量产的角度看，一个刷轮从安装到消耗完，电路板表面的平整状态没有异常变化，才能说明磨刷作业的持续性和稳定性良好。由于刷轮研磨载体是较厚重的布材或发泡材，因此使用时间较长，不需要经常更换。要保持磨刷的稳定性及持续性，维持刷轮本身的表面状态十分重要，这又与刷轮的物理特性有关。至于使用后产生的外形变化如何用操作参数调节，也应做适度了解。不织布刷轮因为本身具有弹性，所以较适用于电路板制造。依据刷轮的制作方式，可分为放射式刷轮、积层式刷轮、卷曲式刷轮。在切削密度较高的应用中，以放射式刷轮与积层式刷轮的使用居多，如图 5.8 所示。

(a)放射式

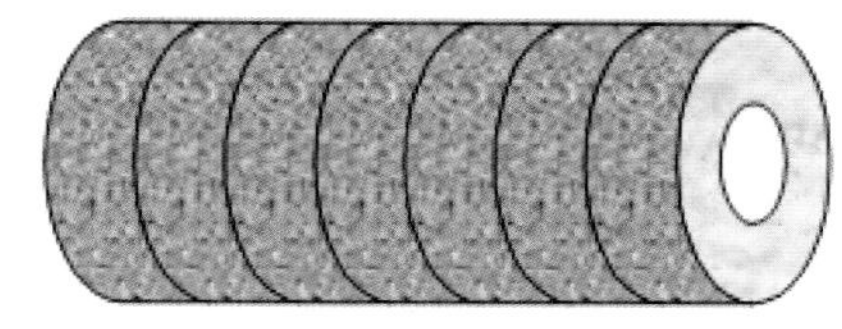
(b)积层式

图 5.8 放射式刷轮与积层式刷轮

放射式刷轮的不织布密度会因为刷轮损耗而产生变化，刷轮直径越小，其材料密度越高。由于此类刷轮以黏合剂固定成形，消耗到接近中心时就会失去柔软性，容易产生跳动危险。使用时只能用外圈较柔软的部分，故使用寿命相对较短，这种现象很难完全消弭。积层式刷轮设计则不会因为消耗而导致不织布的距离、密度产生变化，但存在积层间磨料缺失、研磨密度不足的可能性。对此，采用发泡式积层材料或整体发泡法有一定的改善效果。

在磨刷过程中，电路板表面会起变化，刷轮表面也会有变化。经过长时间使用，刷轮会因为表面消耗而有细小绒毛覆盖其上，这些小绒毛会削弱刷轮的研磨能力。作业者都希望小绒毛会随研磨碎屑一起脱落，但实际作业时的脱落并不均匀。因此，要维持不织布刷轮的磨刷质量，在大负荷磨刷作业情况下有困难。适度改变支撑不织布的材质或直接用发泡材料制作刷轮，才是维持磨刷质量的第一步。

除了刷轮表面产生绒毛，另一个磨刷操作时容易发生的问题就是“狗骨”现象，即刷轮两边消耗较少，而中间消耗较多（产生的刷痕也有类似形状）。要改善这种现象，有两个对策。

（1）延后“狗骨”现象的发生时间。较简单的做法是采用乱列法在磨刷线上投放电路板，以平均刷轮左右两边的磨料消耗。

（2）发生“狗骨”现象时，利用整刷板做刷轮整平，适当恢复劣化刷轮的形状。

对于刷轮的磨刷质量，可以通过磨痕试验来测试：将测试板传送到刷轮位置，但在传动过程中并不做磨刷；当测试板到达测试位置时停止传送，使刷轮瞬间快转后停止磨刷，再将电路板传送到下一个刷轮并重复测试。

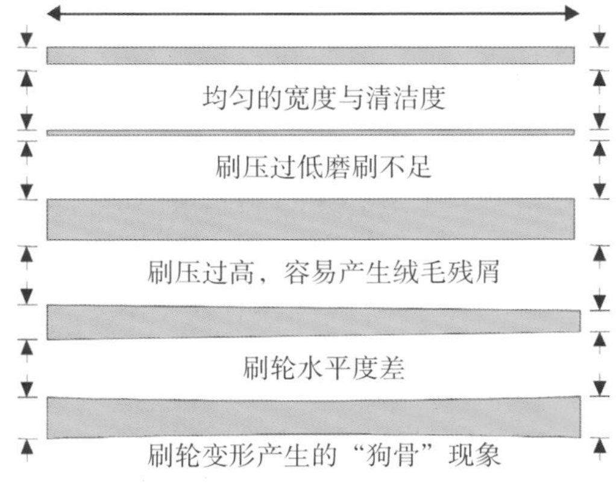

图 5.9 磨痕测试表现

笔者建议一片测试板只做一对刷轮测试，以免混淆刷轮的表现状况。采用适当刷压加上良好的刷轮表面，应该可获得良好的磨刷面。磨痕测试表现一般如图 5.9 所示。

所有刷轮都要定期做水平度调校及间隙调整，这对磨痕表现有直接影响。因为磨痕状况维持依赖经验值，与磨刷效果直接相关。一般建议的磨痕宽度为 0.6 ~ 1cm，它是刷压变量的指标。其他机械变量，如切削速度、传动速度、振荡频率，都对铜面处理质量有影响。振荡方向与磨刷方向及行进方向垂直，可降低刷痕的方向性。

电路板的磨刷质量究竟要达到什么水平才算好，业界有不同的看法，但大家会遵循一个共同的原则，那就是磨刷处理状况要符合后续工艺的作业需求。各家的磨刷工艺配置有差异，如某些使用者会在磨刷后加入微蚀工艺，这时的磨刷表面氧化物去除率可以放宽一些。因此，磨刷本身并不是独立的议题，必须结合前后流程进行探讨。

一般人将研磨面光滑平整作为磨刷要求，这似乎与理想的磨刷目标有落差。其实，光滑不是磨刷的目的，尤其是电路板表面有氧化物残留时，光滑不仅对后续流程没有帮助，更可能造成结合不良等问题。磨刷质量最好通过水破试验来判定：将完成磨刷或其他前处理的电路板浸泡到水中，之后将电路板平放静置，观察水膜破裂时间——越长越好。

如前文所述，刷轮本身产生细微绒毛，容易在电路板表面产生摩擦却不产生研磨作用，进而形成光滑表面。如果设备维护变异而造成喷水不良，则电路板表面还可能因刷轮胶材熔融而产生表面轻微烧焦的现象。因此，表面光滑并不能作为磨刷质量的衡量指标（线路抛光处理不在此限）。同时，要获得良好的磨刷面，恰当的磨刷喷水也十分重要。

另一个常讨论的磨刷议题是刮痕，这类缺陷在日常磨刷中会时常看到。观察磨刷后的电路板表面，用肉眼即可看到明显磨痕。一般磨刷深度为 3 ~ 5μm，但异常刮痕有深至约 15μm 的可能。探讨这种问题，首先应该注意的就是刷轮滚轴有无振动。若滚轴振动过大，则不论安装何种刷轮，都会产生某种程度的异常刮痕。除此之外，业者还应该关心另一个刷轮特质，那就是柔软刷轮度可减轻滚轴振动的影响，这方面有弹性的发泡刷表现较佳。刷轮磨料的平均粒径见表 5.7。

表 5.7 刷轮磨料的平均粒径参考值

刷轮目数	平均粒径 / μm
320	57.2
600	28.5
1000	16.2

一般磨料的平均尺寸规格，是依据 CAMI（USA）规格制定的，因为颗粒大小都是以粒径表述，因此磨料大小也是用平均粒径表示。其实，宏观地看，600 #、320 # 与 1000 # 刷轮的磨料直径相差不大。但站在研磨的角度，还必须考虑加工对象的材质，如钢铁、木材、铜材等，适当调整磨料。电路板的表面金属是铜箔，是非常柔软的金属，所以磨刷不需要粗颗粒磨料。采用较粗颗粒的磨料制作的刷轮，会产生较深的刮痕。常见刷轮磨料的特性见表 5.8。

表 5.8 刷轮磨料的特性

	氧化铝	碳化硅
化学商品分类	无机粉末	精细陶瓷
别　名	/	金刚砂
化学式	Al_2O_3	SiC
结　晶	无色六方晶系	青黑色三角柱
比　重	3.99	3.25
莫氏硬度	9.0	9.5
形　状		

在磨刷机内部，刷轮的另一边由背轮提供支撑。硬物残屑掉落在背轮上，也会导致电路板在传送过程中刮伤。磨刷作业中产生残渣是必然现象，理想残屑应该是小而轻的。但是，采用不织布刷轮时，磨刷产生卷状毛绒物质若不能快速被水带走，也会因机械挤压而产生异常刮痕。

因此，刷轮的残屑产生状况与磨刷细致度，也是选择刷轮的考虑条件。磨刷通孔类产品时，残屑堵塞通孔会导致产品质量问题。这方面，除了加强设备清洗，残屑的生成状态与处理能力也应该是重要的设备指标。

线路制作前处理的铜面磨刷，并不追求大切削量，因此毛刷勉强可以满足要求。部分厂商因为去毛刺能力受到考验，所以考虑使用不织布或其他切削力较大的刷轮，但这时要注意磨刷产生的毛屑带来的塞孔风险。虽然多数去毛刺设备都有超高压清洗功能，但仍无法完全排除塞孔风险。

至于一般粗化，由于电路板线路都有变薄、变细的趋势，磨刷处理可能相对受限。目前，磨刷前处理仅限于厚度较大、线路较粗的产品。细致线路不建议采用磨刷处理，因为有细丝短路风险，线距变小决定了磨刷有可能出现毛刺，进而造成搭接短路。

然而，若铜面有化学性污物，则多数应在磨刷前去除，以防止磨刷污染再次回粘。对于采用化学沉铜直接处理后进行图形电镀的工艺，只能使用微量酸洗做表面氧化处理，这类工艺不适合采用磨刷处理。用于线路前处理的刷轮，多数由尼龙纤维丝中植入切削材料制成,切削材料一般为碳化硅颗粒。积层式刷轮由平面不织布制作,磨料嵌在纤维材料内。当刷轮受到压力推挤而产生切削力时，其中间部分会较快磨损，最终导致刷轮呈狗骨状。

和毛刷相比，积层式刷轮的优点之一是，它可负荷较多水而不易产生干刷问题。另一个优点是，积层式刷轮对线路铜焊盘及通孔的机械伤害都较小。毛刷在机械转动方向上的力较大，容易产生压力过大的凹陷。切削速度指的是刷轮与板面的相对速度，与刷轮的转速及直径有直接关系。

另一个与磨刷质量有关的变量，是磨刷时的喷水量。首先，水质与流量维持就是问题，选项显然不多。喷流水在槽中循环使用，用于去除表面处理产生的重金属颗粒。自来水是目前的常用水源，可用水破实验来检验水中的有机污染。工厂内的循环用水，有可能含有界面活性剂，未必适合作为磨刷用水。如果磨刷的最后一道水洗是与磨刷分开，水质最好呈中性，呈酸性可能会产生残膜问题。水的喷压也是重要参数，积层式刷轮产生的毛屑比毛刷产生的更细致，必须从板面及孔内清除。一般建议的喷流压力约为 10bar[①]（150psi[②]），毛刷的允许喷压约为 2bar（30psi）。

最后要重申，磨刷对薄板细线工艺十分敏感，会在基材上产生较大的应力与扭曲，基板经过贴膜、曝光、显影、蚀刻后，应力释放就会导致线路变形扭曲，产生严重的对位问题。这种现象会随板厚变化，板厚小于 0.2mm 的基板一般不适合进行磨刷。

---

① $1bar=10^5$ $Pa=1dN/mm^2$。

② $1psi=1lbf/in^2=6.89476\times10^3Pa$。

5.9.2 喷砂（浮石、氧化铝、石英砂）

浮　石

依据采用的磨料及工艺，不同的切削参数会形成不同的表面。浮石以松散颗粒悬浮在液体中，与镶嵌在刷轮上的磨料不同。浮石是一种硅化合物，根据原始矿源有多种成分与结构，代表性矿源在意大利那不勒斯海岸。浮石原料经加热后重新结晶，会产生较硬的颗粒。不同地区有不同的矿源，但处理方式大致类似。浮石的平均颗粒直径约为60μm，与抗氧化剂混用可得到光鲜亮丽的铜面。

浮石处理早先是以手动操作的方式旋转研磨，用于电路板的铜面处理，虽然有效但费工耗时，又得不到大面积平整表面。自动化设备处理采用悬浮液喷流到板面，电路板则以水平传动系统推进。早期用于含浮石作业的机械，多数会因为浮石磨损等因素而产生渗漏及喷压不足问题，管路与喷嘴磨损及零件消耗会使设备快速老化。目前这类问题因为设计及制作材料改进而得以改善，多数设备采用陶瓷喷嘴及轴封制作。高压水洗（10～20bar）对于板面残留的浮石颗粒去除十分重要。通常液体内颗粒会保持在质量分数15%左右的固含量，颗粒直径约60μm。处理中浮石会崩解变细，导致切削能力下降，必须及时添加新的颗粒。

悬浮液体的固含量可以通过量筒测量，一般做法是将液体静置半小时以上，之后测量体积。如果固含量偏低，则人工添加浮石颗粒。悬浮颗粒量及尺寸控制一般都是间接的，要靠经验定义出固定排放时间，一般不在操作过程中调整。操作一定周期（如一班）或一定量（如1500片电路板）后，液体需要重配或更换。浮石颗粒会逐渐发生水解，生成氢氧化钠或氢氧化钾，使得水质逐渐产生碱性反应，pH升高。依据颗粒寿命，多数材质可忽略这种反应，但是如果这种反应呈明显变化，则建议适度用硫酸将pH调整到5～7。

浮石喷砂机与磨刷机在设计及对铜面的处理上是不同的：电路板经过固含量约质量分数15%的喷砂液体时，液体一般由底部喷嘴喷流到板面，一次处理一面。这种设备没有刷轮，因此并没有大量切削铜的能力。因此，铜面污物最好在喷砂前就去除，以免污物存留在铜凹陷底部或边缘。多数喷砂机制作者会建议使用较软的喷砂颗粒，以免过度磨损机械。喷砂处理后要进行大量高压水洗，以确保去除板面及孔内的砂粒和杂物，同时适度控制含砂量、颗粒尺寸及分布等。

氧化铝

类似于浮石，也有人将氧化铝粉作为处理材料。意大利机械公司对改良式喷砂系统做了研究，测试发现采用氧化铝磨料的刷轮的铜面处理效果比浮石喷砂好。喷砂对薄板的扭曲影响比磨刷还大。氧化铝颗粒的崩裂速度比浮石慢，使用寿命比传统浮石长得多，因此停机保养时间较短，废弃物排放量较小。但要注意，氧化铝颗粒会逐渐变成圆角外形。图5.10所示为使用前后的氧化铝颗粒外形对比。

这会影响铜面处理状态，进而影响干膜结合力，因此控制氧化铝更换频率十分重要。部分业者以氧化铝外形、使用时间、铜面粗糙度，来判断干膜剥离强度。由实验证实，对于产能约 300000ft^2[①] 的喷砂线，每周取样做测试，一个月内测试的干膜剥离情况与新配槽没有太大差异，但作业两个月后的氧化铝悬浮液中干膜剥离就逐渐增多。

由表面粗糙度 R_a 值可以发现，同一片经过处理的板，其板面实测粗糙度会随粗糙度仪器扫描方向而异，使用一周、两周、一个月后的粗糙度也有统计差异。最重要的是，操作约两个月后剥离量明显上升，这个现象可呈现出质量差异，也可作为氧化铝更换依据。表 5.9 所示为氧化铝喷砂处理的效果追踪。

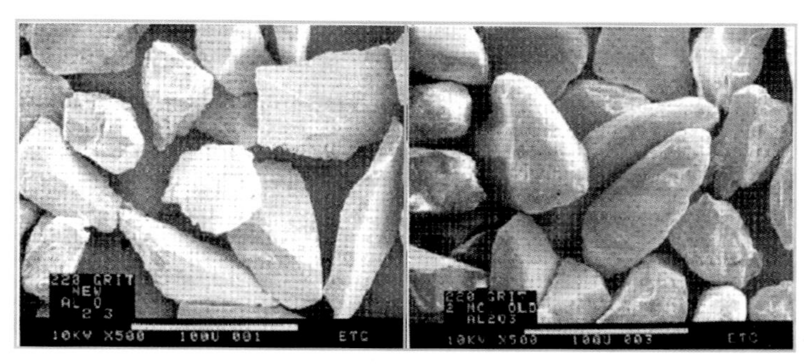

(a) 新鲜的颗粒　　(b) 使用两个月后的颗粒

图 5.10　使用前后的氧化铝颗粒外形对比

表 5.9　氧化铝喷砂处理的效果追踪

氧化铝的使用时间	平均剥离量 / μm	平均 R_a
新配置	5	
一　周	＜5	0.132 ~ 0.214
一个月	＜5	0.144 ~ 0.200
两个月	10	0.093 ~ 0.187

石　英

这类材料较少使用，研究发现，采用小于目前氧化铝或浮石颗粒的石英颗粒可以获得类似表面。这种小石英颗粒不易残留在孔中。

5.9.3　化学处理工艺（清洁剂、微蚀剂、电化学清洁处理）

清洁剂

清洁剂的种类繁多，此处主要讨论可喷流操作的清洁剂，因为这类清洁剂适用于传动型设备与工艺。一般清洁剂大致分为酸、碱两类，碱性清洁剂较容易发挥去除有机物的功能。碱性稀释液是最简单的脱脂剂。特殊碱性清洁剂含有界面活性剂及消泡剂，可发挥脱脂与消泡功效，且槽液控制也不复杂——依据滴定浓度或生产量确定添加量。通过水破试验可检验槽液活性。碱性清洁剂对氧化物及铬金属的去除没有效果。

酸性清洁剂同时具有去除氧化物功能和微蚀功能，多数具有清除铜氧化物及铬的功

① $1ft^2=9.290304\times10^{-2}m^2$。

能，也有一定的有机物清除功能，即使只喷洒质量分数 10% 的硫酸也有一定效果。硫酸比盐酸更适合这类应用，因为盐酸存在挥发烟雾问题，且不易从线路表面清除其氯化物，这类残留会导致干膜产生残膜现象。一般铜箔供应商提供的数据，典型金属处理量为 3 ～ 15mg / m^2，多数以 5mg / m^2 为处理量标准。

所谓的“单一步骤清洁处理”在业界十分普遍，它指的是不需要机械处理，只要一道化学清洁步骤就可产生适合贴膜的表面。清洁剂一般为酸性，并含有润湿剂，典型的酸包括磷酸、硫酸、硝酸及它们的混合液。这些清洁剂可清除铜氧化物与部分有机物，但与碱性清洁剂相比效率还是较低。这些清洁剂普及化的主要原因是，机械处理会产生尺寸变异，尤其是处理薄板时。当然，简化工艺以降低成本、电路板表面材料特殊，这些也都是可能的原因。关于清洁剂的使用与评估，应该注意以下事项：

◎ 与传统表面测试方法兼容，如水破试验
◎ 这类清洁剂的蚀刻量可以从无到十分大，处理线传动速度必须可调整，以获得适当蚀刻量
◎ 部分药剂会伤害设备材料，必须列入评估项目
◎ 部分清洁剂必须修改配方，以符合传动线操作与喷洒需要，获得均匀、清洁的表面

微蚀剂

过硫酸化合物或过氧化物类化学品，广泛用于酸环境微蚀处理，用以去除氧化物、铬金属及微量有机物和铜金属。与磨刷和喷砂相比，微蚀处理可以得到更平整的铜面。微蚀指的是腐蚀表面，但不进行全面蚀刻，而蚀刻是将铜完全去除。微蚀是理想的贴膜前处理，可在去除铜的同时去除杂质。但实际状况并非如此理想，微蚀对有机物的去除就不理想。因此，在微蚀过程中，有机物会停留在铜面一定时间。表面有机物具有一定的抗蚀作用，导致微蚀产生不平整铜面，因此微蚀一般都会搭配化学清洁处理一起作业。

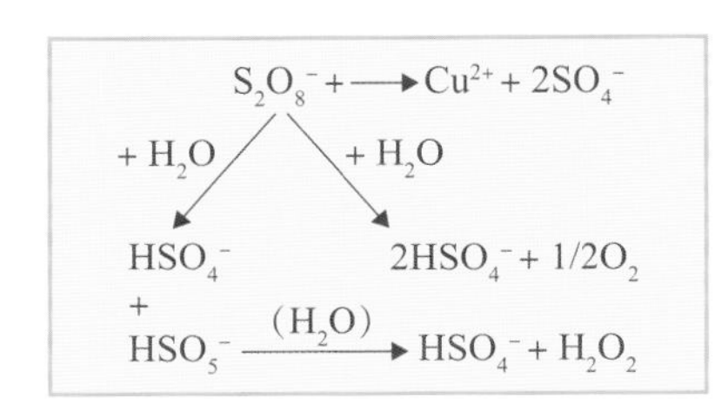

图 5.11 典型的过硫酸盐与铜反应的机理

若要单用微蚀完全去除铜面铬金属，则必须去除约 2.5μm 厚的铜金属，但这对前处理而言太难了，一般表面处理只要去除约 0.75μm 厚的铜金属就足以产生良好表面。常用的微蚀剂有过硫酸钠、硫酸 – 过氧化氢等。图 5.11 所示为典型的过硫酸盐与铜反应的机理。

该反应产生的过氧化氢产物，可继续将铜氧化成为氧化铜，继续对铜产生微蚀反应。过硫酸类微蚀槽的控制，一般会采用滴定监控铜含量、过氧化物含量、酸度等。蚀刻速率可用空板比较工艺前后质量差获得。

电化学清洁

电化学清洁采用电解法，是一种逆向电镀操作。电路板成为电镀槽的阳极，表面金属（如铬等）都会在作业中溶解为金属盐。这种处理可采用传动型自动化设备，槽液配方可同时具有去除有机物的功能。经过电化学处理的电路板，接着可进行粗化处理等。

因为表面铬金属已经去除，只需要再去除约 0.75μm 的铜就可完成完整的清洁工作。

5.9.4 特殊物质的去除

经过湿法表面处理后，业者还会采用特殊方法，在贴膜前去除特定污染物。典型做法是用粘尘滚轮去除表面落尘。为了让灰尘更容易去除，部分设备会采用静电除尘法来改善效果。在一些粘尘设备的设计中，铜面并不直接接触粘尘面，而是采取间接除尘的方法，以免粘尘物污染铜面。一般设计会采用移转滚轮，将灰尘转移到粘尘滚轮上。部分粘尘滚轮为多层式结构，表面脏污后可以直接撕掉，不影响继续使用。为了避免维护产生停留，也有一些新设计采用多段滚轮设计，这样即使更换滚轮也不会有停线问题。

粘尘可与前处理及贴膜联机，实现全自动化作业。若是手动作业，则可在贴膜前做手动清洁后进行贴膜。粘尘滚轮也用于曝光前清洁，因此干膜必须与保护膜有一定附着力，否则容易被拉扯下来。不过，这种问题也可以从机械设计角度来改善：若粘尘滚轮不是从板前端处直接粘尘，而是从略微落后处开始，就不会发生保护膜脱落问题。

5.10 表面处理注意事项

5.10.1 一般铜箔表面的处理

一般铜箔表面处理常出现在内层板制作中，外层板铜面则主要以化学沉铜或全板电镀铜为主。对一般铜箔的表面处理，有几个特别需要注意的事项：

◎ 有机物（油脂、指纹）的去除

◎ 氧化物（氧化铜）的去除

◎ 抗氧化物（铬金属）的去除

◎ 表面微观处理（粗化）

关于工艺简化，有几个不同的考量。首先，内层板是较薄的铜基材板，磨刷会导致尺寸变形与扭曲，不适用。其次，要考虑铜去除量应该是多少，如果必须去除 4 ~ 6μm，则有必要采用微蚀处理。另外，还要考虑废弃物处理的影响。依据内层板的特性与厚度，业者可从前文整理的工艺中找出适合的处理方法。多数公司的经验是，以碱性清洁与微蚀为主。其他处理方法，还是应该依据实际经验数据来选择。

5.10.2 化学沉铜前的表面处理

化学沉铜表面多少都会存在亚铜，微观也较偏向草菇状，还可能会有一些化学沉铜处理的残留物。去除这些残留物也是表面前处理的一部分。另外，如果前制程的最后水洗加入了抗氧化处理，抗氧化薄膜的去除也是表面前处理的一部分。抗氧化处理用来保护铜面，让它可以适当存放，因为许多工艺并不完全连续。因此，化学沉铜表面处理应有以下几个目的：

◎ 去除残碱

◎ 去除有机物

◎ 执行减轻氧化的措施

◎ 最大化膜接触面积

第一个目的可用冷热水洗混合工艺处理，之后再以酸浸法将残碱去除实现。第二个目的可用类似方法达成，不过多数使用者会用适当碱性药液（如碳酸钠等）做有机物去除，以保证有机物完整去除。若抗氧化层在贴膜前处理时去除，则抗氧化措施对贴膜铜面的影响不大。然而，多数工艺还是保留了这种处理，因此在工艺中必须注意前处理与干膜的兼容性。至于第四个目的，更不在话下，较大表面接触面积对工艺重要性十分明显，一般化学沉铜表面都会有相当大接触面积，不需要磨刷处理。如果铜面有较重的污染，以适度的磨刷及水洗去除污物，有助于维持贴膜稳定性。

5.10.3 电镀铜前的表面处理

典型的贴膜电镀铜表面的处理程序有两个简单步骤。首先在全板面进行薄层电镀铜处理，以备后续图形电镀工艺用。这种处理基于两个主要目的：建立足够的铜厚，不完全依赖化学沉铜来加厚孔铜。电镀工艺简单，也便宜。另外，因为是全板电镀，均匀性比图形电镀好得多，对于线路均匀性较有利。还有一种面铜电镀处理做法，在化学沉铜层上直接全板电镀 20 ~ 25μm 厚的铜，之后直接做盖孔蚀刻。电镀铜具有非常高的纯度，并具有非常平整的表面，也不像进料铜箔那样需要铬金属抗氧化。这种表面经过一定储存时间后会产生一定程度的氧化，有必要进行以下贴膜前表面处理：

◎ 氧化物去除

◎ 表面粗化

采用 500 号刷轮进行磨刷处理是不错的选择。但对于较薄的电镀铜板，这种处理就有问题。薄板磨刷会导致电路板尺寸变异或扭曲，因此采用化学处理更好。可惜的是，电镀铜面光滑、平整，化学微蚀处理很难获得应有的粗糙度。至于磨刷处理本身，有利于电镀后有小凸点的铜面的处理。这些凸点对干膜作业及细线路制作非常不利，用磨刷法处理后可改善。去除这些小凸点，业者常使用砂带式磨刷机处理。

第6章

贴　膜

贴膜是把干膜贴附到基材上。贴膜是为了使干膜和铜面产生附着力，用于之后的抗蚀刻或选择性电镀。干膜附着依赖薄膜本身的变形量，产生适度流动从而完成填充。产生流动的方法是降低干膜的黏度，并提供足够的压力差及充裕的作用时间。

加热干膜可使其黏度降低，压力差则可由滚动、油压或机械压力提供，必要时还可加上适当的真空处理。手动处理设备必须人工上料、切割及下料，目前大量生产设备都已经实现自动化。图 6.1 所示为典型的自动贴膜机。

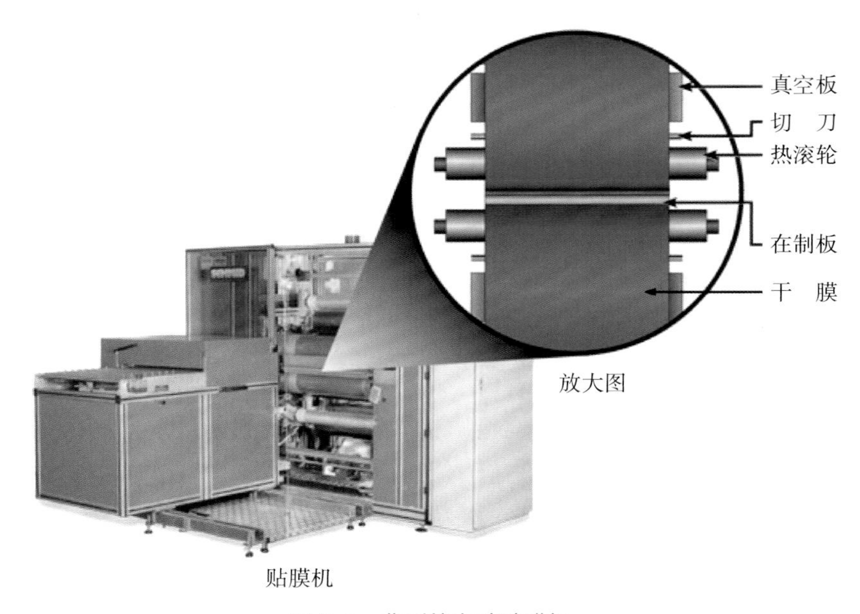

图 6.1 典型的自动贴膜机

热滚轮贴膜法：同时在电路板两面贴上干膜，当干膜由机械供应轮拉下时，先去除承载膜，并把干膜拉到抓取机构上；前段贴附时，后段干膜被切割成适合电路板的长度，经过滚轮进行贴膜作业，完成时保护膜仍然保留在干膜上。

6.1 关键影响因素

在热滚轮贴膜过程中，热量经由热滚轮传递到保护膜，然后传递到干膜及铜界面。电路板则在进入贴膜机之前就做预热。实际界面温度，要视干膜与热源接触的时间及热源温度而定。当然，也涉及热传导系数及传热面积等。接触时间受制于贴膜速度，而传热面积则与滚轮柔软度、压力及变形量等有关。实际界面温度不能直接监控，只能间接控制。控制参数包括滚轮温度、速度、预热温度等，电路板离开滚轮的温度也时常被作为重要监控参数。有些因素会影响电路板离开滚轮的温度，如电路板厚度、室温、传动速度等，这些变量都应该考虑，以更好地发挥控制能力。

贴膜滚轮压力并不是直接测量的，贴膜压力表会设定某个特定值，因此实际贴膜表面压力取决于机械设计、压力传递机制、滚轮压力分布面积及电路板宽度等。压力表的设定值会依据板宽而不同，虽然没有显示直接压力值，但使用感压纸可以辅助设备的设计、维护、滚轮更新及问题的解决。感压纸受压时会变色，以颜色表示压力范围。对于滚轮直径及柔软度等，大致上按常态稳定情况处理。

自动贴膜机有几个关键操作参数，如切刀速度、贴膜滚轮的下压力、温度及时间等，设备生产商会提供建议值。自动贴膜机采用连续、卷式操作形式，因此卷膜的牵引力与张力也成为变量。

6.2 贴膜工艺

贴膜工艺与液态光致抗蚀剂涂覆的最大不同是具有贴膜及盖孔程序，作业设备必须具有良好的滚轮质量、固定的滚轮尺寸、抓取干膜的机构、分离承载 PE 膜的功能。将保护膜与干膜移转到电路板上，需要许多控制机构与卷曲机构，因此贴膜机作业与设计有点复杂。

6.2.1 排除界面空气

贴膜时必须先将界面间的空气排除，然后再促使干膜高分子流动，产生足够的附着力。因此，足够时间及适当的表面处理十分重要，其中，最重要的工作就是将界面间的空气排除。间隙空气会导致附着不连续，显影蚀刻工艺产生开路，进而导致图形电镀蚀刻工艺产生渗镀。排除空气的做法有很多，但只有少数做法被实际应用于电路板制作。

真空贴膜

排除界面空气的最佳方法是真空排气，实际做法是在两种材质还未接触前就将空气排除，这样干膜接触铜面时就很容易因为施压而结合。对于非平面状态，真空贴膜具有防止填充空洞的功能，因此应用于表面有线路的电路板。设备方面有多种不同的设计类型，主要分为卷式（滚轮式）和平台式。图 6.2 所示为两种代表性的设备。

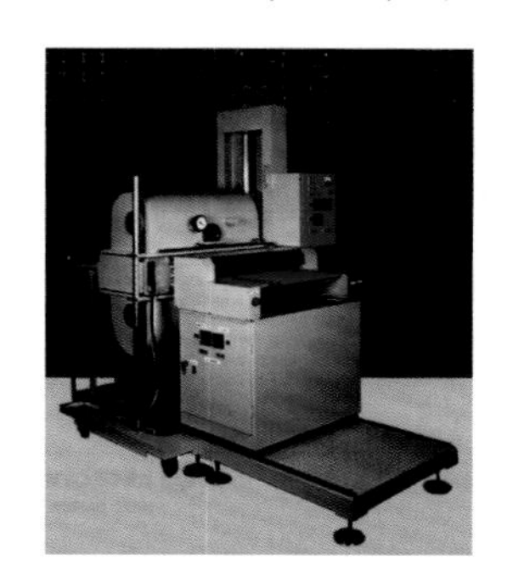
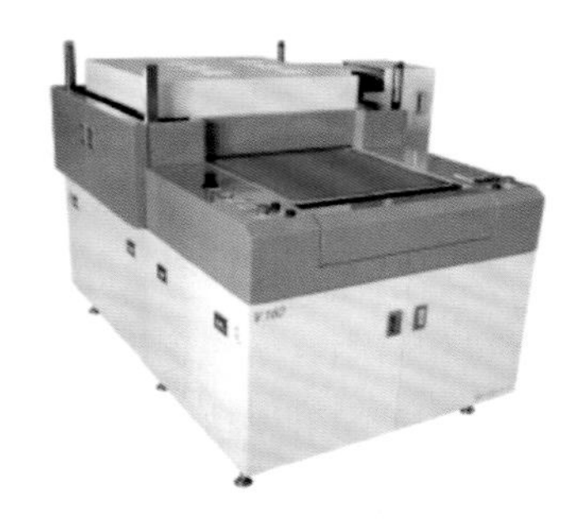

图 6.2　滚轮式（左）与平台式（右）真空贴膜机

热滚轮贴膜

热滚轮贴膜是线路制作专用的贴膜法。相应的贴膜机有效且可自动化，常与传动线联机。目前多数量产厂都采用这种贴膜机。当然贴膜机还有很多不同的结构设计，可以改善贴膜效果，但都属于局部改动，这里不做具体介绍。

6.2.2 促使感光高分子流动

干膜是非牛顿流体，具有非常高的黏度。要将这类流体填入不平整的凹陷区，必须降低黏度，同时还要施加压力。较常见的降低黏度方式，是直接提高干膜温度。所有贴膜作业都会预先加热干膜，辅助预热电路板也是作业的一部分。

多数贴膜机都是用热滚轮加热板面，将电路板升温到一定水平。一般作业温度为85 ~ 100℃，更高温度可将黏度降得更低，使干膜流动更容易。但更高的温度会使干膜的聚酯保护膜收缩或皱褶，也可能导致干膜挥发物气化而影响质量。温度调节取决于机械设计，很少有贴膜机可在整个滚轮上提供稳定的温度分布，热滚轮贴膜最好能从头到尾保持一定的作业温度。必须注意的是，作业温度一旦超过125℃，就有可能超过贴膜机保护温度，因为轮内外温度有差异，感温装置的位置会影响实际作业。

较高压力作用在铜面与干膜之间，可提供较高的高分子剪力，让干膜流动，多数材料会因为作用力加强而适当流动。利用作用力强化侧向剪力，取代升温，对贴膜效果有正面意义。采用较高黏度的干膜可减少空气进入间隙的机会。温度低，黏度高，空气确实不容易进入。除非黏度降低到存在重力干膜就会流动，否则必须靠剪力促进其流动。因此，流动只会在热滚轮压着期间产生。所以，要产生良好的附着力，作业时间长短就变得十分重要，而时间长短在设备上十分容易调整。其实，多数贴膜机滚轮压着干膜的时间都在1s左右。如果贴膜效果不佳，可考虑减缓贴膜速度。

6.2.3 贴膜压力

干膜流动依靠加热来降低黏度，同时提供一定时间的压力差。压力可由气压、液压或机械压提供，也可由三者的混合模式提供。一般不会直接测量干膜表面力，而是以压力杆产生的压力作为参考，实际转移到干膜表面的力量取决于机械设计。力的转移依靠可以形变的热压滚轮，用总力除以滚轮变形后与电路板接触的面积，这就是平均干膜面压力大小。

接触面积与施加总力、滚轮直径及包胶厚度有关。跨越整个压力区的压力会有一定变化（从弧面边缘的零压力到中心区最高压力），中心区的压力对干膜流动的贡献最大。整个压力区的平均压力约为中心区最高压力的2 / 3，这是平常较容易控制也较有意义的压力。为了简化模型，业者口头上习惯以单位长度上的磅力（lbf[①]/ in[②] 或 kgf[③] / cm）来描述压力，而忽略变形后的实际宽度。贴膜轮的实际压力分布可用感压纸检测，或者用电子感压系统测量。

验证高贴膜压力对干膜变形量的影响，可用AOI设备检查线路与贴膜不良相关的缺陷，如开路、缺口、凹陷等发生在显影、蚀刻工艺中的典型缺陷。依据以往的实验结果，采用36lbf / in及62lbf / in两种压力，对于同样宽度电路板的贴膜及线路制作，将贴膜压力加大到较高水平约可减少80%的缺陷。可惜的是，一般贴膜机都会因为加压产生滚轮

① 1lbf=4.44822N。

② 1in=2.54cm。

③ 1kgf=9.80665N。

变形，要实现加压目标，必须适当修正机械设计。压力区会因为滚轮弯曲而两侧变宽、中间变窄，如图 6.3 所示。这意味着贴膜压力在滚轮中心较低，在两侧则较高。贴膜机生产商为了解决该问题，尝试用较实际的方法，将滚轮做出适当的弧度，以补偿变形量，如图 6.4 所示。

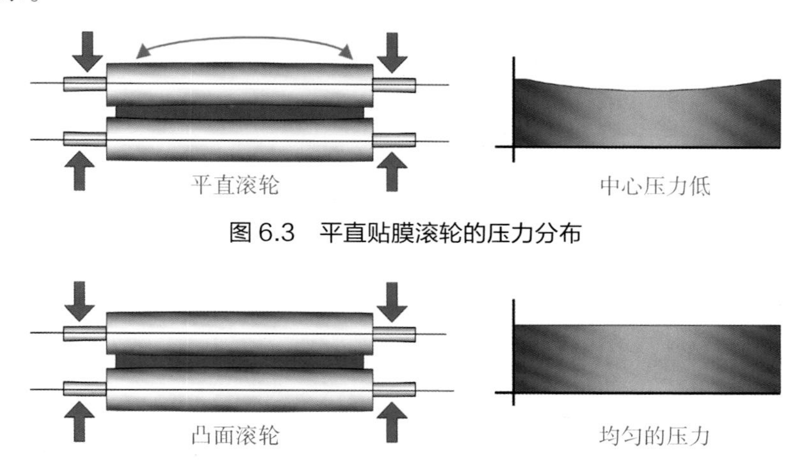

图 6.3 平直贴膜滚轮的压力分布

图 6.4 修正轮形后的均匀压力分布

弧状滚轮的中心高，边缘薄。根据经验，边缘与中心的高度差为 3 ~ 4mil，这样可以获得恰当的补偿，并减少缺陷。

6.2.4 贴膜温度

在热滚轮贴膜作业中，热量经由滚轮加热系统转移到保护膜及干膜与铜界面。滚轮的加热方法有多种，包括将电热管埋入滚轮或将表面电热片贴在空心滚轮内等。滚轮接近表面处会加入导热液体，强化热均匀性及传热效果。某些滚轮利用红外线加热滚轮表面，但前提是有足够大的滚轮表面，这样才能提供适当的加热效果。温度均匀性是关键质量参数，会直接影响贴膜轮下的干膜变形量。常见温度均匀性的要求是，整个滚轮的温差在 2℃以内。

也有用在贴膜设备组内的直接辅助加热方法，如利用三组热滚轮在电路板送入贴膜机前做加热。实际铜面与干膜间的温度，受接触时间及热源温度的影响最大，当然界面材料的热传导系数也是一个影响因素。接触时间与贴膜速度及压力区的宽度有关，贴膜速度可依据转速和滚轮直径而定，压力区的宽度则与压力、胶厚度及滚轮直径有关。

贴膜界面温度只能间接监控，控制参数包括传动速度、滚轮温度及预热温度等。比较直接有效的监控方法是，测量电路板离开贴膜机时的瞬间温度，因为这种温度较接近实际贴膜温度。电路板离开贴膜机的温度，会受环境温度、贴膜速度及电路板形式的影响。过高的贴膜温度容易造成皱褶及干膜气化等问题，必须依据电路板形式设定适当的出板温度。根据以往经验，薄内层板的建议出板温度为 60 ~ 70℃，略厚电路板的建议出板温度为 45 ~ 55℃；如果干膜用于电镀镍金，则建议出板温度为 50 ~ 55℃。为了降低落尘对干膜作业的影响，多数贴膜机会与粘尘滚轮组联机。

6.3 贴膜缺陷

贴膜出现的短路、开路缺陷，多数是由于脏点残留在干膜与铜面之间，或滚轮与保护膜之间。开路缺陷常因为滚轮上有孔，或胶面有颗粒嵌入。皱褶来自不同贴膜机问题，凹陷、缺口、开路有可能是空气残留在干膜底部所致。

灰尘导致的短路、开路

干膜下存在灰尘或空气，会造成干膜接触不良，导致显影蚀刻工艺中出现开路问题。在图形电镀工艺中，则可能出现渗镀与短路问题。对于结合力，应在贴膜后 0min、15min、30min、60min 及 24h 测试。将粘尘胶带压在干膜上，拉起胶带并观察铜面的残膜量。测试前不应进行切割或分格作业，以免影响测试结果。

显影后的分辨率，以经过显影的干膜可留存的最小线宽与线距为指标，尤其是独立线路。标准的测试线路底片，可以制作出 20 ~ 200μm 的线宽及线距，有独立与绕线等不同结构，用于电镀及蚀刻能力检验。对于干膜的电镀脱落程度，可用放大镜或显微镜观察电镀后退膜前的线路状况，脱落程度以微米计。一些经验发现，干膜的脱落程度会随膜外形不同而不同，因此一般测量都会在大铜面边缘取样，并取多片的平均值。

图形转移 / 蚀刻的良率评估，主要以 AOI 结果作为判断标准，不相关的缺陷可用软件设定法去除。例如，重复性缺陷可能是设备或底片问题造成的，可以在评估时用软件设定去除。排除了非干膜缺陷，就可呈现实际与干膜相关的缺陷。

压轮损伤

压轮表面如果有洞，就会失去压力，容易出现气体残存现象，进而导致开路缺陷。如果有颗粒嵌入压轮，则可能会在高压贴膜作业时将干膜压薄。薄干膜的保护性不足，也可能导致开路。

皱 褶

皱褶问题来自于多种不同原因，首先应注意的是干膜安装方向是否与作业方向对正，如果干膜或承载膜有拉偏现象，就会产生皱褶。其次应该检查干膜的张力，并非所有贴膜机都有张力调节装置，但有这类装置的贴膜机多数有比较好的贴膜质量。另外，皱褶也会因为高温或滚轮变形产生，这些都必须注意。

6.3.1 干膜皱褶与贴膜参数的影响

近年来，干膜朝向较薄保护膜及较薄干膜方向发展。较薄保护膜使得干膜在贴膜过程中容易变形，但它对曝光分辨率有帮助。较薄干膜不但有利于图形分辨率，同时可改善蚀刻均匀度。让贴膜作业在这些改变下保持质量稳定有较高难度，因为较薄干膜更容易产生皱褶。目前，保护膜厚度已从传统的 25μm 降低到约 18μm，部分用于内层板制作的干膜也有低于 25μm 的规格，如何强化作业精度、减少皱褶，成了贴膜的重要课题。

6.3.2 滚轮压力区产生的贴膜皱褶

最麻烦且最具有杀伤力的皱褶模式，当属压力区产生的皱褶。这是严重皱褶缺陷，常会导致图形转移缺陷。这些皱褶会使曝光产生接触不良，既不利于细线路制作，也可能导致图形变形。可能引起这类皱褶现象的原因整理如下：

◎ 供应膜的轴卷与滚轮对位不良
◎ 进板传动方向与滚轮对位不良
◎ 张力性变形或承载膜卷曲轴拉力不均
◎ 干膜移转至真空吸附面时不平整
◎ 干膜未对正或电路板未对正造成扭力
◎ 切割产生的变形导致皱褶
◎ 卷曲的膜上存在高静电
◎ 导引干膜的轴不平整
◎ 贴膜轮的表面速度不均
◎ 上下供膜轮的拉力不均
◎ 滚轮轴承损坏
◎ 滚轮弯曲
◎ 滚轮轴压力不均
◎ 热滚轮上下温差大
◎ 上下滚轮压力差异
◎ 滚轮不平行
◎ 滚轮包胶过厚
◎ 电路板厚度不均
◎ 干膜厚度不均

这些缺陷会因为以下因素的加入而更加严重：

◎ 干膜有较薄保护膜
◎ 较宽的电路板及干膜
◎ 较薄的光致抗蚀剂层
◎ 较薄的基板

对正安装干膜及维护贴膜机，是减少贴膜皱褶的第一步，但许多皱褶问题在良好对位与设备维护下仍然发生。贴膜皱褶对于薄基板是严重问题，特别是薄铜箔基板。基板强度低且柔软，使得基板对正与顺利送板能力下降，任何对位不准或偏斜问题不仅会使干膜皱褶，还会使基板变形。

贴膜夹持必须均匀，且要避免干膜在包装时产生变形，贴膜轮也必须均匀对称，才能避免发生问题。另外，滚轮弯曲会导致干膜因横向压力不均匀而结合力偏小，或干膜皱折问题。特别薄的基板，必须使用中间略凸的滚轮，以减小轮边互挤的压力，使中间确实压合。图 6.5 所示是在良好对位与设备维护下的贴膜作业。

作业者必须尽可能避免所有可能引起皱褶的问题，尤其是操作应力不均与温度不当造成的皱褶。一般经验是在适当维护与操作下，皱褶会发生在宽度小于 20in 且基板厚度小于 0.2mm 的贴膜中。对此，如何减少皱褶成了重大挑战。

贴膜后的皱褶

贴膜后的皱褶一般不会马上发现，一般是过大应力或热残留在保护膜上造成的。多数皱褶如同波浪，顺着贴膜方向分布，看起来似乎并不严重，但曝光时会出现问题。图 6.6 所示为贴膜后皱褶。

产生贴膜后皱褶缺陷的主要原因如下：

- ◎ 贴膜温度过高
- ◎ 贴膜预热温度过高
- ◎ 贴膜压力过大
- ◎ 干膜较厚
- ◎ 保护膜较薄
- ◎ 贴膜到曝光的停留时间较长
- ◎ 贴膜后冷却不当
- ◎ 贴膜后未冷却就直接堆叠

综合来看，薄保护膜与干膜确实有助于提升分辨率和处理速度、减少废弃物量，但容易产生皱褶问题。自动贴膜机作业必须注意滚动条与压轮对位问题，并注意设备维护，这样才能降低皱褶发生率。电路板预热、贴膜、贴膜后停留的时间也必须适度调整，以减少贴膜后的皱褶。

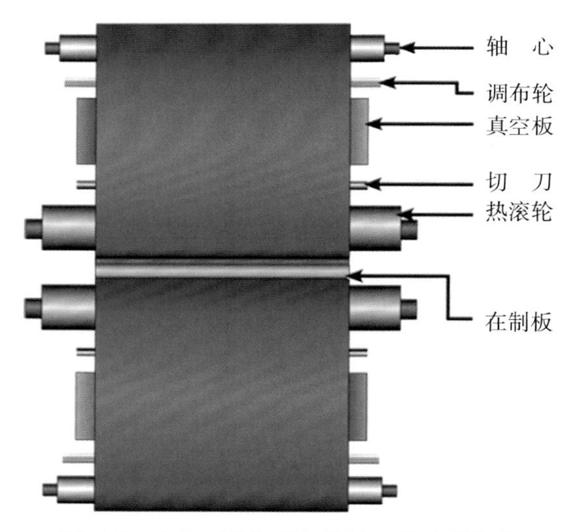

图 6.5 良好对位与设备维护下的贴膜作业

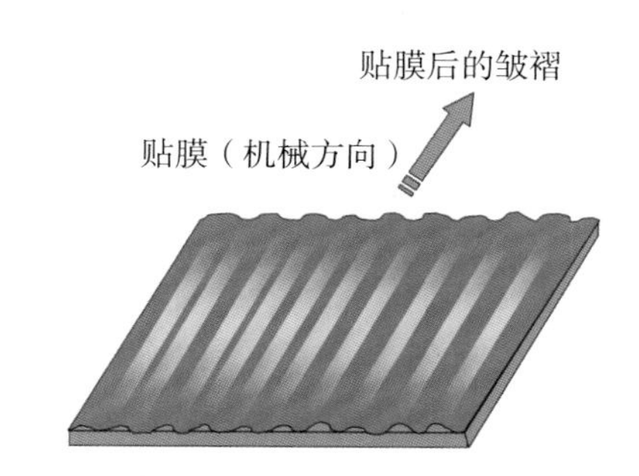

图 6.6 过大应力或热残留造成的贴膜后皱褶

第 7 章

盖　孔

盖孔是指用干膜覆盖电路板通孔，将通孔两面完全封闭，以达到保护目的。蚀刻时，盖孔可防止蚀刻液进入孔内伤及孔铜。图形电镀时，盖孔用于遮蔽工具孔，防止电镀液进入。工具孔具有一定的直径，不但要求公差较小，有时候还必须杜绝金属进入孔内。电镀铜或锡进入孔内，会导致工具孔直径缩小或金属在蚀刻时无法去除，这些都不是我们期待的。

7.1 关键影响因素

◎ 孔形及尺寸
◎ 孔质量，如铜面状况是否适合盖孔干膜附着
◎ 贴膜状况，如预热温度、贴膜压力及温度
◎ 贴膜后的停留时间及环境（温度及湿度）
◎ 盖孔干膜的特性（膜厚、强度、脆性）
◎ 曝光状况（曝光能量）
◎ 显影状况（化学品的性能）
◎ 蚀刻状况（蚀刻强度、酸度、温度）

7.2 工艺经济性及地区性差异

多年前，当镀覆孔结构用于电路板制作时，业者必须权衡不同工艺的优势与劣势。工艺的挑战就是有效地将通孔金属化，且保护通孔不受蚀刻液的攻击。在减成法工艺中，为了保护孔铜免受蚀刻液攻击，可用金属抗蚀膜遮蔽（如图形电镀锡）孔内金属，还可用有机干膜保护（如正片电镀干膜），进行盖孔（如负片干膜），或用塞孔油墨保护等。因此，电路板的通孔制作技术选择包括以下可能性：

◎ 图形电镀
◎ 全板电镀后盖孔蚀刻
◎ 全板电镀后金属抗蚀层蚀刻
◎ 部分全板电镀
◎ 全加成线路技术
◎ 顺序积层技术，使用导电膏或不使用导电膏

每种工艺都有自己的优势和劣势，没有一种工艺是绝对赢家，不同地区的厂商的喜好也不同。日本厂商喜欢采用盖孔直接蚀刻法制作外层线路，线路细致程度随铜厚的不同而不同，线宽 / 线距以 75μm / 75μm 以上较多。这类工艺的面铜厚度受孔铜厚度的限制，而铜厚限制又会影响蚀刻工艺的侧蚀程度，这些因素直接影响细线路的制作能力。

日本以外的地区使用这种工艺的厂商较少，随着近年来制作成本的上涨，部分东南亚地区厂商开始学习日本做法，以减少一次电镀程序的方式制作电路板，从而降低成本。一般认为盖孔蚀刻优于图形电镀的原因有以下几种：

◎ 在相同良率下，可降低 10% ~ 20% 制作成本
◎ 内外层工艺相同，可增加制作弹性
◎ 可用于制作内层埋孔板
◎ 有较佳的线路平整度，有利于细线、高密度的表面贴装
◎ 平整线路有利于阻焊涂覆

成本降低的最大原因是减少了制作程序，与图形电镀工艺相比确实如此。但是仍然有一些重要的原因，使得业者不愿意采用盖孔蚀刻工艺：

◎ 外层线路采用盖孔蚀刻时，线路容易发生不可修补的缺口或开路等报废性缺陷
◎ 电路板可能因为一个盖孔不完整而整片报废
◎ 盖孔可能因为对位偏移而被蚀刻液攻击、报废
◎ 精细线路制作能力会因厚铜严重侧蚀而受限
◎ 有大量废蚀刻液产生

一片盖孔蚀刻的电路板会有大量通孔存在，每片孔数常会高于 25000，只要有一个孔受到损伤，整片电路板就可能报废。因此应用这类工艺时必须注意，如果需要盖孔的区域都是小孔，则采用盖孔法比较容易实现高良率。潜在对位偏移产生的缺陷，一般会发生在微小焊盘设计中，这种现象如图 7.1 所示。

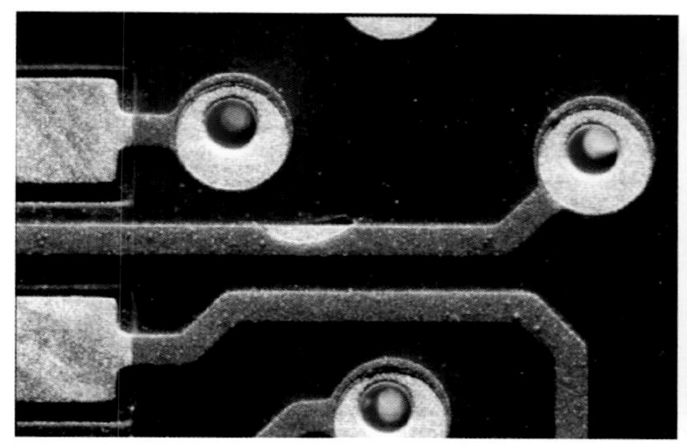
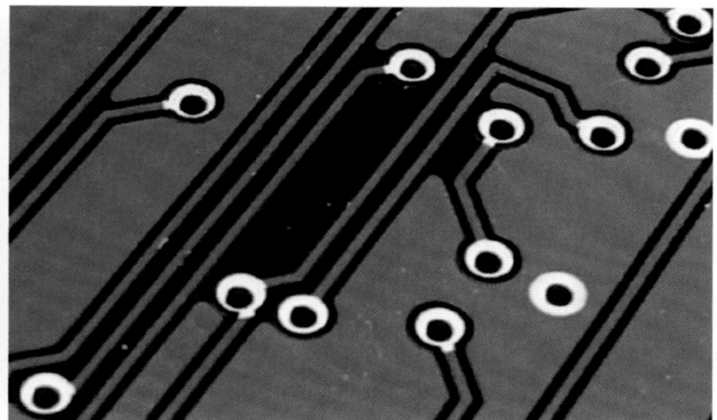

图 7.1　小孔环设计中潜在的对位偏移风险

成本压力及环保因素使得这类工艺有了变化。出于市场竞争力及细线路制作能力的考虑，这类工艺正朝薄铜方向发展。使面铜变薄的方法有以下几种：

◎ 使用较薄铜箔
◎ 设计准则允许孔铜变薄
◎ 水平电镀，均匀度提高，总厚度减小

由于特定产品及技术需要，盖孔蚀刻工艺近年来朝向特殊应用发展，如一般双面板及多层封装载板。

7.3　盖孔蚀刻工艺

要有好的盖孔蚀刻工艺表现，成功的关键与一般内层板显影蚀刻或图形电镀工艺不

同，重点是前处理及贴膜稳定性。当然前处理到贴膜前及贴膜后的停留时间也是重要因素。

7.3.1 铜面的处理

全板电镀的铜面一般都非常干净，除非存放时间长，否则都不需要特别清洁处理，进行一道酸洗程序就可以了。典型的表面前处理，采用一次机械粗化处理增加接触表面积，使干膜与铜面黏合面积加大，并在界面处产生化学键力。粗化处理同时具有去除铜瘤的功能，因为全板电镀可能会在铜面产生微小凸点，去除这些凸点有利于贴膜。对于表面前处理，常使用积层式碳化硅刷轮；较少用毛刷，因为容易产生凹陷等问题，影响盖孔性能。浮石处理不论是喷砂还是磨刷都有使用，比较担心的是颗粒容易残留在孔内。当然这种问题未必会影响盖孔性能，但容易产生其他工艺问题。当电路板逐渐变薄后，表面前处理对尺寸及微观的影响越发明显，化学前处理变得比较重要。

有趣的是，化学蚀刻处理并没有办法使铜面产生粗糙度，只是将铜面结晶结构呈现出来。水平电镀表面光亮，似乎提供了更平整的表面状态。有一个值得注意的奇怪现象是，电镀铜有一点类似回火行为，在室温停留一定时间后会产生较大的结晶结构，有利于用微蚀法产生表面粗糙度。另一个有趣的替代方式是，利用特殊电镀产生表面粗糙度，类似于铜箔的制作程序。另外，近年来有些业者关注脉冲电镀，这种电镀也会产生类似的结晶结构，有助于微蚀粗糙度的产生。

7.3.2 贴膜与贴膜后的停留时间

贴膜作业对于盖孔蚀刻工艺，是一个必须适度平衡的流程，一般作业方式会采用高温高压贴膜，以获得良好的变形量。当然，前提是不发生皱褶。在盖孔工艺中，采用过高的压力及温度，可能会导致盖孔失效。典型的缺陷模式就是所谓的“切孔”，如果干膜在孔缘变薄，就会产生弱化现象，容易导致盖孔失效。

膜变薄当然与贴膜压力过高，特别是贴膜滚轮硬度过高有关。当高压集中在孔缘时，膜会因为流动而变薄。当然，温度因素也会影响膜的黏度与流动性，高温会使膜的流动性提高，自然也会让孔缘的膜变薄。另外，孔内局部负压会使这种变形更严重，内外压差会对干膜产生更大的拉扯力。电路板预热后，孔内空气比环境空气的温度高，电路板贴膜完成，冷却后降温到室温，就会发生这种负压现象。

干膜变薄需要时间，贴膜后的停留时间及环境状况会直接影响结果。对此，有些业者会在贴膜后尽快将电路板冷却，减少干膜在较高温度下的流动。如前文所述，湿度对干膜特性也有重要影响，干膜吸湿后黏度会降低、流动性增加，盖孔能力会因为高湿度而降低，因此在较低负荷下仍然会产生缺陷。

7.3.3 干膜与保护膜的厚度

干膜厚度及保护膜厚度，对盖孔能力来说都是重要变量。盖孔能力正比于膜厚，因此 50μm 厚的膜的盖孔能力比 15μm 厚的膜强得多。膜越厚，盖孔能力越强，保护膜也有类似的性质。不幸的是，越厚的保护膜及干膜，曝光接触距离越大，分辨率越低，废弃物越多，这些都是负面影响。

7.3.4　曝光与显影

增大曝光能量有助于强化盖孔能力，因为强化曝光会让有机物交联更密，增大强度。但是，强化曝光也会增大干膜脆性，容易使盖孔出现问题。因此，必须选择适当的曝光能量。过度强化的显影也要避免，因为化学品的攻击会弱化干膜盖孔能力。显影喷嘴必须适当保养，以免局部堵塞而需要更高的显影压力，因为过高压力会伤害干膜。

多数工艺条件下，如果能制作出良好的盖孔蚀刻电路板，应该也适用于显影蚀刻或图形电镀工艺。盖孔工艺必须注意孔面的保护特性，这方面更甚于注意干膜变形量或其他特性。

7.4　盖孔作业的缺陷模式

孔径较大会导致失效机会增多，因为盖孔能力反比于孔径的平方。如果喷嘴有足够高的喷压，就有可能使盖孔破裂。另外，大孔尤其是工具孔，有可能因为机械传动或手工操作而受到伤害，小孔就没有这种问题。

小孔盖孔失效模式与大孔不同，大孔可能会出现塑化性破坏或拉扯破坏。至于大孔出现脆化现象，主要是因为曝光过度或有外力快速施加在盖孔区。小孔的失效模式，几乎都是脆性断裂，因为该区域的膜厚径比较大。

厚板孔内比薄板孔内具有更多抑制聚合的氧气，聚合较少使得该区干膜弹性较高，对盖孔能力有利。但是，厚板产生的气体冷却负压比薄板高，非常薄的电路板则有可能因为两面干膜相互黏合而强化，这些因素会使得板厚对贴膜的影响错综复杂、不易判断。

盖孔能力与膜厚成正比，干膜变形量及附着力也会因为膜厚增大而增大。在盖孔蚀刻工艺中，孔径小于 0.5mm 的电路板多数会使用 1.5 ~ 2.0mil 厚的干膜，以确保工艺稳定。相对的，将盖孔工艺用于图形电镀时，需求以电镀为主，此时盖孔因素有可能被忽略，致使盖孔失效率升高。

较厚的干膜一般会提供较弹性的盖孔能力，因此遮蔽大孔或槽孔的应用较喜欢用厚膜。综上所述，孔径与膜厚相互影响，如何选择要看是干膜成本影响大，还是盖孔破裂产生的损失大。

实际盖孔尺寸与设计孔环尺寸有关，也与钻孔偏差和曝光对位偏差相关。偏差过大会导致干膜没有足够的着力面积，发生破裂或剥离现象；严重时会产生空隙，导致蚀刻液或电镀液渗入。如果焊盘采用方形设计，就会有较大的表面着力面积，孔焊盘面积越大，盖孔能力越强。一般建议的孔环设计宽度是 0.2 倍孔径，多数设计会以 5mil 为孔环宽度下限，但这对于现在要求高密度的电路板设计有点不切实际。

7.5 使用前的盖孔能力测试及评估

7.5.1 使用前的最终测试

最实际的盖孔能力测试是，完成整个工艺的所有相关程序，整体评估实际的良率表现。作业者可观察损坏发生在哪个步骤，如显影后、蚀刻后退膜前，或者检查通孔的电气连续性等。这意味着，即使板面90%以上的孔都有良好的盖孔状态，只要有一个孔产生缺陷，也会产生报废问题，因此，这种测试模式是不切实际的。

我们都知道大孔比小孔更容易产生盖孔破裂问题，因此，直接观察少数大孔的盖孔能力比检查小孔表现更实际。制定出可接受的盖孔良率，就可以转换为可接受的盖孔蚀刻工艺良率。盖孔失效率与实际电路板良率相关，但这只是统计数据，不是测量数据，两种数据的意义并不相同。实际测试的可靠性，必须采用统计校验法进行风险分析。若分析结果符合预期，则说明干膜特性可接受。

并没有公认的盖孔蚀刻测试标准被业界接受，部分业者坚持将线路与盖孔设计在同一片电路板上做测试。这么做是希望不会因为盖孔能力需要，而牺牲线路分辨率及线宽控制能力。当然，一些特殊开槽或特殊形状镂空也有可能会被设计到电路板中作为测试对象，因为需要的盖孔能力比一般孔的更强。

7.5.2 基于干膜物理特性参数进行评估

直接针对干膜的物理特性进行讨论研究，会比统计盖孔破孔数的做法简洁得多。利用热机械分析（TMA）测量未曝光的干膜，可预估干膜流动性及可能发生的孔缘干膜变薄问题。测试中必须注意温度控制，因为温度会影响黏度。综合实际测试作业及干膜物理特性，如果数字统计及物理特性测试的结果都不错，干膜就可以放心使用。

第8章

底　片

底片是图形转移工具，具有紫外光可穿透与不可穿透的部分，生产时放在干膜与光源之间。底片的基础材料以聚酯膜或玻璃板为主，遮光区与透光区同时存在于平面上。遮光区可以是金属（如银、铬）层或吸收紫外光的有机颜料层，根据图形的计算机辅助设计数据来制作。

8.1 关键影响因素

与底片特性相关的关键影响因素包括尺寸稳定性及再现性等，影响图形质量的因素如下：

◎ 光密度对比度

◎ 透光区与遮光区的敏锐度

◎ 遮光区的完整性（无针孔或杂点）

这些关键影响因素取决于基材质量及感光材料质量，以及底片制作工艺变量，如激光绘图机（如像素大小），显影及定影干燥过程中底片尺寸受环境温度、湿度影响很大，包括制作时的环境及储存环境。底片各层的机械及化学特性也直接影响尺寸稳定性。底片的再现性问题涉及其表面耐磨性。另外，底片最好能允许空气通过，这有利于曝光时产生真空，与电路板紧密贴合。

8.2 底片的制作与使用

底片的制作与使用涵盖许多项目，主要内容如下：

◎ 底片制作

◎ 底片的形式与性质

◎ 卤化银与重氮体系的作用模式

◎ 感光特性

◎ 底片的操作与使用

◎ 尺寸控制

交到电路板制作者手中的线路设计数据，经过计算机辅助排版，就可以用于底片制作。这时，可利用绘图机将各层线路绘制在感光底片上。传统模式会先制作原片，之后利用缩放法制作实际工作底片。得益于计算机技术的发展，目前工作底片几乎都采用直接绘制法制作。这种做法因为可以利用计算机进行尺寸补偿，所以不会像传统底片制作那样受缩放影响。同时，因为所有排版都可以在计算机上直接进行，制作效率大幅提高。图 8.1 所示为利用计算机辅助工具设计制作底片。

排版完成后，必须在底片上加上流水号、测试线路及对位工具记号等。现在，这些都可用计算机辅助制造系统设计，或者利用其他曝光辅助技术加在底片上。当所有辅助记号及线路都制作完成后，将数据转换到绘图机上绘制母片即可。部分业者利用母片再制，产生所谓的“棕片”用于生产，也有人直接用母片生产。母片损坏时直接用绘图机再制即可。随着绘图机的成本逐渐降低，电路板密度逐步提高，加上自动化曝光系统逐渐普及，用绘图机直接制作底片的比例已经很高。图 8.2 所示为典型的卷筒式激光绘图机。底片处理要十分小心，因为每张底片的瑕疵都会忠实地再现在每块电路板的图形中，不但会造成底片制作成本浪费，还会导致电路板大量报废。

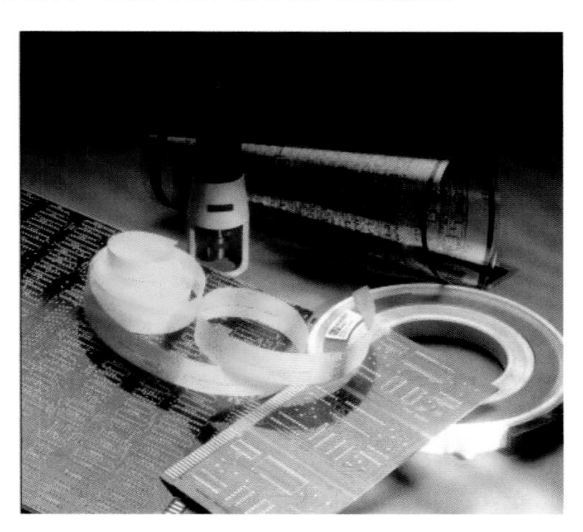

图 8.1 利用计算机辅助工具设计制作底片

图 8.2 典型的卷筒式激光绘图机

8.3 胶卷型底片的特性

卤化银底片及重氮底片是两种不同的底片类型，用于不同的工艺流程。实际上有多种卤化银底片可用于电路板制作。选择用于特定工艺的底片时，必须了解底片的特性及适用范围。选用底片时的重要考虑项目如下：

◎ 曝光速度等级

◎ 感光敏感度

◎ 复制模式（正片或负片）

◎ 制作时所用的化学品

◎ 底片类型（卤化银或重氮）

底片可以按照曝光所需的能量来分类。用于底片制作的曝光灯管类型，决定了底片适用于何种应用。曝光速度一般分为三个等级。高速或照相机速度等级的底片，可用于绘图机、再制底片相机或接触式点光源曝光系统。这是用于电路板制作的感光最快的底片，但仍然比一般照相底片的感光慢很多。中速曝光底片适合接触式曝光，采用的光源多数是石英灯管。这种底片偶尔用在较长时间曝光的相机制作系统，但并不适用于绘图机。低速曝光底片适用于照度非常强、紫外光比例高的曝光系统，如金属卤化物或氙气灯管曝光系统。这些底片可在黄光室操作，可参考电路板感光类材料的操作。

多数底片的材料，并不同于一般照相用底片。不同的底片有不同的感光敏感区，会影响到作业环境状况及使用光源的作业效率。对紫外光敏感的底片只对紫外光产生反应，因此可在黄光环境下停留一定时间。对蓝光敏感的底片多数都会对紫外光附近范围的光有一定敏感度。尽管这类底片会加入抑制蓝光敏感度滤光的颜料，也添加了强化紫外光敏感度的制剂，但这种底片仍然会显现出类似于卤化银对有色光的敏感度。这种底片可在比黄光略暗的环境中使用，可采用某些特定的所谓“安全灯管”辅助作业。

灰阶底片对绿光及蓝光都较敏锐，多数工业用高速底片都是这种类型。唯一人眼可看到但这种底片无法感应到的是红光，因此这类底片必须在红光环境下操作。对三原色都敏感的底片是全彩底片，必须在完全黑暗的环境中操作。一般相机用的就是全彩底片，曝光底片很少用全彩底片。

卤化银底片可以是正片，也可以是负片。所谓“正片”，是指底片图形与线路一致的底片；相反，线路区域空白的底片就是负片。根据作用模式，见光分解的是正片，见光聚合的是负片。因此，重氮底片是一种正片，一般绘图机用底片则属于负片。

卤化银底片并非可任意进行显影处理。多数底片可用快速显影剂处理，产生良好的效果，但某些特定底片只能在专用显影剂中处理。因此，为特定应用选择底片前，必须考虑这些问题。各种表面特性及物理特性是选择底片前的讨论重点，如目视透光度、表面抗刮能力及尺寸稳定性等。卤化银底片的使用效果优于重氮底片。

8.4 各种底片的结构及光化学反应

8.4.1 卤化银底片

卤化银底片比重氮底片有更宽广的使用空间，高速底片的感光比重氮底片快 100 000 倍，因此可用于低照度高速感光应用，如绘图机、照相机、步进式感光系统等。典型的卤化银底片包含多个层，概略状况如下：

（1）底片表面会有一层涂层或保护膜，用来防止刮伤及磨损。多数保护膜还具有粗化表面，允许真空作业时快速抽除空气，以实现均匀贴合。

（2）乳胶面含有感光性卤化银，是经过曝光等作业后产生可见图形的药膜层。该层的主要结构是一层均匀的骨胶，内部散布着卤化银结晶。图 8.3 所示为卤化银在乳胶内的结晶颗粒状态。

（3）承载膜一般采用光学级聚酯片。虽然玻璃也被用于图形转移应用，但整体占比不高。承载膜必须具有一定的强度、耐久性、柔软度、透明度及尺寸稳定性等。

（4）在骨胶外面做一次涂覆处理，以强化底片上最后一层骨胶材料的结合力。

（5）最后一层骨胶涂层被称为底片背胶，内含防光晕颜料及抗静电配方，作用是改善图形质量并减少脏污，也有助于卷曲程度控制。

一般底片承载膜的厚度大约为 7mil（175μm），含背胶在内的涂层厚度为 5 ~ 7μm。卤化银结晶含有溴化银、氯化银、碘化银等成分；晶体结构是立方体或角锥体，边长为 200 ~ 300nm，大约含有 10 000 000 个原子。各个晶体中都会填入小量的金、硫等，以产生感应核心。曝光过程中，晶体会吸收光子，能量可在敏感性区域中心产生金属银。当光子吸收量增多时，金属银原子数量也会增多；当金属银原子数量跨越基本门槛 4% ~ 10% 时，晶体位置就产生了潜在图形。这种潜在图形会使该区在显像过程中完全转换为金属银，因此，必须适当控制曝光量，以获得最佳结果。如果是负片，则在绘图机下曝光过久会导致线路变宽；如果曝光不足，则会导致线路变细。

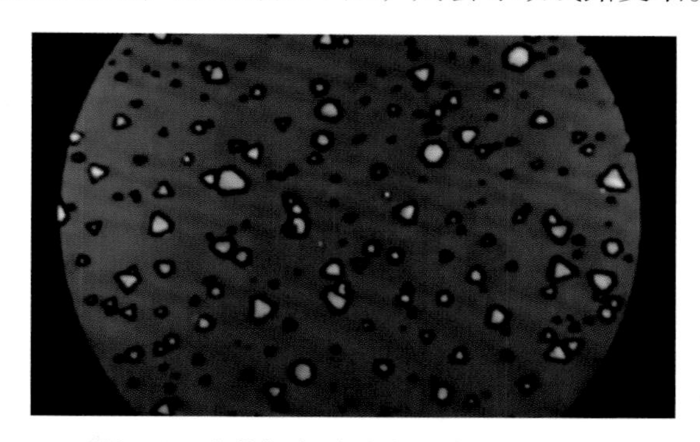

图 8.3 卤化银在乳胶内的结晶颗粒状态

经过曝光后的底片必须做后处理。后处理有四个步骤，一般在一套专门设备内完成。

第一个后处理步骤是显影。在这个步骤中，卤化银晶体会转换为金属银。潜在图形物质会催化还原反应，使曝光区与非曝光区产生差异。一旦还原反应启动，就会使整个晶体完全转换。这是一个扩大性反应，可以千万倍反应速度完成。底片显影必须优化，以得到稳定良好的结果。过度显影会导致线路过宽或模糊问题。某些情况下，处理不良会导致透光区有雾状残留。显影不足也有可能导致曝光较低区域产生薄图形膜。一般工艺调整，以调节处理速度为主。

曝光区的卤化银会转换为金属银，非曝光区则不会受显影处理影响，但这并未使底片药膜面完全成为永久性膜。要让图形成为永久性膜，必须经过定影过程将仍然是卤化银的区域去除。在定影作业过程中，用硫代硫酸铵将这些卤化银转换成几种不同的可溶性盐类，就可以将乳胶从底片表面去除。此时，金属银区不会受影响。这个步骤不困难，因为定影不容易产生过度问题。但如果定影不足，还是有可能导致应该透光的区域产生不洁现象。底片制作过程中显影处理的意义是，将曝光区产生的反应扩大。

感光反应是在曝光中直接产生的，虽然有些感光材料要在曝光后停留一小段时间来完成反应，但并不需要额外的程序处理。而感光工艺的显影处理，则是从电路板面去除未曝光的、不要的感光区域薄膜，这与底片制作的定影程序类似。两种技术的术语有时候会混淆。

经过定影的底片，因曝光产生金属银的区域会留下图形。骨胶仍然会在整体结构中扮演凝聚角色，不会在处理过程脱落。经过显影及定影的底片，必须进行恰当清洗，去除所有工艺残留物。清洗不净可能会产生阴影或底片经过一定储存时间后变黄。

底片干燥不是繁复程序，但实际状况却有点复杂。在干燥过程中，经过显影、定影的润湿而膨胀的骨胶，会因为失去水分而产生尺寸收缩，尺寸大约变为润湿状态时的1 / 10。聚酯膜也会在此时释放工艺中吸收的水分，这些都会对整体尺寸产生影响。

8.4.2 重氮底片

重氮底片因为有其特殊性而被用于图形转移。对于一些需要采用目视法进行底片与电路板对位的操作者，重氮底片的半透光特性有利于实际操作。重氮底片的棕黄半透光药膜，有利于事先钻孔的电路板的对位。同时，重氮膜可过滤干膜最敏感的紫外光波段。重氮底片的表面强度比乳胶底片高，有利于人工操作。图 8.4 所示为典型的重氮底片结构。

图 8.4 典型的重氮底片结构

重氮底片的结构比卤化银底片简单，但其表面也会涂覆一层敏感图形材料。这层结构的一些特性如下：

◎ 含有低光敏感度的重氮盐类

◎ 显影时颜料会与重氮盐类反应，产生图形

◎ 有在颜料与重氮盐类反应前防止反应的措施

◎ 有一些小量粗化处理措施

重氮底片的底层涂层不同于卤化银结构，但目的相同，都是为了与承载膜良好结合。如同卤化银底片，这类底片的常用承载膜也是聚酯膜，因为它具有较好的强度、透光性、柔软度、耐用性及尺寸稳定性。与卤化银底片的做法类似，重氮底片表面也会做防静电处理，以减少静电粘尘问题。使用 7mil（175μm）厚的承载膜时，实际底片总厚度约为 7.2mil（180μm）。

重氮底片上的光敏物质是重氮盐。它是一种有机分子，大小约 1.5nm，含有两个交联在一起的氮原子。如同卤化银的晶体结构，它可以形成多种不同的结构，以符合预期需求。重氮底片是一种正片感光材料，透光区的重氮会分解，不产生图形；但卤化银底片是透光区留下图形。当重氮底片暴露在紫外光波段下时，重氮分子会分解，产生两种无色化合物，如图 8.5 所示。重氮底片的曝光量控制与卤化银底片一样重要，但曝光控制不良的影响不同。负片曝光过度会导致线路变粗，正片曝光过度会导致线路变细。

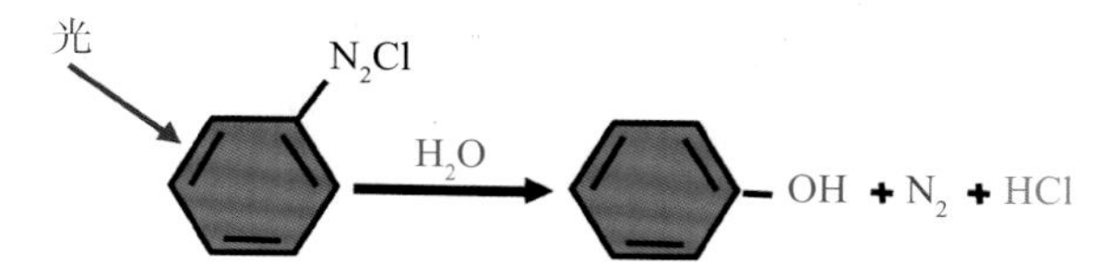

图 8.5 重氮底片的曝光反应

为了确定适当的曝光能量，可采用 21 级曝光尺试验：将测试片放在空区，看能否达到恰当的曝光程度。对于一般应用，曝光级数落在 2 格清晰而 3 格模糊的图形状态，说明曝光范围是可接受的。如果是细线路应用，则可将曝光级数再降低一点。经过曝光，重氮底片曝光区的重氮盐已被破坏，底片必须进入另一个简单处理步骤。显影时，底片会被加热并暴露在氨蒸气中，氨会与重氮层反应并让留置的重氮盐与颜料产生耦合作用。此时，至少有两种吸光颜料物质产生，其中一种会吸收蓝光，使透过底片的光呈现黄色可见光；另一种则吸收紫外光，可防止感光反应。

显影在已经商品化的设备中进行，必须使用新鲜的氨蒸气。感光面的温度必须维持在 60 ~ 70℃，过高温度容易导致底片扭曲。所有重氮底片都应经过两次显影处理，有些老设备需要经过多次处理才能显影干净。经过显影后，底片表面会有稳定图形出现在非曝光区，此后不再需要额外处理。重氮底片不容易产生过度显影问题，但有可能产生显影不足问题，这方面需要留意。

8.5 底片的质量

不论是卤化银底片，还是重氮底片，作为工具片，有几个共同的质量评价因子。为了获得良好的曝光质量，底片上所有图形必须平滑且清晰。线路边缘状况直接影响干膜及线路的制作质量，有许多因素会影响线路的锐利度：

◎ 曝 光

◎ 显 影

◎ 对 位

◎ 处理系统

◎ 底片选用

◎ 显影条件

破碎的线路边缘容易出现小片状聚合残膜脱落的现象，这种小碎片可能会重新回粘到线路区而产生质量问题。扩散的线路形状容易产生线路边缘局部聚合现象，这些区域可能会让光源局部通过，使感光材料半聚合，导致显影后产生残膜。这种扩散式底片线路，可能是曝光复制时底片接触不良，曝光或显像处理不佳造成的。

底片线路的宽度必须做适度补偿，以符合实际曝光后产生的图形。基板尺寸也要做适度调整，以符合实际位置及尺寸需要。这些工作目前都可通过计算机辅助制造系统完成。

底片上除了有线路设计，还必须有辅助图样，如对位记号、标注符号、流水号、导电线路、偏斜确认符号等。当然，添加一些必要的设计也是例行工作，如为了控制流胶而制作的阻胶块、为了改善填充能力而增加的线路设计等。所有底片的线路图形，必须比实际需要的最小线宽 / 线距大。必要的文字最好直接产生，避免手写，因为手写会导致遮光性不足，造成半聚合，并可能产生残膜。

8.6 底片工艺的说明

在电路板业界，正负像型底片、正负片工艺及正负像型干膜常存在概念混淆。现将相关工艺说明简略整理为表 8.1。

表 8.1 正负像型干膜 / 正负像型底片 / 正负片工艺说明

	正像型	负像型
干 膜 （感光膜）	· 见光分解型感光材料 · 因反应速率低而不常被采用 · 不易被显影液及水膨润，理论上可获得较佳的图形	· 见光聚合型的感光材料 · 因反应速率较快被广泛采用 · 本身有易被水膨润的官能团，因此图形易失真
底 片	· 与要制作的图形同相的底片被称为正片 · 使用负像型干膜曝光做图形电镀的感光底片就属此类	· 与要制作的图形反相的底片被称为负片 · 使用负像型干膜曝光做线路蚀刻的感光底片就属此类
工 艺	· 选用的感光膜残留于制品表面，但与所要产生的铜区域呈同相图形，称之为正片工艺 · 一般电路板的内层蚀刻或盖孔工艺就属于此类	· 选用的感光膜残留于制品表面，但与所要产生的铜区域呈反相图形，称之为负片工艺 · 一般图形电镀蚀刻工艺就属于此类

8.7 底片的制作与使用

底片制作出来后，必须避免受伤、尺寸变异，同时必须维持整体稳定性。检查、修补及储存等都会影响底片寿命，不当操作也会导致潜在损伤。底片检查及修补十分耗时费力，不但会提高成本，也会延长作业时间。同时，随着线宽 / 线距变小，修补的可能性越来越低。较常见的需要修补的底片缺陷是曝光过程中出现的脏点，因此维持操作环境的清洁度是必要的。多数底片的制作仍无法避免局部修补，但尽量减小修补比例是努力的方向。过度的修补意味着清洁度维持不良、曝光接触不良或设备维护不佳等。

应该尽量避免在底片上使用胶带，如果必须使用，则胶带边缘应保持在线路区外。在底片上使用胶带，较容易产生的问题如下：

◎ 胶带黏合材料会受压流出，可能会粘到其他薄膜或曝光框上，必须时常清洁

◎ 胶带边缘容易粘脏污，产生不规则边缘及部分干膜聚合

◎ 透光胶带在紫外光曝光环境下并非完全透光，曝光时其下方干膜比其他区域接收的能量小，因此会产生部分感光现象

◎ 贴在药膜面的胶带，有可能影响底片与干膜的密合度，可能产生曝光不足等问题

底片的粘贴是在底片外围区域开窗，之后贴上适当胶带作为底片曝光时与电路板密合的工具。一般开窗尺寸约为 6mm × 18mm，胶带由药膜面背面向内贴，贴附区域必须在有效线路区外，因为胶带容易粘尘。胶带必须不透紫外光，因此红色胶带是比较好的选择。底片开窗数量随电路板大小而异，制作者可依据实际需要调整开窗数。

以对位销钉做底片对位是较快速的方法，冲孔底片与电路板用销钉进行曝光位置控制，可以固定相对位置。这类对位孔一般会落在无干膜覆盖的区域，设置方式以相对长边两侧同时做出定位孔为原则。必须在底片上加注方向辨识符号，一般手写文字或符号容易产生毛边或半透光状态，因此可能会产生半透光衍生问题，这类操作应该避免。

8.8 尺寸稳定性

电路板制作所需的底片，一般都希望精度保持在每 24in 误差不超过 1mil，特殊应用甚至期待 30in 长度的误差在 0.5mil 以内。这些需求可采用玻璃底片或软性底片，同时控制环境条件实现，选用原则以便宜为主。玻璃底片对温湿度较不敏感，但质量大、尺寸大、造价昂贵，又不具柔软性。聚酯底片对温湿度较敏感，但它具有柔软性，可采用传统设备，同时容易操作。

底片弯曲主要源自于底片表面不均匀的胀缩。只要有弯曲发生，就说明尺寸发生了变异。对于底片材料，柔软度与尺寸稳定性相互制约，但透光性与聚酯底片的柔软度及玻璃底片的尺寸稳定性没有太大关系。影响底片尺寸的两个因素如下：

◎ 底片作业环境（指温湿度的变化）

◎ 制作底片的设备，尤其是干燥设备

底片的尺寸控制，有五个的注意事项。第一，要注意所有底片取出包装袋后进入的作业环境的温湿度。关于底片稳定性，每 24in 的变异应小于 1mil，这是允许的最大尺寸变化。当然，越严格的尺寸控制，要有越严格的温湿度控制。如果底片作业环境变化，则尺寸变异在所难免。

第二，底片送入暗房后必须适度静置，以适应环境状况。最好不要直接使用，以免直接制作时因为状态不同而产生尺寸变异。在制作和运送底片的过程中，湿度很难控制，但至少在底片作业与运送到达时都能适度放置，以适应环境，减小尺寸变异。底片在到达作业环境时，应尽可能与作业环境达到适度平衡。

这是一个相当耗时的处理程序，需要多少处理时间与底片厚度以及空调状况有关。一般曝光房内实际的前置尺寸稳定作业，会采用特别设计的开放式轻型放置箱——可以容纳大约 50 张分隔开来的底片，放置箱区域内会利用室内空气循环来稳定尺寸。其次应该注意的是底片处理程序的标准化，特别是干燥处理的影响较大。湿制程（显像、定影、清洗）对最终尺寸的影响有限，但干燥步骤产生的影响比一般人理解的复杂。

第三，作业中底片会因为吸湿而变大，最后会达到相对饱和湿度。当底片排除湿气后，尺寸会再度收缩。因此底片的最终尺寸，还是取决于干燥程序。最温和的处理是静置室内自然干燥，但回到原始湿度状态时会发现尺寸有缩小的迹象。

如果采用人为干燥处理，则底片会达到较高的干燥状态，导致底片放置处理时吸湿。这种处理状态下，底片尺寸可能会比刚处理出来时大。这些状况都可以通过调整干燥温度，使底片最终尺寸确实回到原始尺寸。不论如何，共性现象是干燥不足会产生底片最终尺寸变小的问题，但过度干燥可能产生尺寸变大问题。

第四，底片完成时，必须给予足够时间让底片回到室内环境状态，之后才可以进行尺寸测量及曝光。一般底片都会在离开干燥机时产生尺寸缩小现象，之后在适应环境预处理过程中逐渐变大。如果适度用环境空气对底片两面做循环预处理，多数底片会在两三小时内达到平衡状态。如果底片有堆叠情况，则预处理时间会延长。

第五，维持底片尺寸需要注意适当控制并测量作业环境的温湿度。环境温度控制与测量的难度不算太高，但相对湿度的测量很难精确，可能会产生误判。选用适当的湿度计放置在适当位置，对测量精度有一定帮助。干湿球湿度计及多种不同类型的湿度测量设备，都可用于湿度测量，其中以电子式湿度控制器较为精确有效。

第9章

曝　光

感光材料（光致抗蚀剂）的设计需要依据工艺目的，确立产品需要的特性，考虑化学变量。曝光的原理就是让感光材料的溶解度产生明显变化，如图 9.1 所示。

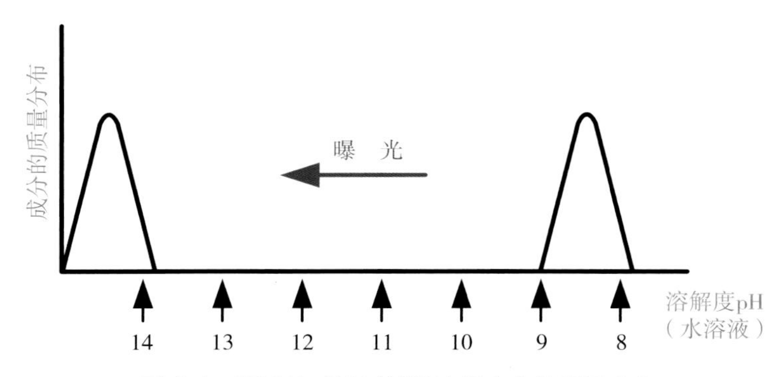

图 9.1 曝光让感光材料的溶解度产生明显变化

在紫外光的作用下，底片的透光部分和遮光部分分别形成聚合区与非聚合区。有时候会采用激光直接绘图法生成图形，这些图形都是依靠数据转换产生的。图 9.2 所示为简单的干膜曝光示意图。

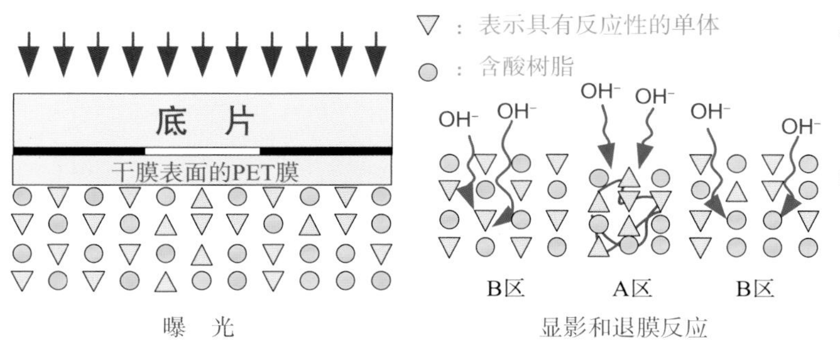

图 9.2 曝光对感光材料结构的影响

9.1 主要影响因素

曝光质量取决于紫外光传递到光致抗蚀剂层的能量均匀性。因为曝光是一种紫外光能量传递过程，所有会吸收能量的潜在介质都是影响因素。紫外光源及感光材料，如干膜的聚酯保护膜、曝光框、底片透光区、底片保护膜等，也都是影响因素。因此曝光能量的测量，必要在感光材料表面进行。在不同位置放置曝光能量计，可呈现曝光能量的均匀性。较精确的紫外光总能量并不是实际应用的关键因子，更重要的因子是有效启动光化学反应的能量百分比。

多数感光材料的有效紫外光感光区都相似，因此多数紫外光源都会标准化，以匹配实际感光材料的光敏区。然而，高照度紫外光灯管会通过填充金属蒸气，加大有效光波区的发光量，因此有必要采用可检测有效光波区能量的检测计进行验证。一般看法是，单位时间内提供给单位体积感光材料的有效能量是关键变量。也就是说，即使单位面积内累积了同样能量，也不代表会产生同样的曝光效果。比较期待的曝光模式是，在较短的时间内完成曝光，因此较高能量的曝光灯管是必要的配置，因为较长曝光时间会造成感光材料中遮蔽剂的迁移。

实际曝光作业中，常使用所谓的“曝光尺”观察感光反应状况。曝光尺提供灰阶透光度，曝光后建议进行标准显影。这种检测的主要目的是确定何种紫外光穿透量对曝光作业有利。曝光级数选用不当，会导致曝光过程中产生透光率变异，可依据曝光显影后的效果调整曝光时间。

另一个影响曝光质量的因素是，紫外光在作业过程中渗入非曝光区的程度，影响因素如下：

◎ 光的平行度与散射情况
◎ 底片与感光材料之间的距离会受真空度影响
◎ 干膜保护膜的厚度
◎ 底片是否有保护膜
◎ 紫外光经过介质的散射情况
◎ 光源经过基板表面反射所产生的影响

典型曝光渗漏现象的监控，多数人会专注于曝光真空度，尤其是牛顿环状态。但是，底片上实际线路的尺寸也是曝光过程的重要变量，受曝光的温湿度、底片制作过程及底片储存状况的影响。曝光中的对位状况也是重要的质量影响因素，单边对位常使用销钉对位法，但目前多数自动曝光机已经使用固态摄影机对位系统来对位。至于其他的质量影响因素，如底片刮伤或灰尘污染问题，也必须控制和改善。底片质量检查要在无尘室进行，曝光机也要在无尘室中作业并被监控。

9.2 曝光能量检测

9.2.1 曝光尺（灰阶底片）

曝光尺是一片聚酯灰阶底片，内含多个渐进式透光区块，可以渐次改变透光率（光密度）。这种底片的用途是测量光致抗蚀剂在紫外光下感光产生的高分子聚合状态。曝光尺是每提高一级就降低微量透光率的底片，提高更多级数会降低整体透光率。在一定的曝光能量下，部分区域会因为曝光量不足而产生聚合不足现象。曝光尺就是用来测量感光材料表面实际受光量的工具。有几种不同曝光尺，具有不同的透光率设计。

曝光机的作业，不但要注意曝光程度，还必须注意曝光区的均匀性。目前的电路板生产，多数会要求达到24in以上长度的制作能力，因此，有效区域的曝光均匀性十分重要。图9.3所示为一般曝光机均匀性测试的采样点示意图。

测试区域必须选择最大生产尺寸区域，一般测试法会采用照度计测量曝光能量累积。可以根据不同的产品需求制定不同的累积能量检验标准，多数都希望最高能量与最低能量的差在20%以内，差值越小越好。实际操作时，因为感光材料本来就存在储存与状态差异，因此累积能量并不足代表实际的线路制作能力。所以，必须进行曝光表现测试。可以用曝光尺同时在不同位置测试，确认曝光条件是否恰当。使用不同级数的曝光尺，可产生不同的光密度。常用的曝光尺以21级与41级居多。几种典型的曝光尺的光密度见表9.1。

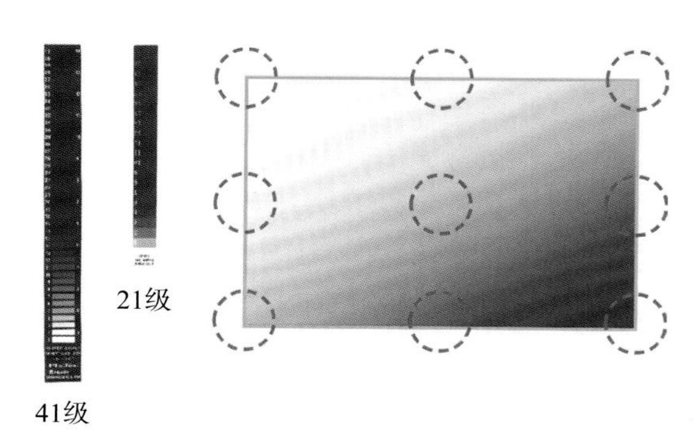

图9.3 一般曝光机均匀性测试的采样点示意图

表9.1 几种典型的曝光尺的光密度

光密度	杜邦25级	Stouffer 21级	Stouffer 31级	Stouffer 41级
1.50	21		16	30
1.55	22	11		30
1.60	23		17	32
1.65	24			33
1.70	25	12	18	34
1.75				35
1.80			19	36
1.85		13		37
1.90			20	38
1.95				39
2.00		14	21	40
2.05				41
2.10			22	
2.15		15		
2.20			23	
2.25				
2.30		16	24	
2.35				
2.40			25	
2.45		17		
2.50			26	

续表 9.1

光密度	杜邦 25 级	Stouffer 21 级	Stouffer 31 级	Stouffer 41 级
2.55				
2.60		18	27	
2.65				
2.70			28	
2.75		19		
2.80			29	
2.85				
2.90		20	30	
2.95				
3.00			31	
3.05		21		

确定感光材料曝光状态的首要工作是，确定曝光作业范围，也就是曝光能量累积产生的干膜聚合度。这个聚合度要能经受蚀刻或电镀作业，且具有图形尺寸再现能力。一般干膜都有曝光作业参考指标，可以遵照指标制作测试线路，并适当微调。除了曝光尺，曝光照度表也可用来辅助标定曝光程度，但因为液态感光材料或干膜都会发生储存及作业变异，因此用曝光尺较能显现实际状况。

9.2.2 能量的吸收与感光高分子的聚合反应

感光高分子吸收曝光能量后启动聚合反应，曝光能量也可能会转换成荧光、色光或其他能量发散。一般光化学反应指的是，在吸收一定波长的光的能量后，产生的感光高分子聚合反应。必须注意感光材料的有效感光区是何种波长范围，曝光时应优先采用产生此波长的光较多的光源。

实际作业中，检测曝光能量时，应该尽量减少无效光波的吸光量。如有可能，应该用滤波装置将无效光波滤除，这有利于光化学反应的作用及工艺控制。图 9.4 所示为典型的高压曝光灯管及其光波。不同的感光高分子有不同的光敏区，用于电路板制作的干膜的有效感光区多数落在 300 ~ 460nm，且其光敏区多数有窄化现象。如何选用有效曝光源，并有效滤除无效光波，是有效控制光聚合反应的重点。

图 9.4 典型的高压曝光灯管与其光波

9.3 曝光设备

目前市场上有各式各样的曝光设备，依据设备形式可分为手动曝光设备与自动曝光设备两类，如图 9.5 所示。

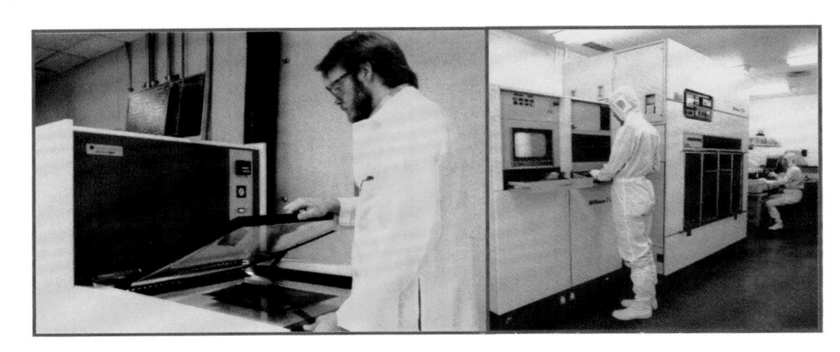

图 9.5 典型的手动曝光机（左）与自动曝光机（右）

手动曝光机是普遍且廉价的曝光设备。随着技术的进步，低功率曝光机目前已不多见。多数曝光机都可以提供 5 ~ 8kW 的功率，以及 15 ~ 25mW / cm^2 的干膜表面照度。这类设备多数都可提供良好的照度均匀性，配合平行光系统也可提供良好的平行度。图 9.6 所示为卷对卷连续曝光及湿制程联机生产设备。平行光系统主要用于较高分辨率的电路板制作，配合高照度光源可获得较佳效果。然而，平行光系统的价格比一般非平行光系统高出约一倍，且对灰尘和异物较敏感，很小的异物颗粒都可能导致针孔缺陷。为了降低缺陷率，平行光系统必须在较干净的洁净室中运行，由于系统复杂度较高，使得其维护成本相当高。

图 9.6 卷对卷连续曝光及湿制程联机生产设备

手动曝光机一般会采用贴底片对位或销钉对位，自动曝光机则采用光学固态摄影机对位系统自动对位。内层线路的制作多数会采用双面曝光。已有线路的板子，可用手动曝光机进行双面操作；使用自动曝光机时，以单面操作居多。自动曝光机一般具有退板功能，不会因为曝光对位不顺而产生停滞问题。

曝光光源、屏蔽开关、平行光反射机构、冷却机构、真空机构等都很重要且成本不低。能产生 300 ~ 400nm 光波的水银灯管，是光致抗蚀剂曝光的标配。部分灯管也可产生

400 ~ 500nm 光波，较适用于液态光致抗蚀剂及阻焊曝光；干膜对较大波长的光不敏感，使用这类光源会浪费能源且产生不必要的热。

反射机构必须提供均匀光学分布及适当平行度，以提供细线路制作能力，表面的任何污染或损伤都可能对曝光分辨率产生严重影响。图 9.7 所示为典型的非平行曝光机构与平行曝光机构。

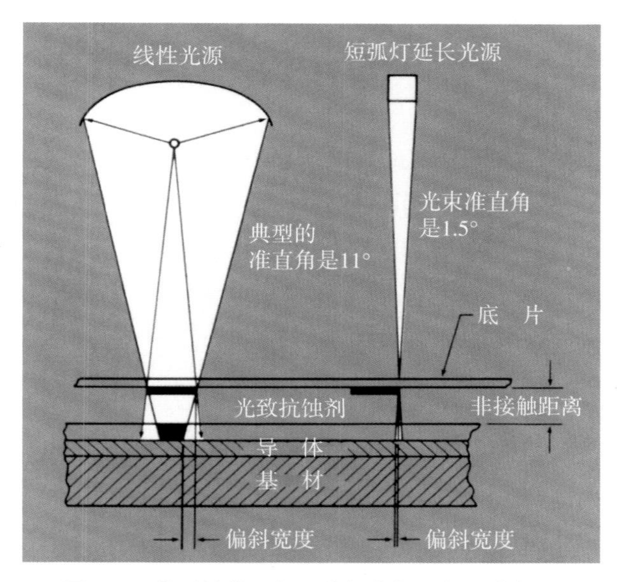

图 9.7 典型的非平行曝光机构与平行曝光机构

曝光光源的平行度，可采用辅助验证工具进行测试确认。目前使用的工具是平行度测试仪，其工作原理如图 9.8 所示。

由感光材料产生的光点与周边同心度可看出斜射角，而从光点与实际测试器上的开口直径差异可看出光源的平行光半角，两者累加就是曝光可能产生的阴影偏斜大小。真空机构的引入，让底片与电路板能紧密接触，一般传统手动曝光机的曝光框上方可能有软性聚酯膜，底部则以硬玻璃为基础。作业时会在电路板四周加上导气条，以方便真空排气。目前也有手动设备采用全玻璃曝光框设计。图 9.9 所示为采用全玻璃框设计的曝光机构。全玻璃式曝光框提供了良好的底片与电路板对位，提高了曝光生产效率并简化了底片操作，因此，也可去除底片保护膜，提高底片密贴性。然而，使玻璃框曝光很难

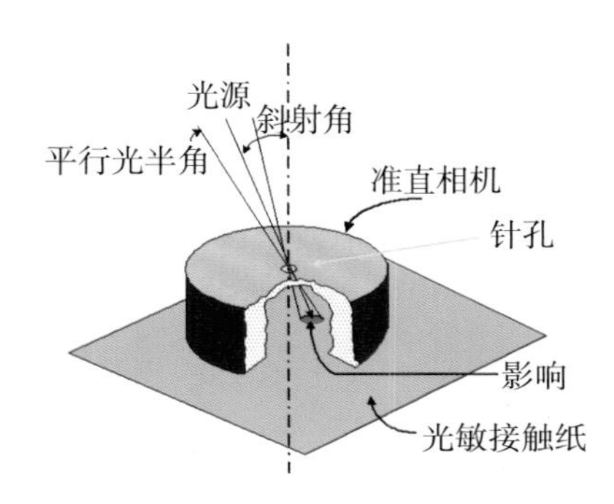

图 9.8 曝光平行度测试仪

图 9.9 采用全玻璃框设计的曝光机构

获得良好的密贴性，特别是不平整的外层线路的制作。

全玻璃框曝光系统降低了高真空作业的可能性，即便使用强化玻璃，也只能增加一点真空度，但仍然会担心高真空度或异物导致玻璃破裂。对于这类全玻璃框曝光系统，没办法用牛顿环验证密合度，因为牛顿环可以检测曝光框与底片间的密合度的，但无法检测底片与干膜间的密合度。有些自动曝光系统采用有机玻璃制作曝光框，比较有弹性。但曝光一段时间后，其透光率就会衰减，必须更换。

9.4 线路对位精度

制作细线路基板，除线路的尺寸精度外，最大的问题就是对位精度。电路板必须随着组装密度的提高而提高焊点密度，这会加大板面几何图形的对位难度。例如，钻孔后产生的位置，必须与线路曝光搭配。这些都属于电路板制作中的对位精度问题，也是典型高密度互连电路板制作的重要技术问题。

电路板材料本身就是位置精度的重要决定者，因为其本身就是一个混合体。尤其是主体树脂材料，会随温度、烘烤时间、湿度等变异。另外，在加工过程中，如果必须进行延展式机械加工，则尺寸变异更大。但对位问题在电路板制作中一直都存在，导通孔加工出来后必须经过各种湿制程处理形成导通。而线路蚀刻又会将多数前制程中累积的应力释放出来，如果采用特殊工艺而必须加入烘烤，那么整体变异会更大。目前多数电路板仍然以平板接触式生产为主，不论使用何种材料与形式的底片，都会存在对位精度问题。

胶膜底片的尺寸稳定性确实较差，几乎无法用于较高精度的产品。对于一些小量的不在乎效率的电路板生产，也有部分企业通过改小基板尺寸来克服对位问题。但对于多数的大批量生产，如何利用大尺寸对位模式生产，依然是重要的细线路基板制作技术议题。

关于对位本身的简单分析，其实只有两个重要指标。一是生产工具及产品尺寸的稳定性，稳定性差会产生随机差异，以致根本没有尺寸适配的可能性。二是对位过程的对位精度，这取决于曝光设备的操控能力。对于生产工具及材料精度的稳定性，材料的来源至关重要，包括供应商的材料制作稳定性、质量控制能力、使用的物料类型、制作设备等级、清洁度、聚合稳定性等。

尤其是电路板材料的选用，必须特别注意玻璃布质量、基材制造商的涂覆及操作控制能力、压合完成的基材板尺寸等的稳定性。这些问题常常在基板制造厂之外就已经发生，一旦材料进入生产线，改善空间就非常有限。对于基材的使用，制造商大概只能从两个方面着力，一是裁剪时必须将基板的机械方向固定，以免尺寸在制造过程中随机变化；二是在内层线路制造前，先进行高温烘烤，以减少聚合不全衍生的基材尺寸变异。在机械对位方面，由于主要对位精度几乎完全取决于对位系统的控制能力，因此制作者必须深入了解所用曝光系统的对位能力。目前用于电路板制作的曝光系统，多数采用两个或四个对位靶的对位系统，以提高整体的对位精度。典型双对位靶的工作原理如图9.10所示。

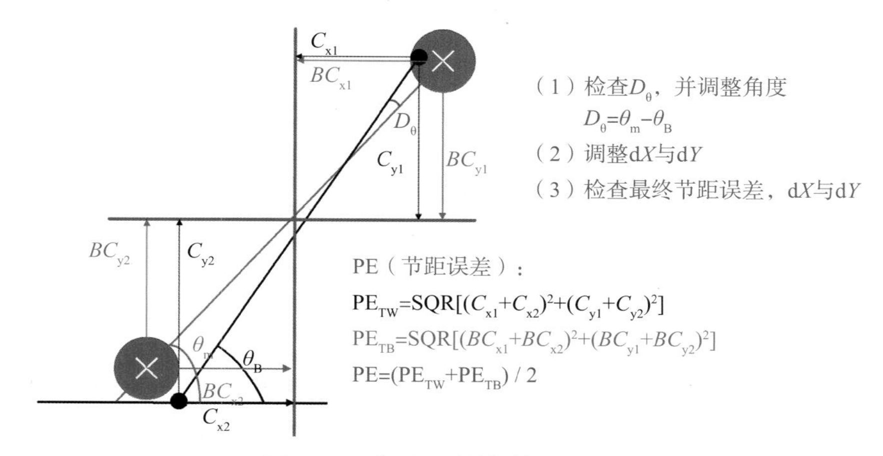

图 9.10 典型双对位靶的工作原理

对位是指采用固态摄影机读取靶位进行数据收集，最后根据电路板上的标靶与底片标靶的差异，利用数学计算得出垂直、水平、角度差异调整值，最后利用电机调节底片或电路板，以达到良好的对位精度。许多曝光系统为了保持对位精度，避免抽真空作业产生移位，会在抽真空后曝光前再进行一次对位精度确认，让曝光结果更精确。

9.5 接触式曝光的问题

9.5.1 非曝光区漏光

接触式曝光是普通电路板的标配，主要有两个问题：非曝光区漏光、异物造成缺陷。进行适当的操作培训，选择合适的设备和物料，可以减少操作问题。投射式及激光绘图式曝光设备没有这类问题，后续内容会进行相关讨论。

基本原理

接触式曝光是利用底片透光区与遮光区的差异，将光选择性地传送到感光材料的表面，产生光聚合。基于下面两个原因，光聚合能限制在曝光区：

◎ 遮蔽剂浓度高于反应门槛，使非曝光区不会因为散射而产生光聚合

◎ 光聚合速度比遮蔽剂迁移速度快，不等非曝光区反应就完成了曝光

曝光前，遮蔽剂及单体均匀分布在感光层中，没有任何光聚合与遮蔽剂消耗发生。曝光开始后，光子引发光聚合；同时，遮蔽剂从非曝光区扩散进入曝光区，浓度发生变化。这会导致邻近区域因为保护性降低而产生聚合作用。为了尽量避免发生这种现象，可以在配方中加入较多遮蔽剂，但这会降低曝光速度。当然，较低的散射量是比较期待的，缩短曝光时间与增加照度也是解决方法。

然而，实际曝光时难免有非曝光区出现局部散射的问题，这一定会产生某种程度的聚合反应。这类问题可通过提高底片密贴度改善。图 9.11 所示为一般电路板曝光时的垂直堆叠结构。如果适度减小所有不必要的间隙，则曝光产生的偏折与散射问题就会减少，可以相对改善曝光效果。

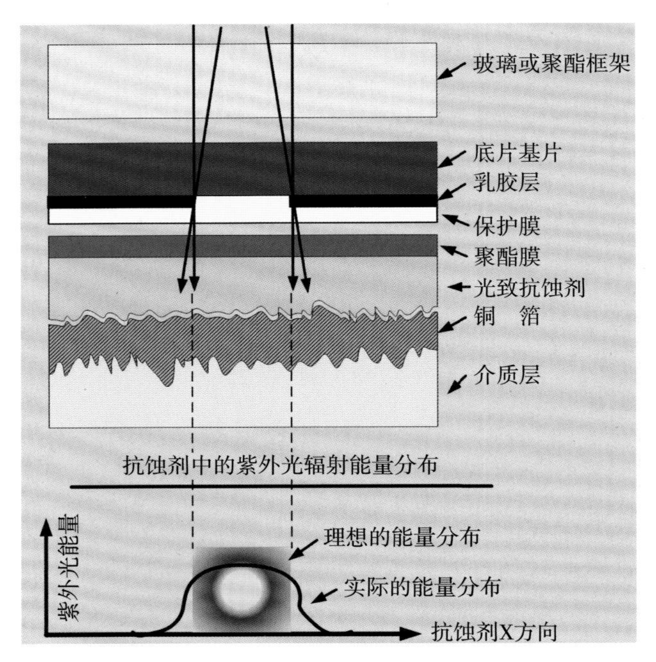

图 9.11 电路板曝光时的垂直堆叠结构

干膜中的遮蔽剂必须维持一定浓度，以保持反应门槛，让不希望反应的区域不发生反应（即使有微量散射，也不希望出现问题）。但这种反应与遮蔽剂扩散速度有关，如果光聚合反应不能快速完成，而让非曝光区的遮蔽剂有机会因为浓度差而扩散到曝光区，就有可能在交界区产生局部聚合反应。这有可能导致线路界面不清，产生残膜、“鬼影”等不希望发生的问题。图 9.12 所示为曝光偏差数学模型。

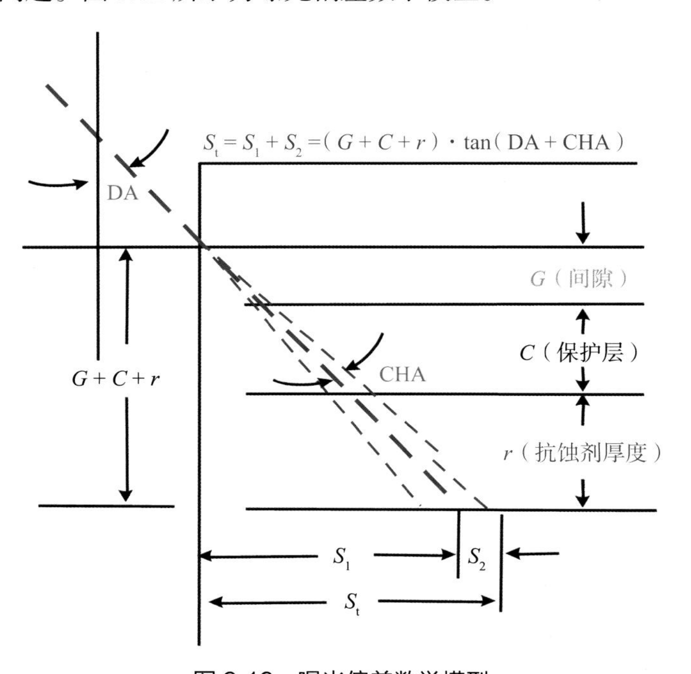

图 9.12 曝光偏差数学模型

因此，较高的曝光能量密度和较短的曝光时间，对提高干膜的分辨率有一定帮助。图 9.13 所示为干膜曝光时的遮蔽剂扩散示意图。

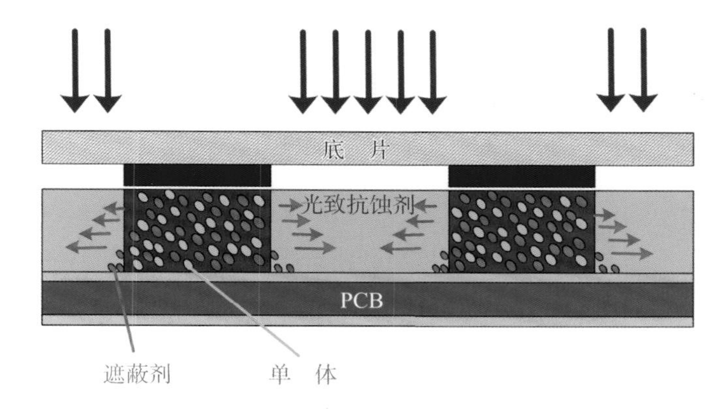

图 9.13 干膜曝光时的遮蔽剂扩散示意图

影响曝光质量的因素如下：

◎ 曝光干膜与光源间的空气流通空间
◎ 恰当的曝光框（玻璃底片或胶片）
◎ 曝光框与底片间的空气流通空间
◎ （卤化银）底片的稳定性
◎ 底片的材质
◎ 乳胶层的图形状态
◎ 药膜面的保护膜
◎ 底片与干膜保护膜之间的间隙
◎ 干膜保护膜的厚度
◎ 干膜本身

底片的实际操作会更复杂一点，必须注意以下几点：

◎ 有一层防止刮伤的表面保护层，部分底片还会进行微量粗化处理，以便均匀快速地排气
◎ 乳胶层内含有感光的卤化银物质
◎ 胶片底面是一层非常薄的涂层，可强化乳胶结合力
◎ 承载膜多数是 7mil 厚聚酯膜
◎ 底片会经过一些防尘及防静电处理

如果光透过底片各层未被吸收，则会直接到达干膜及铜面。根据干膜的化学结构及铜面状况，部分光会被吸收，而部分光会被反射。金属铜面会反射较多光，但氧化铜面会吸收较多光。吸收光是较期待的状态，因为光的反射方向是随机的，容易让非曝光区产生局部聚合。

曝光底片的接触间隙

底片的接触间隙一般是指底片与干膜之间的气隙，广义上干膜与乳胶膜之间的任何

空隙都可称为间隙，包括乳胶保护膜、干膜保护膜及干膜本身等的接触间隙。下面探讨没有气隙的状态。

乳胶保护膜

图 9.14 典型的保护膜贴膜装置

这层保护膜的厚度有 3 ~ 15μm，实际状态必须看材质及应用方式而定。以涂覆法制作的保护膜多数为 3μm 厚，以贴膜法制作的保护膜多数为 6μm 或 12μm 厚，再加上 2 ~ 3μm 的胶层厚度。保护膜可延长底片的使用寿命，但也可能产生粘尘与皱褶问题。因此，一般倾向于涂覆表面防刮薄层，而不希望使用保护膜。图 9.14 所示为典型的保护膜贴膜装置。

干膜保护膜

为了缩小底片的接触间隙，多数干膜已经将保护膜厚度由 25μm 降低到 18μm 以下，这也使得贴膜皱褶率增高。液态光致抗蚀剂及正像型干膜可以在没有保护膜的状态下曝光，部分负像型干膜也因为不需要氧气遮蔽，可以在无保护膜下的状态下曝光。

干 膜

干膜厚度一般为 25 ~ 50μm。用于曝光、显影、蚀刻工艺的干膜多数较薄，不同于电镀用干膜。用薄干膜可以获得较高的分辨率、较高的曝光显影去膜生产速度及较低的废弃物产量等。最受关注的曝光间隙，是接触不良产生的间隙。可采用抽真空的方式缩小间隙，具体效果可用牛顿环评价。牛顿环是一个彩虹状外形不规则的工具，色泽类似于油滴漂在水面上。达到良好的真空度时，牛顿环就会变小而不再移动，这就代表底片与保护膜接触良好。

导致接触不良的原因如下：

（1）普遍原因是抽真空时间不足，常表现为真空不良或仪表不良。

（2）抽真空正常但没有排气通道，解决方法是在曝光框内加装导气条来协助排气。导气条最好与电路板同厚或略薄，在电路板转角区域留下至少 6mm 空区，以防该区域排气不良。

（3）对于玻璃曝光框，高于板面的弹性密封条设计有助于排气。因为形成真空时曝光框中间会比边缘低，压力先施加在电路板中间再逐步向边缘传导有助于排气。部分厂商使用非平面聚酯膜曝光框设计来帮助排气，这种设计确实可让空气容易流出，但光会因此产生散射，对曝光未必有利。

（4）即使真空度良好，如果电路板或曝光框本身平整性有问题，仍然会产生接触不良问题。

（5）底片与干膜之间夹杂了颗粒，一定会产生接触不良问题。

图 9.15 所示为一般贴膜堆叠结构。选用合适的底片与导气条设置，可适当提高底片的贴附性，达到良好的曝光效果。图 9.15 中最上方的架设方法，是较有利于产生平整贴附的方法。

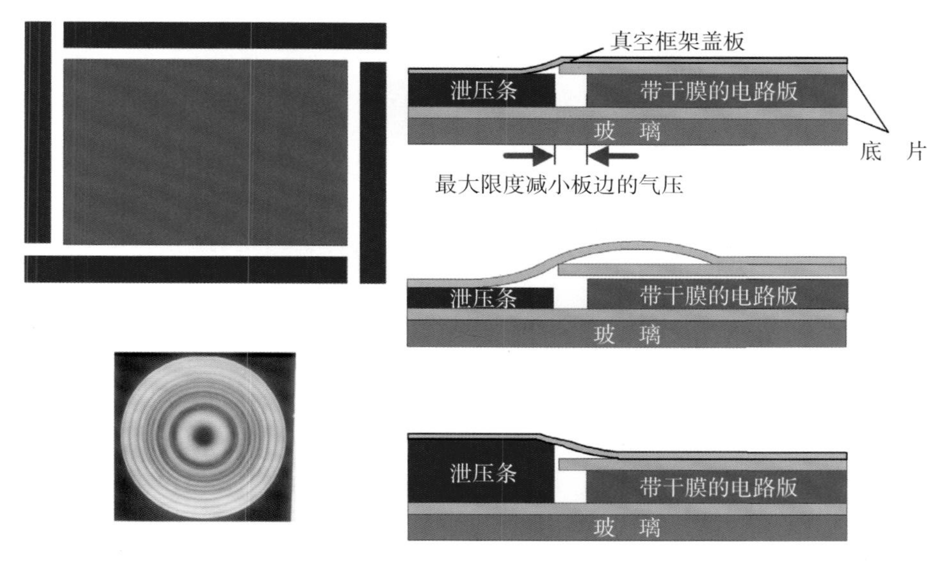

图 9.15 贴膜堆叠结构

9.5.2 脏点异物及粗化表面对曝光的影响

为了减少底片接触间隙问题，曝光机构中偶尔会采用粗糙面设计来提升排气能力，但这会产生光折射及图形变异问题。进行接触式曝光时，并非所有光都沿直线透过底片到达干膜并产生完美图形。光穿过不同介质时会产生折射，部分光甚至会反射，也可能会被吸收而转化成热，或者在穿过狭窄开口时产生衍射。

要减少这些因素对接触式曝光的影响，可采用平行式光源，选择低吸光率和低折射率的介质材料，缩小曝光间隙，同时减少铜面反射。当然，并非每项改善都实际可行或成本很低。要减少铜面反射，就要适当调整曝光照度，减少到达铜面的光，并实现干膜内外均匀曝光。铜面产生光亮是因为铜面是具有角度的表面，如前处理的磨刷痕迹，容易导致非曝光区产生“鬼影”。要避免这种问题，较好的方法就是产生不规则的随机粗化表面。

氧化铜面的光反射率比光亮铜面小，这可以解释为何用微蚀处理铜面可以做出较好的图形分辨率。有些特定研究发现，产生粉红圈的铜面的光反射率相当低，对改善曝光分辨率十分有效。曝光机构内的异物脏点对曝光良率有一定影响，尤其是粘在底片上的脏点，会产生重复性缺陷，更是电路板的质量杀手。曝光时的外来异物，如玻璃纤维、树脂颗粒、铜屑、干膜屑、油墨碎片、包装材料、毛发等，都应该进行统计分析，通过改善环境与操作去除。但是不管怎样，都难免会有异物粘到板面，此时可用粘尘滚轮在曝光前清除。对于底片，也应该制定适当的清洁周期，以防异物污染。

为了排气，干膜及底片有时候会做成粗化表面，这些粗化表面的粗糙度会影响图形的呈现。在曝光作业中，如果使用的是非平行曝光机，有时反而会产生边缘平滑的线路图形。影响线路边缘平整度的因素有很多，如光平行度、保护膜上的颗粒、底片质量、曝光框的光折射率等。如果底片制作良好，却仍出现线路不平滑的问题，则应该检讨其他因素的影响。图 9.16 所示为典型的感光干扰因素的影响。

覆盖层有粗颗粒

覆盖层有细颗粒

清洁的覆盖层

低准直曝光

高准直曝光

图 9.16 典型的感光干扰因素的影响

9.6 图形转移的无尘室

无尘室又名洁净室，目前已是半导体工业及生化医疗界不可或缺的重要设施，其发展日新月异，且造价越来越高，重要性不言而喻。随着科技创新对产品高精密度化、细小化的需求日益迫切，诸如超大规模集成电路（VLSI）、极大规模集成电路（ULSI）的研究制造，已成为世界各国极为重视的科技发展项目。精密轴承、航天仪器、光学设备、平面显示器、电路板等的制造，对空气中的浮游粒子、粉尘等污染都极为敏感，因此均须在良好洁净室内制造。

工业无尘室已广泛用于各产业，电子产品因为密度逐年提高，对工艺设施及环境的要求也越来越高，对洁净室的要求也就越来越严。在电路板业，环境会直接影响良率及缺陷率。在医疗领域，手术、新生儿、重症加护病房（ICU）、烫伤病房等也需要无菌环境。在制药、食品制造及医疗仪器制造等领域，出于产品质量及安全卫生考虑，无尘洁净室的需求也在急速增长。

回顾历史，无尘室的主要作用在于控制产品（如电路板、硅芯片）接触的大气的洁净度及温湿度，使产品能在良好的环境中制造。无尘室能将一定空间内的空气微尘粒子、有害空气、细菌等污染物，以及室压、温湿度及气流控制在一定范围内，是经过特别设计的特殊房间。也就是说，无论外在空气条件如何变化，室内均能维持设定的洁净度、温湿度及压力等。无尘室的功能如下：

◎ 除去空气中飘浮的微尘粒子
◎ 防止微尘粒子产生
◎ 温度和湿度控制
◎ 压力调节
◎ 有害气体排除
◎ 具有结构物及隔间气密性

无尘室的历史可以从第二次世界大战谈起，当时美国空军发现大部分飞机部件的故障都是粉屑、灰尘等污染引起的，于是将小轴承、齿轮等部件转移到空气浮游灰尘较少的地方进行加工和组装，此后故障率剧减。1958 年，美国太空计划开始无尘室研究，并于 1961 年完成美国空军无尘室规范。1963 年 12 月，美国原子能协会、国家航空航天局（NASA）、公共卫生局等合作完成了美国联邦标准 209（洁净室标准，USA Federal Standard），并于 1966 年 8 月修订为 209a，于 1973 年 8 月再次修订为 209b。由于美国联邦标准 209b 不适用于后来的实际产业，于是依据粒子大小及微尘粒子数修订为新的洁净室标准（209c），修订内容有下列四项：

◎ 必须避免生物粒子与气体污染

◎ 增加第 10 级及第 1 级两个等级

◎ 根据统计理念对洁净室洁净度进行修订

◎ 测试时需分为竣工时、设备搬入时及运转时三个阶段

修订后，同样是第 100 级，可根据微尘粒径 0.5μm、0.3μm 或 0.2μm 而确定微尘浓度。一般无尘室的环境标准见表 9.2。

表 9.2　一般无尘室的环境标准

<table>
<tr><th rowspan="2">洁净等级</th><th colspan="2">微尘粒子</th><th rowspan="2">压力 /mmAq①</th><th colspan="3">温　度</th><th colspan="3">湿　度</th><th rowspan="2">换气速度</th><th rowspan="2">照度 / lx</th></tr>
<tr><th>粒径 / μm</th><th>粒子数</th><th>范围 /℃</th><th>推荐值 /℃</th><th>误差值 /℃</th><th>最大值 /%</th><th>最小值 /%</th><th>误差 /%</th></tr>
<tr><td rowspan="2">10</td><td>≥ 0.5</td><td>≤ 10</td><td rowspan="10">＞ 1.25</td><td rowspan="10">19.4 ~ 25</td><td rowspan="10">22.2</td><td rowspan="10">± 2.8，特殊状况时减半</td><td rowspan="10">45</td><td rowspan="10">30</td><td rowspan="10">± 10，特殊状况时减半</td><td rowspan="4">层流：0.35 ~ 0.55 m/s</td><td rowspan="10">1080 ~ 1620</td></tr>
<tr><td>≥ 5.0</td><td>0</td></tr>
<tr><td rowspan="2">100</td><td>≥ 0.5</td><td>≤ 100</td></tr>
<tr><td>≥ 5.0</td><td>≤ 1</td></tr>
<tr><td rowspan="2">1000</td><td>≥ 0.5</td><td>≤ 1000</td><td rowspan="6">紊流：≥ 20 次 /h</td></tr>
<tr><td>≥ 5.0</td><td>≤ 10</td></tr>
<tr><td rowspan="2">10000</td><td>≥ 0.5</td><td>≤ 10000</td></tr>
<tr><td>≥ 5.0</td><td>≤ 65</td></tr>
<tr><td rowspan="2">100000</td><td>≥ 0.5</td><td>≤ 100000</td></tr>
<tr><td>≥ 5.0</td><td>≤ 700</td></tr>
</table>

9.6.1 无尘室的控制原则

为了维持洁净度，无尘室的设计、施工及运行管理有下列四项原则。

禁止进入

在设计洁净室之初，即应测量大气含尘量及微尘粒径，再根据洁净等级慎选过滤网：是选择 35% 效率预过滤器，还是 99.7% 高效空气过滤器（HEPA）或超高效率过滤器（ULPA）。最终目的就是将外部空气、回风及其他旁路进入的微尘粒子层层过滤，使

① 1mmAq = 9.80665Pa。

环境达到一尘不染的地步。至于人员，则需要在入室前更换无尘衣，并经过风淋室进入。搬入的材料应尽量减少，搬入时亦应经过风淋室或传递箱，尽量减少带入的污染物。

■ 禁止残留

洁净室的设计虽然已尽量使空气产生垂直流动，但避免不了墙边、设备或不规则物体附近产生涡流，致使微粒子累积在该处而成为污染源。因此，室内表面应平滑，并尽量采用圆弧设计，使之不易积尘；还要勤于擦拭，以免染尘。

■ 污染物的排除

带入的污染物或室内产生的尘埃，应以适当的换气速度尽量排除。对于有害气体产生处，应采用局部排除法处理。

■ 禁止外泄

人体是最大的污染源，洁净室内的工作人员，除了要穿着洁净衣，还需遵守进出洁净室的规定，定期换洗无尘衣。在室内工作期间，最忌大声喧哗、追逐及夸张动作，纸笔及文具也应尽量避免携入，必要时可用油性笔及无尘纸。对于电路板生产，这些规定可适度放宽，但仍须注意产品等级：越精细的产品，必须采用越严格的环境管控。

9.6.2 尘埃粒子的大小及分布

在空气中浮游的微尘粒子有细小纤维渣及砂粒、金属粉及人体脱落的皮肤、烟尘等，种类繁多。除此之外尚有部分微生物，如原生动物、酵母菌、细菌、滤过性病毒等。洁净室要去除的微尘粒子是眼睛看不见且不易掉落的尘埃或细菌。要制作细线路产品，必须在清洁环境中作业。权衡成本与良率，恰当选择适当环境等级是提升竞争力的一般方法。执行某些操作可以改善作业环境（结构、维护、流程）：

◎ 减少无尘室中的纸张用量、人员移动

◎ 应尽量减少水平表面、死角并易擦拭，地板最好采用无缝设计，转角最好为弧面；可采用粘贴式封闭型天花板及环氧树脂墙面

◎ 采用高效空气过滤器（HEPA），并采用层流回风设计，出风口尽量接近地面，较高风压区域设计在接近设备的地方

◎ 电路板进入无尘室前应进行适当清理（如粘尘滚轮处理等），定期清洁底片（清洁剂或粘尘滚轮）

◎ 底片用垂直套袋储存，玻璃底片可用缓冲垫隔开

◎ 不要阻碍回流抽风出口

◎ 经常检查预过滤器，防止污物累积过度，并适时更换滤材

◎ 有必要时才开启交换窗及出入口，不要持续开启

9.7 直接成像（DI）

直接成像系统是一种不需要底片的曝光系统，把图形直接制作在干膜上，目前已经

有不少提出的想法及实际生产设备。激光直接成像一直是业界的理想，1980 年后陆续有实际商品问世，1990 年以后陆续有 Orbotech、ETEC、Automa Tech、Barco 等公司推出产品，但是由于效率低及材料昂贵，一直无法普遍应用。最近这些问题都已经被逐渐解决，值得仔细探讨。评估直接激光成像技术时，应注意的事项如下：

◎ 潜在利益与成本对比

◎ 基本工作原理分析

◎ 分辨率

◎ 作业速度

电路板业尝试采用直接绘图技术制作线路图形已多年，虽然相关技术都有进展，但到目前能商品化的仍以激光直接成像（LDI）与数字微镜器件（Digital Micro-Mirror Device，DMD）成像两种技术较成熟。

激光直接成像（LDI）技术

激光直接成像技术早在 20 世纪 80 年代就已经发展，但当时的感光材料、设备能力、成本效益等不成熟，直到近十年才逐渐有能力进入量产。

这种技术的优势在于不使用底片，可排除所有底片带来的问题，无底片成本，无底片脏点，环境宽容度好，换料时间短，不必检查底片，高度自动化，设备稼动率高，曝光良率高，对位精度高，适合小量多样生产，可随机补偿尺寸，可弹性分割曝光。不过，这些都是理想状态，实际面对的问题待后续讨论。

目前，这种设备的供应商以奥宝科技较知名，图 9.17 所示为该公司 LDI 设备的外观与工作方式。日立公司也有能力制作这类设备，还有其他厂商推出了竞争机型。

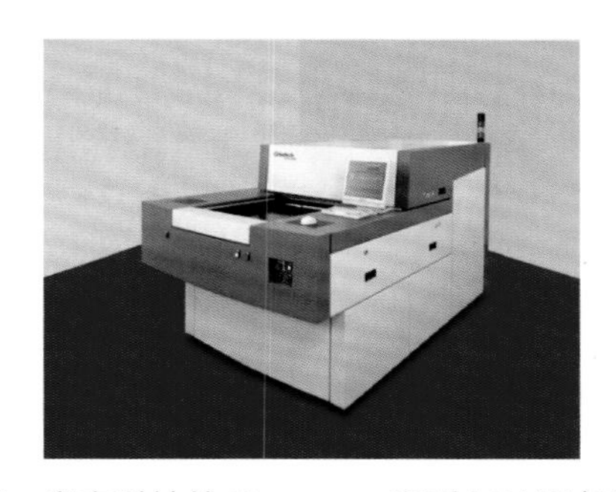

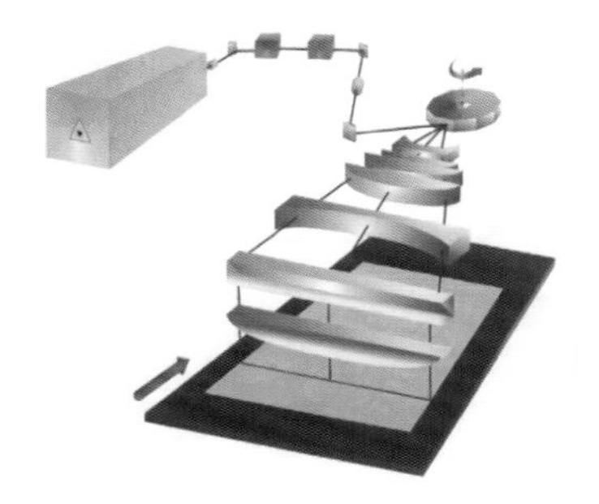

图 9.17 奥宝科技的 Paragon 系列 LDI 设备的外观与工作方式（来源：N.T.Information）

数字微镜器件（DMD）成像技术

这类成像技术依赖数字微镜阵列镜片反射机制构建图像。它利用高照度光源，通过数码控制反射镜阵列产生图像。各品牌机型的基础部件差异似乎不大，但实际应用与设备发展却大相径庭，技术重点也不相同。DMD 成像系统的原始想法来自德州仪器的数字微镜技术，初期以数字微镜阵列反光镜系统用于投影机与背投电视，后来被 Ball Semicon ductor 公司导入球面半导体制作并发展了相关曝光设备。这类技术首先被授权导入日本，并先后发展出不同特性的设备，在不同领域有着非常不同的表现。日本较知名的四家设备公司分别为 ORC 制造、日立维亚机械、DNS 制造、富士，近期又有美国的 Maskless

及欧洲的 Micronic 等公司发布了不同概念的设备设计方案。中国厂商大族数控也设计出了高效能的电路板应用设备。虽然各家的设备细节有所不同，但核心部件都是 DMD。典型的 DMD 外观与微观镜片状况如图 9.18 所示。

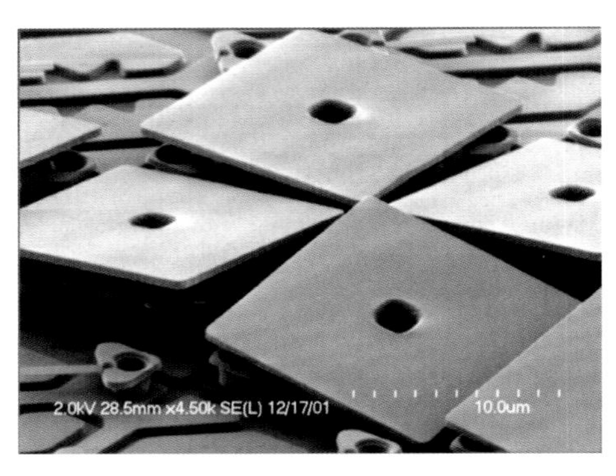

图 9.18 典型的 DMD 外观与微观镜片结构（来源：Prismark）

传统设备商与新技术的角逐

数字化、无底片生产已经是图形设备业者认定的大趋势，因此传统的主流曝光设备厂商都进行了必要的技术角逐或商业整合。尤其是传统自动曝光机大厂 ORC 制造、ADTEC、Hakudo、日立维亚机械等公司，为了能够保有新旧技术的平衡优势，分别进行了技术与商业整合。这些厂商在大趋势下采取的整合策略见表 9.3。

表 9.3 几家代表性曝光设备厂商的整合策略

公司的整合	整合的优势
ORC 制造＋宾得	宾得是重要的传统绘图机厂商，具有大量图形数据处理能力，这有助于 ORC 数字曝光设备的快速数据转换能力提升
ADTEC+ 富士	ADTEC 是重要的传统自动曝光机厂商，同时具有分割投射曝光技术能力与良好的设备制作技术，结合富士的设计可以同时具有两代设备的优势
日立维亚机械 +Onosoki	日立维亚机械领先开发的微型透镜器件，可以提升图像单光点分辨率，并购 Onosoki 后平衡了其在传统曝光设备领域的缺失
Hakudo+Maskless	Hakudo 在传统垂直曝光机方面一直主导市场，但是在直接成像技术方面有技术缺口，搭配 Maskless 的直接成像技术后弥补了其市场产品的不足
奥宝科技 (LDI+AOI & CAM)	奥宝科技的 LDI 技术虽然是并购所得，但是整合其本身就具有的数据处理与设备制造优势后，加上原有的 AOI 市场高占有率，具有相当强的整体竞争力
DNS 制造	该公司本身具有 AOI 技术经验，通过搭配可以形成 DI 所需的各种数字处理能力
大族数控	该公司在激光成孔与切割、传统机械钻孔方面有多年经验，这些年也在 DMD 曝光设备上有所表现，现阶段以取代传统曝光机为主要目标，未来潜力待观察

目前典型的直接成像技术的分辨率如图 9.19 所示。

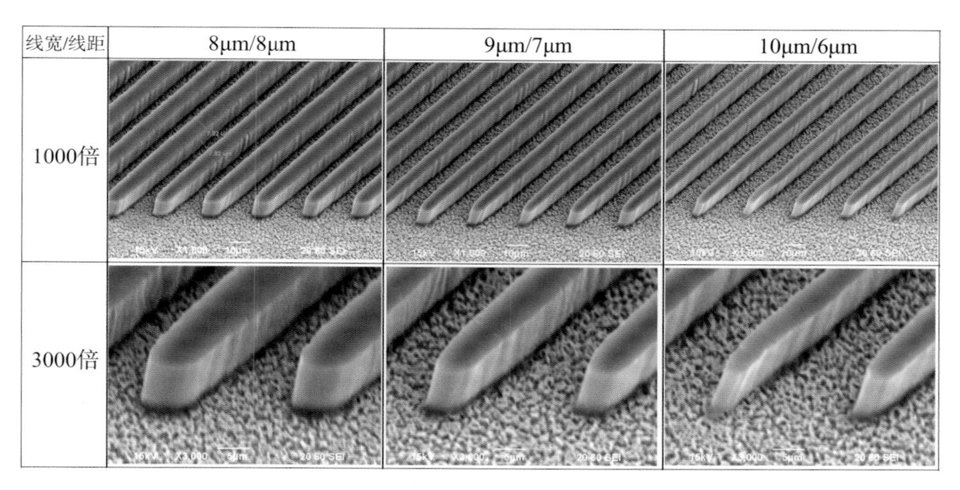

图 9.19 以 DI 技术试制的 16μm 节距线路

9.7.1 LDI 的优势

就不同文献提到的 LDI 优势，简单归纳如下：

◎ 减少底片及其相关制作设备的成本

◎ 减少作业的设备投资

◎ 缩短产品制作时间

◎ 改善良率

至于成本效益的评估，应该用每张底片的费用除以底片的使用次数。每张底片的使用次数越少，改用 LDI 的成本效益就越大。使用底片的成本项目如下：

◎ 底片本身的成本

◎ 制作底片所用的绘图机以及处理设备的成本

◎ 底片储存设备及空间的成本

◎ 人工及检验的成本

◎ 制作底片所产生的化学品、废弃物成本

◎ 传统曝光设备的成本

◎ 传统干膜的生产成本与费用

激光直接成像技术的成本项目如下：

◎ 激光设备投资

◎ 激光枪更换成本

◎ 设备维护费用

◎ 高感光度干膜的费用

基于这种假设，成本平衡点约在每张底片使用 30 ~ 70 次，还要看设备的购买成本及不同地区的不同成本状况。可以很明显地看出，如果是小量多样产品，使用此类技术是有利的。至于较短作业时间的优势，应该较明显，但不易量化，对于样品制作公司有一定优势。至于操作成本优势，前述内容着重于实际操作，但在良率方面应该也有贡献。

良率有机会提高的原因如下：

◎ 不会产生重复性缺陷

◎ 较佳的对位精度

◎ 不平表面仍可产生良好的图形

9.7.2 直接曝光设备

DI设备的光学分辨率因基础部件设计而异，目前众多以DMD为基础的设备的分辨率影响因素有三个：反射镜光点尺寸、DMD倾斜角、透镜。LDI设备扫描模式属于单光束，而DMD成像设备是阵列式，理论上一定是阵列扫描占优，但随着LDI设备的照度和功率提升，市场上两种设备的产能相当接近。

DMD成像设备的反射镜光点大小会影响分辨率与扫描速度，单元尺寸越小，可以操控的反射光点就越小，可达到的单点分辨率越小。典型DMD是微机电部件，可快速反射与折射光源。

至于DMD扫描倾斜角的影响，需要用图形数据解释，如图9.20所示。电路板与DMD相对运动的夹角越小，单反射镜片尺寸越小，可获得的图形精度就越高。扫描倾斜角一般在DI设备出厂时调定。单个DMD部件的覆盖范围有限，因此必须用多个DMD部件配置成阵列，或进行平行带状重复扫描，才能够覆盖整面图形。

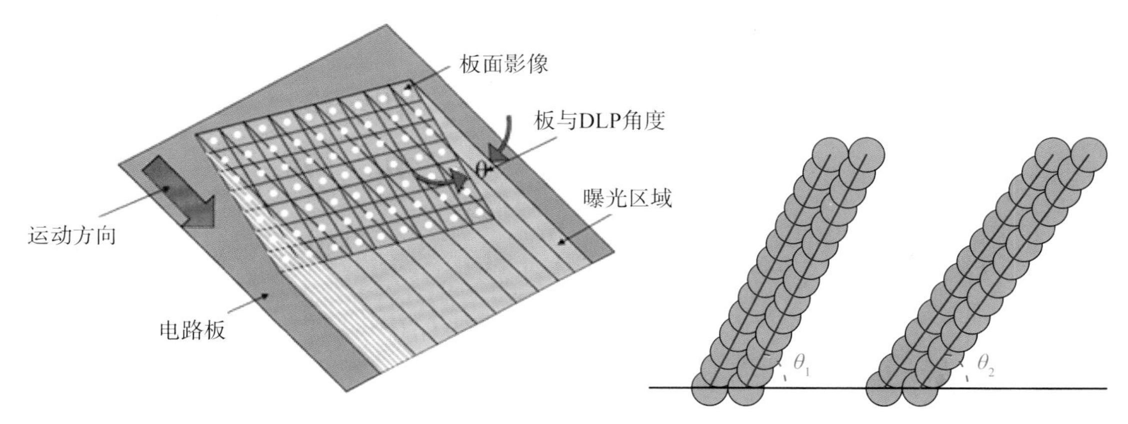

图9.20 DMD构成的DLP结构可以通过调整相对运动关系来调整线路宽度

因此，多个DMD部件间必须有良好的适配性，如何达成相互间的衔接精度，避免衔接位置变形，平衡每个DMD模块的单元照度，是DI设备调校的关键。许多设备经过搬运后，都必须做调校，以确保设备的出厂性能。尤其是经过跨海运输后，设备状态难免会在搬运过程发生变化，这也非常考验设备厂商的结构设计能力。

如果结构设计不理想，新机安装不但会耗费精力和时间，也可能导致未来维护负担加重。目前DMD厂商以美德两国居多，美国德州仪器公司是典型代表。笔者搜索DMD部件类型发现，它们有多种不同型号，各家设备商使用的DMD类型并不相同。不过，技术细节属于商业机密，笔者无从得知选型原则与基本考虑。图9.21所示为DMD模块阵列配置示意图。DMD模块调校，就是要解决多个模块的衔接与平衡问题。如果模块内部出现问题，就必须整套更换，这方面的困扰很大，评估设备时值得注意。

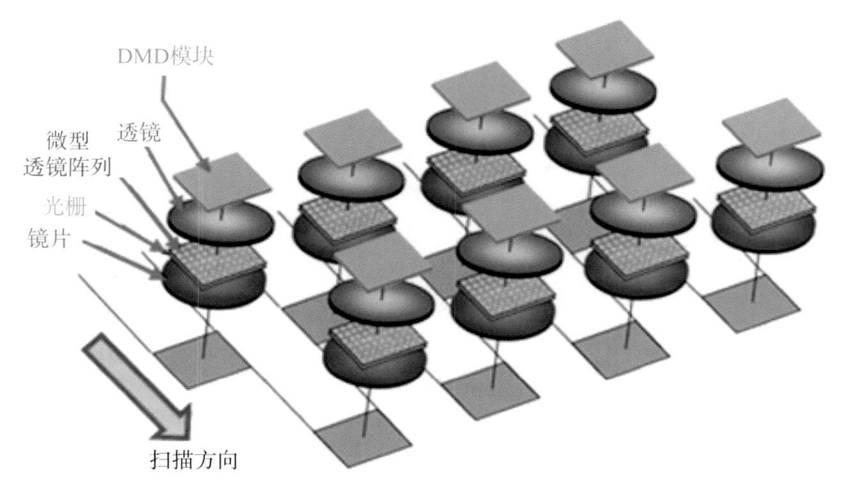

图 9.21 DMD 模块阵列配置示意图

如前所述，DMD 模块衔接出现问题，可能会导致曝光图形不连续，线路出现粗细不一的现象，如图 9.22 所示。这种现象多数可以通过调校 DMD 模块解决，不过笔者也碰到过必须更换部件才能修正的窘境。DMD 模块似乎相当容易受损，设备的原始结构设计值得关注。万幸的是，DMD 模块使用寿命不算太短，笔者当初还担心它会在短时间内损坏。如果正常使用，部件运输与安装也正常，维修保养期间应该很少出现损坏问题。

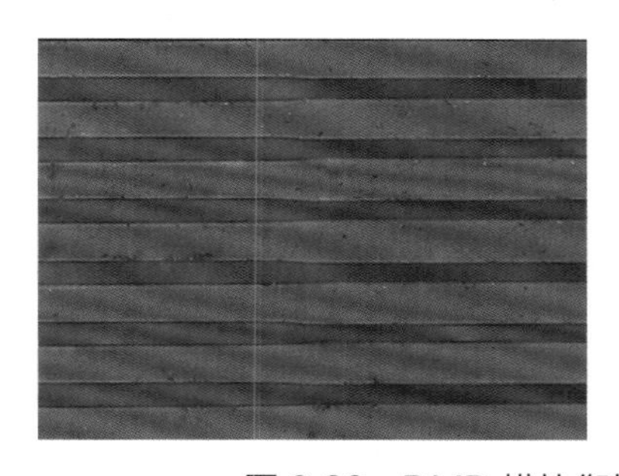

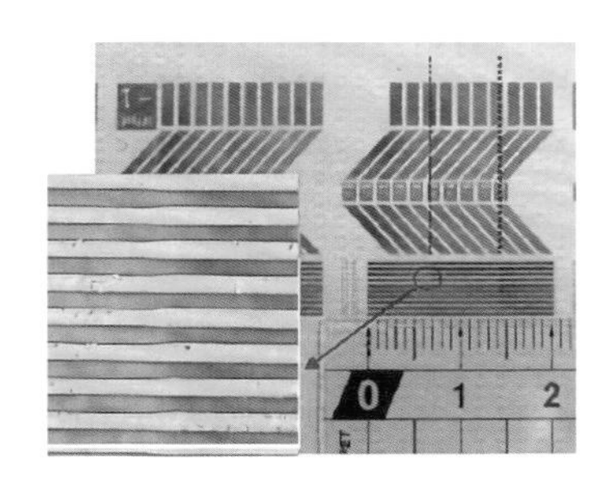

图 9.22 DMD 模块衔接不良导致的图形问题

依据图形转移技术规则，干膜可呈现的图形分辨率必须高于实际制作线路，否则无法进行尺寸补偿（蚀刻与曝光能量）。笔者认为，数据分辨率决定了设备可提供的单点光斑尺寸的能力，理论上现有设备都有潜力制作分辨率更高的图形，问题是各厂商要解决现有技术瓶颈。许多电路板厂已经尝试用 15μm 宽干膜制作超细线路图形，以期提升制作能力。薄干膜固然对分辨率提升有帮助，但还是要仰仗微型透镜的能力。图 9.23 所示为 DI 光学系统的工作原理。

投射到 DMD 上的光，经过表面微型反射镜分流，折射光脱离行进路径，反射光则朝向微型透镜阵列前进。经过微型透镜阵列形成的位图（BMP）会变成圆形光斑，再经过透镜组投射在工件上。可适度调节透镜组，让光斑准确聚焦在板面上。不过，透镜组过于复杂会导致光强度与清晰度受损，未必有利于图形产生。另外曝光所需的整体累积照度取决于曝光时间，照度减损也不利于干膜深处的聚合及生产速度。严格来说，DMD曝光机属于多光源系统，虽然厂商都有自己的调整方法，但如何平衡各DMD模块的照度，也会影响设备保养频率与稼动率。

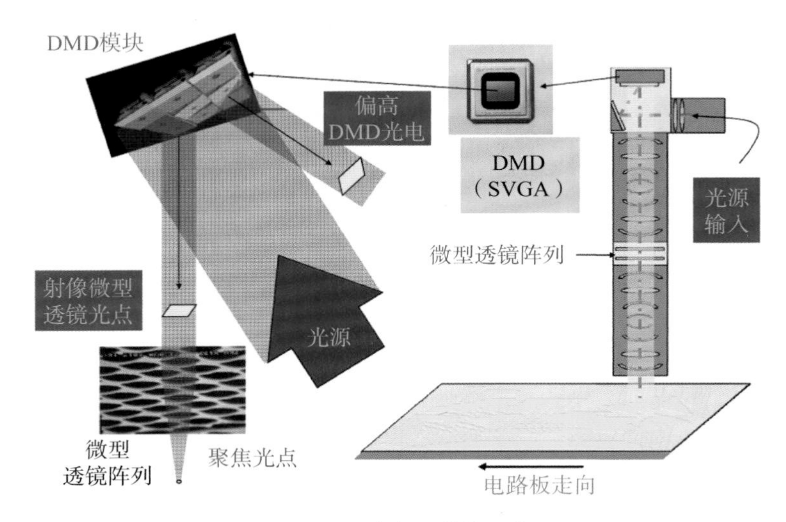

图 9.23 DI 光学系统的工作原理

典型的电路板曝光工艺涉及内层线路、外层线路与阻焊，选用直接成像技术时必须面对传统曝光设备的挑战。波长特性、穿透能力与照度限制、点曝光机构组合，仍然是这类设备的重点议题。图 9.24 所示为典型的数字直接成像，与传统底片曝光有着本质上的不同。随着 HDI 类产品需求逐步增长，层间对位变得日益重要，精度要求也提高了。

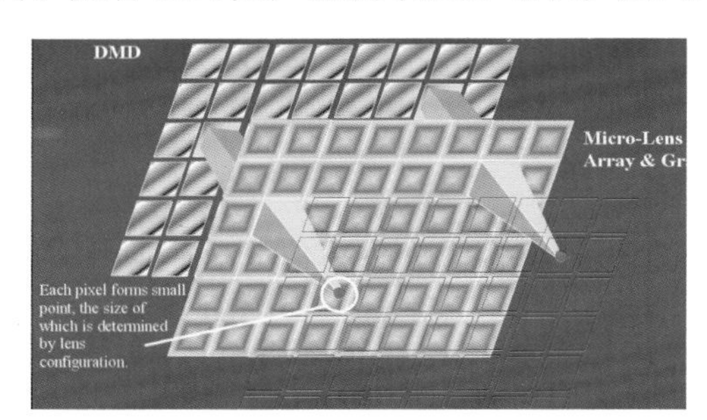

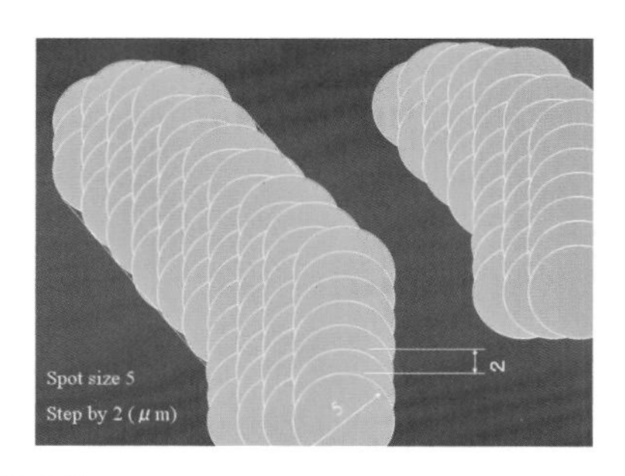

图 9.24 数字直接成像

9.7.3 图形边缘平直度与生产速度的挑战

传统曝光可以简单分为接触式与非接触式两种，但只要底片制作的图形分辨率够高，操作模式几乎不会影响曝光质量。相对于传统底片，采用数字图形曝光会面对厚膜穿透能力、生产速度与光点大小选择等方面的问题。图 9.25 所示为直接成像与底片曝光的效果比较。

不论采用哪种数字直接成像技术，最终图形质量都取决于单光点能量累积。当制作细线路时，必须使用较小光点来累积曝光能量，这也是特定厂商发展高精度、高分辨率透镜的原因。但这种选择会减缓生产速度，且必须搭配更多 DMD 部件或更多次激光束来产生线路轮廓。采用哪种策略来解决线路平直度与生产速度的瓶颈，都必须付出成本与技术代价。

图 9.25 直接成像与底片曝光的效果比较

细线路制作能力不仅依赖于干膜的高分辨率，还取决于工艺与材料配合，否则仍然可能在图形电镀或后续工艺中出现问题。目前确实有部分厂商尝试以 DI 设备制作超细线路，不过从整体上看，目前要跨越 5μm / 5μm 的水平仍然有困难，干膜的抗镀性与支撑性是挑战。部分厂商宣称可以做 5μm / 5μm 的线路，却没有明说采用的是比较薄的干膜。其实目前还没有看到厚度低于 7μm 的线路，用图形电镀制作这样的产品，7μm 干膜厚度是不够的。

DI 设备发展初期，受限于光源及 DMD 技术，部分厂商以分辨率为重，强调这类设备在高端电路板产品表现的优异性；另一派厂商则以市场为重，强调高速度、高产出设计。一些厂商尝试采用较多 DMD 部件提升扫描速率，得到相对高的生产速率。依据目前的发展状况，强调高产出的设备商占据市场优势，获得了较高的市场占有率。虽然厂商不断推出高分辨率、高产出的机种，不过评估设备时还要考虑干膜的感光度，否则会产生评估差异。

传统干膜曝光需要较高的曝光能量，不利于快速生产。目前高感光度干膜已经平价化，使用曝光能量接近 20mJ / cm^2 的干膜时，DI 设备的产出已经超越传统曝光机。连续生产，每小时超过 250 面的单机能力已可期待。除了 LDI 设备可应对 365nm 波长的干膜，采用 DMD 的 DI 设备也已突破初期只能用 405nm 波长曝光的限制。只是采用 365nm 波长的光源设计时，散热、稳定感光分辨率等还有改善空间。另外，DMD 部件的寿命还有待提高。不过，30μm / 30μm 线路制作能力已经足以应对目前所有 HDI 板的设计需求，因此只要生产速度够快，确实有竞争空间。

9.7.4 DI 在阻焊应用方面的挑战

分辨率与生产速度固然是阻焊应用的重点，但这个领域更关注光穿透力、光源照度、对位与分辨率、光源及光学部件的寿命等。一般电路板用干膜所需的曝光能量相对较低，容易得到高分辨率图形。但阻焊所需的曝光能量高很多，某些深色阻焊油墨甚至需要超过 1000mJ / cm^2 的曝光能量。此时，“光照度偏低”就成了 DI 设备的最大弱点。

阻焊制作 DI 设备厂商以 DNS 制造与 ORC 制造为代表，他们的设备已实际用于量产。不过，相对于线路制作 DI 设备，阻焊制作 DI 设备的整体装机量仍然有相当大的差距。从实际使用经验来看，这类应用的最大技术问题出在数据处理速度、模式与光穿透力。对于电路板的后段工艺，最大的曝光对位问题在于电路板本身的尺寸变异大。传统电路板制作，一向以单次全面曝光为主。自从 HDI 类产品出现后，随着对位要求的提高及单一产品面积的减小，允许业者采用分群、分区局部曝光作业。分割曝光、步进曝光都是业者已经采用的作业模式。

不过到目前为止，只要采用底片曝光理念作业，就无法跳脱以固定比例调整对位公差的限制，虽然曝光时可微调胀缩比例，但也会影响到线路尺寸，这些都很难克服电路板本身可能出现的扭曲、变形、随机变异等问题。这些都是底片与曝光设备本身的特性决定的。

目前多数 DI 设备设计仍没有完全脱离底片作业方式，进行分区曝光时仍然需要个别曝光，无法应对实际电路板现况做完全线路图形转换，一次读取多组标靶，进行数据图形转换后做全面曝光。据笔者所知，已经有设备商可提供完全弹性数据转换功能，一次读取板面标靶后进行整体数据调整并做单次曝光，不过有这种能力的厂商属于极少数，且其软件功能的完整性也还有改进空间。

光穿透力是这类设备的短板。传统曝光机的光源成熟度相对高且照度强，因此阻焊曝光时底部油墨的感光度相对高，显影侧蚀不会太严重。但是，DI 设备受其本身的光学结构限制，所用光源的照度相对低且穿透力弱，让油墨底部达到高聚合度困难得多。一般 SMT 电路板的阻焊设计是，蚀刻限定焊盘，阻焊开窗出现在基材区。这时，界面下方的高紫外光吸收率的有机材料，成为阻焊油墨吸光的竞争者，会导致阻焊油墨底部聚合度变差。图 9.26 所示为两种不同阻焊开窗设计的侧蚀比较，可看出金属面开窗的阻焊油墨侧蚀相对较低。

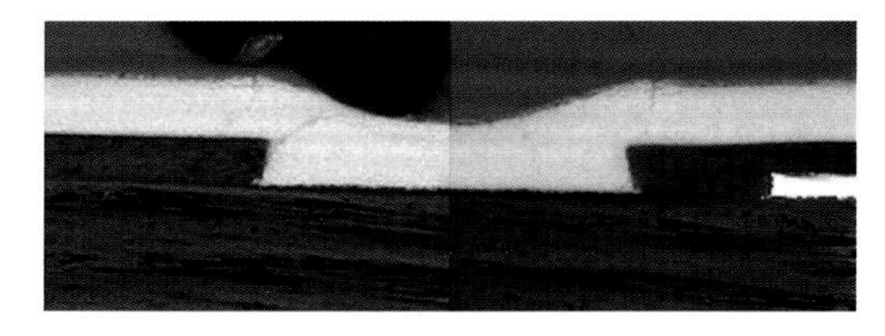
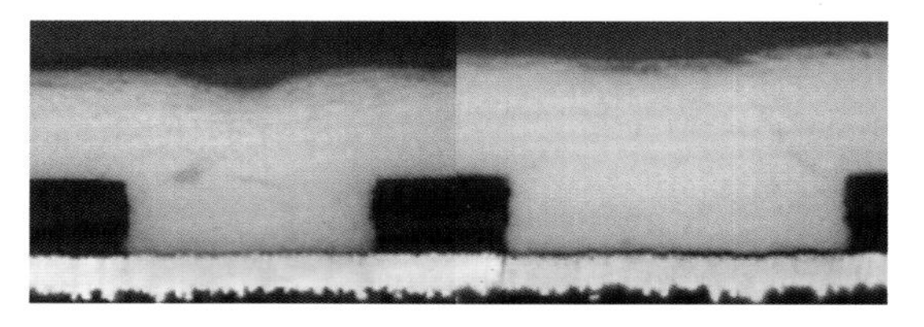

图 9.26 不同开窗设计的阻焊油墨的侧蚀比较

对此，一般 SMT 应用的阻焊制作可能不成问题，但 HDI 类产品的焊点密度高、焊点尺寸小，存在可靠性问题与制造难度。尤其是封装载板的阵列焊点，油墨底部侧蚀加上金属表面处理的攻击，会加大高密度焊点的短路风险。目前，材料业者尝试发展高感光阻焊油墨来改善聚合特性，但整体表现还是不如传统阻焊，单价高也让这种材料难以普及。设备业者也尝试采用广域波长光源设计来改善阻焊油墨的底部侧蚀，不过依据笔者看到的状态，问题仍然存在，只是变得轻微。

以往笔者总认为干膜受曝光与显影条件的影响，但笔者测试发现，调整显影条件与药液浓度的作用不大；将曝光能量固定下来，调整贴膜条件与铜面前处理反而有比较大的作用。图 9.27 所示为不同表面前处理与贴膜条件下的干膜图形。当铜面与干膜贴合后，干膜垂直方向有可能出现“小腰身”现象：上大、下小、根部突出。

阻焊油墨需要的曝光能量高，永久材料配方的调整也让光穿透力较差，这些都会造成油墨底部聚合度不容易提高，因此，以单一短波长 DI 光源曝光时很难得到底部高聚合度。而一般干膜需要累积的能量较低，在较大波长光源下的透光率偏低，可能让干膜底部聚合度偏低。不过，线路干膜的曝光时间短，上下聚合度差异小，相对侧蚀不大。又因为干膜底部与铜面有结合力，容易留下残膜而呈现上部最大、底部次之、腰身最小的现象。这是笔者测试比较几种干膜后，与干膜专业人员讨论得出的结论，可惜的是无法提出数据化证据。

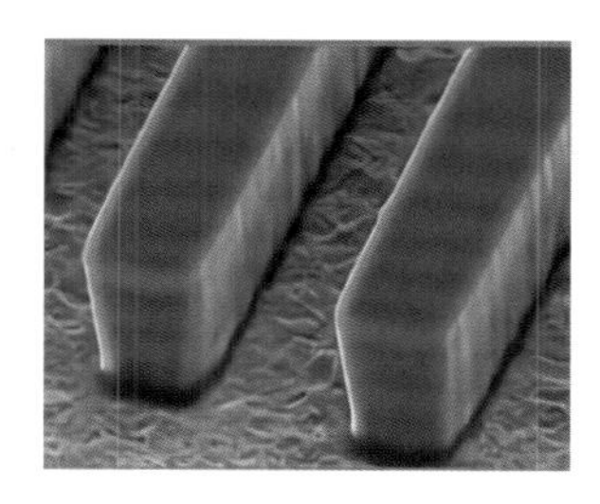
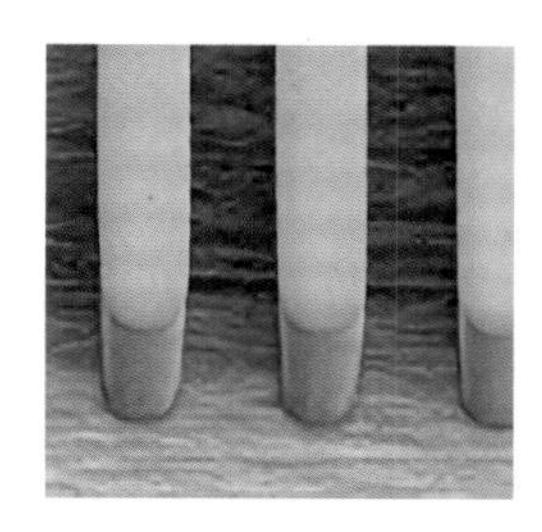
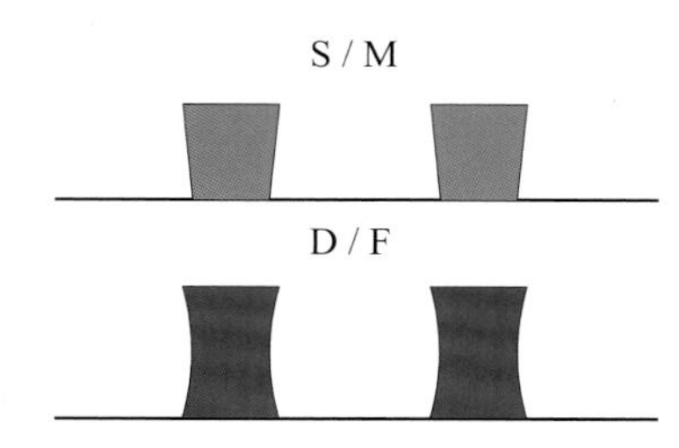

图 9.27　仔细观察会发现干膜图形有上大、下小、根部突出的趋势

一般高分子材料的聚合度，可以通过傅里叶变换红外光谱（FTIR）检测残留单体官能团来确定。但干膜都相当薄，取样很困难，要将表面与底部样本分开测试就更困难了。大家常听到的干膜聚合度都是取样的平均值，受取样量的影响较大，无法得知具体位置的聚合度差异。不过笔者为了提高阻焊分辨率与遮色率，与供应商讨论有关阻焊油墨填充材料的问题时，确认了黑色油墨确实可通过降低填充材料的比例，来达到降低侧蚀与改善曝光分辨率的目的。这或许可以解释图 9.27 所示的 DI 曝光现象。

特定油墨都有其光敏感区，当曝光机的光源无法有效让油墨聚合时，采用高功率光源也只是浪费能量，无法有效提升生产速度，这种观点对阻焊与干膜都适用。目前，不论是 LDI，还是 DMD 成像，主要光源类型为激光、LED 灯、卤素灯管等。有迹象显示，混合波长对两类干膜的表现都比较好，单一波长光源与干膜的兼容性较差，特别是干膜侧壁外形在多波长光源下的表现会比较好。这种特性会随应用不同而异，对于蚀刻干膜应用，因为曝光能量较低，差异较小。但对于线路制作应用，特别是载板应用，差异会较明显。图 9.28 所示为大日本印刷公司设计的多波长光源的波长特性，可见多波长有利于阻焊油墨聚合。据笔者理解，多波长可让表面与底部聚合更均衡，提高长波光源比例可以让阻焊底部比顶部宽。

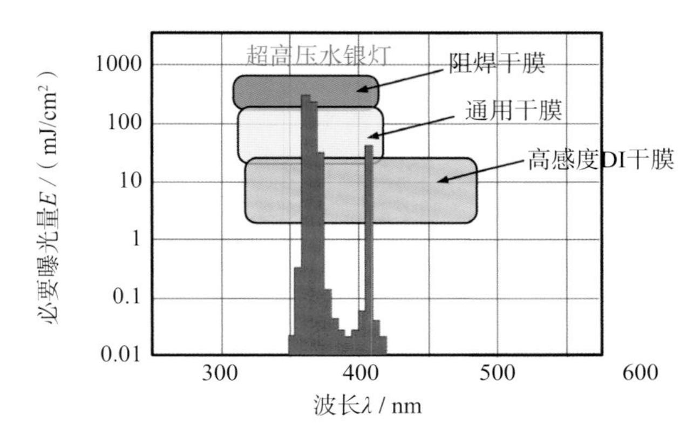

图 9.28　典型的多波长光源的波长特性（来源：Screen）

9.7.5 光学器件 DMD 与结构特性的挑战

投射成像曝光系统，都会透过镜片聚光成像，这就会涉及焦距问题。曝光设备内部一定会面对温湿度变化，尤其是温度变化不均或过大，就可能让设备基架产生移位或弯曲现象，这会影响光点在感光膜上的成像大小变化、偏移、接合不全、感光不均等问题，曝光不良产生的图形接合不全范例已如前述。

这类问题较多出现在采用多 DMD 器件设计的曝光设备上，因为多个器件间搭配性不容易调整到完全一致，且要让多个器件维持在同一平面，采用的基架材料及环境控制设计都相对重要。DMD 光学器件与镜片、设备机构间的关系，可以靠精密调整来解决一致性问题，但设备内的环境控制不是单靠部件精度调整就可以实现的。光点影像大小的偏差来自多重原因，如果用于一般干膜材料，曝光问题不严重，因为整体曝光能量累积差异有限。但当这类设备用于高能量的阻焊材料曝光时，能量累积总差异会变大，让相同影像的尺寸变异加大。如图 9.29 所示，将 DI 设备曝光的最佳开窗尺寸偏差与侧蚀水平进行比较，可以看出 DI 曝光在阻焊开窗尺寸稳定性上比传统底片曝光略差。这已经是笔者所知的最佳状况，是否能够进一步改善有待努力。

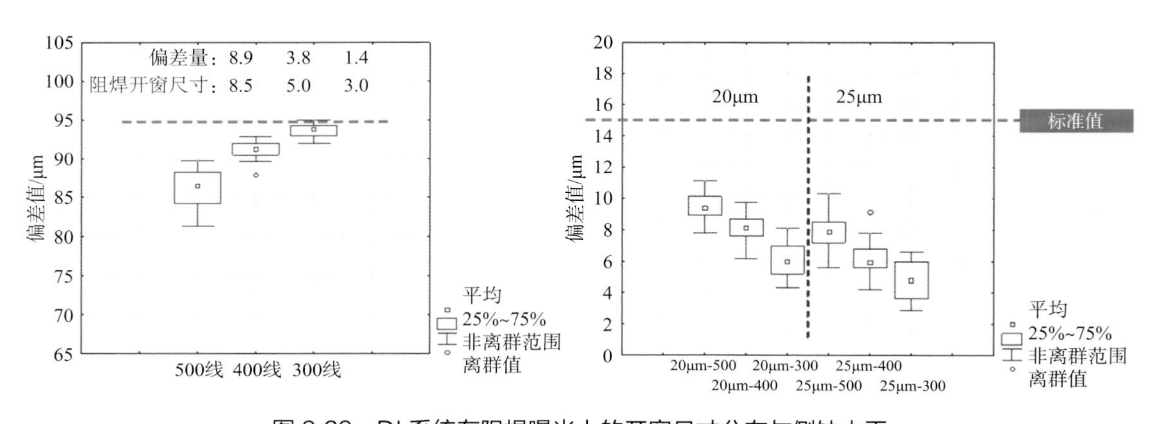

图 9.29 DI 系统在阻焊曝光上的开窗尺寸分布与侧蚀水平

9.7.6 直接成像系统的对位与解析能力

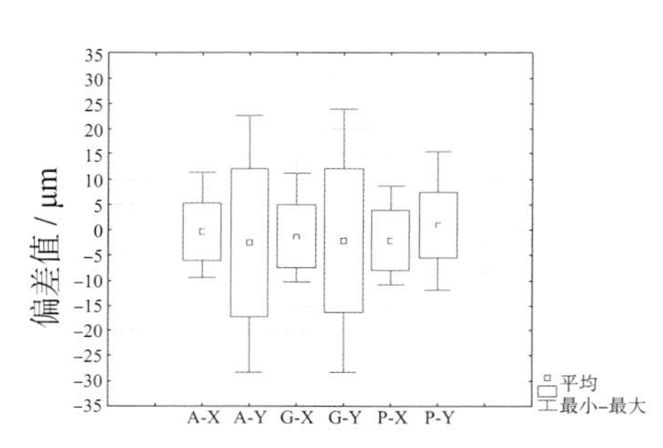

图 9.30 DI 曝光设备在层间线路对位能力上的比较

对某些需要特定电性能的电路板，不只层间孔必须精密对位，层间线路也必须进行位置搭配，才能达到电磁遮蔽与电性能的控制目的，此时 DI 更能发挥其效益。图 9.30 所示为 DI 系统在层间线路对位能力上的比较。

LDI 的图形质量、作业速度、分辨率与光斑大小有直接关系，光斑大小可以作为参照的指标。一般光斑大小可视为制作最小线路宽度的尺寸，但却未必是最小刻度变化，因为刻度变化还必须看实际机械的步进距离。激光能量呈高斯曲线分布，光斑中间区能量超越某个等级时才能产生作用。为了做出连续漂亮的影像，激光光斑会比实际像素设计得大一些，经过连续曝光连接才不会发生锯齿状线路外形。图 9.31 所示为典型的激光直接曝光机作业模式。

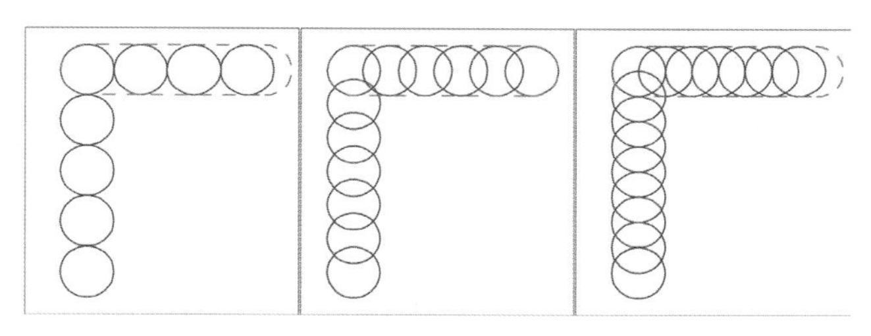

图 9.31　典型的激光直接曝光机作业模式

如果激光枪走直线行进，会将激光枪开关保持在开的位置，这样就可以产生连续平直的曝光效果，其模式如图 9.31 中的红色虚线轨迹。但如果线路方向呈现非垂直水平时，激光就会采用点放式作业模式，此时如果重叠范围恰当则光致抗蚀剂边缘影像会平滑，不会有圆弧状影像出现。不论采用的是 LDI 曝光，或者是 DMD 器件曝光作业，采用光点构成图形是共通的做法。因此在验证这类曝光机时，要留意水平、垂直、45° 线路的曝光结果差异。

一般传统的接触式曝光概念，底片的图形会先假设可保持在较稳定的水平，因此应对变动的线路板尺寸，可利用分区对位降低线路板尺寸变动产生的图形对位偏差。理论上线路板面积越大，整体胀缩总差异会比半片或四分之一片大。假设全板对位无法达到公差范围，则采用分区曝光就有机会达到公差范围。理论上目前多数传统分区曝光及步进曝光设备，也一直以这种观念执行。不过假设出现线路板尺寸与底片几乎是一致的情况，则此时曝光机采用全板对位模式作业，且对位误差（PE）值的设定也与分割曝光相同，就有可能会发生全板对位表现比分区曝光表现好的现象。其分区与全板对位靶标关系示意如图 9.32 所示。

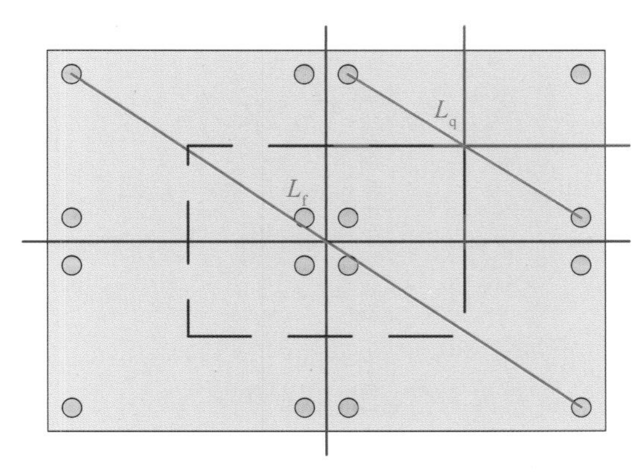

图 9.32　分区与全板曝光对位关系示意

因为传统曝光做法，是在对位时设定产品最大允许偏差量，当 CCD 侦测对位水平小于此设定值时就会进行曝光。但全板曝光与区域曝光若采用相同的偏差设定，因为全板曝光靶位距离比区域曝光靶位距离长，相同偏差量下产生的对位能力会因为旋转或平移差距在相同水平下，反而导致全板对位表现比较好，其几何关系说明如下：

当对位误差（PE）值设定相同时，全板的对角靶位为最长距离对位点，此时的距离假设为 L_f，相对四分割的对角靶位长度设为 L_q，则 $L_f \approx 2L_q$。

当曝光机达到对位 PE 值范围内时就会进行曝光，此时如果采用的是 1 ∶ 1 的线路关系，则理论上的全板曝光板边对位最大偏差量与四分割四角偏差量是一致的。但是如果从统计分析的角度去看，全板曝光在图 9.32 棕色虚线区域的对位度就会比四分割区域的对位水平要好，其他区域的对位水平最差也会与四分割曝光相当。但是如果在进行四分割曝光的时候，将 PE 值调小为全板曝光的一半，则所得到的边缘对位水平就应该可以与全板曝光相同。

因此从传统曝光角度看，分割曝光是应对线路板胀缩变异无法达到公差范围，可采用的应对措施。如果实际线路板与底片尺寸搭配相当好，也有可能用全板曝光 PE 值做分割曝光，反而让对位表现变差，沿用传统曝光想法设计或操作 DI 设备有可能会产生这种盲点。

不过从理想 DI 系统看，其实没有所谓对位问题存在，而应该是在读取线路板靶位后直接做线路图形数据转换，搭配设定胀缩调整比例直接投射到基板上，可能产生的偏差量应该就是设备本身的运行精度偏差量。从这个角度看，厂商虽然声称已经采用了 DI 设计，但仍然隐约保留了不可见的底片在作业中，并利用这种影像做整片线路对位。

笔者并没有测试过所有 DI 设备是否都采用这种软件模式设计，也理解想要达到理想作业，必须转换处理更大量影像数据。不过从最理想的 DI 系统角度看，完全抛弃既有底片概念才算是全 DI 设备，这种想法可提供给 DI 设备商参考。线路板线路制作，提升分辨率、生产速度、应用干膜弹性是主要技术发展要求，这些技术范畴与过去相比已经成熟很多。至于阻焊曝光方面，如何提升产出速度固然是重点，更重要的是如何改善光源系统，提高深层阻焊油墨聚合度，这些有待设备加强。

9.8 其他接触式曝光替代技术

要讨论接触式曝光替代技术，激光直接曝光当然会被认为是一种方向，但仍然有多种其他技术应用于曝光工艺。部分技术已经商品化，也有发展一段时间又被淘汰掉的，包括投射式曝光、步进式曝光、可见光激光曝光、感热式曝光、分割式曝光等。因为各种机型都有设备供应商投入研究，每个机型都有特殊设计，并在不断改进，笔者实在无法一一交代细节，感兴趣的读者可自行搜索相关资料。

第 10 章

曝光对位问题的判定与应对

业者常在不同场合讨论对位问题。电路板制作的对位问题其实非常简单，但要了解问题的本质，找到实际有效的应对办法就有难度了。不同厂商可能因为采用的工艺、工具、系统设计逻辑等不同，出现的对位问题也五花八门。电路板的使用相当频繁，但相关基础数据却十分缺乏，实际对位问题的研判常容易产生争议。因此，笔者尝试对相关概念进行整理，提出一些具体看法，希望能适度厘清问题，并提出参考意见。

10.1 对位问题概述

根据对位不良的现象，我们可能无法直接指出问题根源，但如果能明确对位偏离现象产生于哪个部分，则至少能提供一些问题改善方向。

其实，电路板在作业中对位良好，也可能是歪打正着。对电路板制作者而言，确保对位精度是十分必要的能力。问题是如果达不到要求的对位精度，为了查明原因，可以尝试对一般曝光工艺进行生产流程分析。

10.1.1 曝光工艺简述

电路板常用的曝光工艺，涉及内层线路制作、外层线路制作及阻焊制作三部分。制作程序都是先进行前处理、贴膜或阻焊印刷，之后进行曝光与显影。这类标准工艺的尺寸问题，包括对位精度及分辨率问题。分辨率与对位精度属于两个不同的领域，这里只讨论对位精度。在曝光过程中，底片加电路板加底片形成“三明治”结构，介入对象包括电路板材料、曝光底片、曝光设备等。

常见的对位方法，依据使用的设备分为手动对位与自动对位两种。手动对位就是人工对位，自动对位则是利用光学感应信号，以机械运动调整底片与电路板的相对位置。不论使用何种对位方式，都可以达到一定的对位精度。不同的是，采用人工对位时，必须把人的因素考虑在内。为了将所有电路板线路套在一起，制作过程必须采用统一的坐标基准，才能顺利进行对位。因此，各个厂家会依据采用的设备系统、产品特性、工作习惯等因素，发展自己的对位系统，业界称之为“对位工具系统”。

图 10.1 所示为电路板制作中用于对位及验证对位状况的辅助记号。这些记号会制作在曝光底片的边缘，用来进行电路板参考坐标点对位。当完成预设精度对位，让底片与电路板的偏差落在正常范围内时，作业员或设备就会认定底片与电路板的对位精度达到要求。

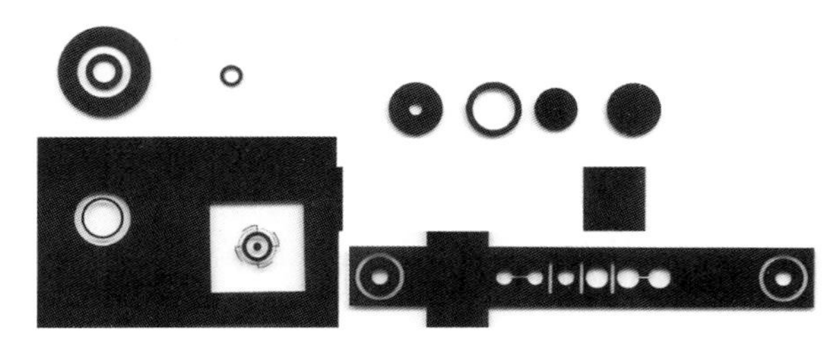

图 10.1 制作在底片上的辅助记号

10.1.2　曝光对位偏差的来源解析

曝光对位偏差主要表现为电路板与工作底片的坐标位置无法重合。检讨偏差问题，要先检讨坐标无法重合的原因。实际可以简单将对位偏差分为两种情况：

◎ 两者尺寸不匹配，对位不可能良好

◎ 两者尺寸匹配，但对位不良

电路板与底片尺寸不匹配

单就这两个分类来看，大家会说“这不是显而易见的吗？”其实，通过基本分析，反而更容易了解问题的本质。许多设备制造商与生产者，时常不进行深入分析，只针对出现对位偏差的结果进行讨论，各说各话，最后发生争执。电路板与底片尺寸不匹配导致对位不良，这是非常容易理解的。就像身高 180cm 的人，无法穿上身高 165cm 的人所穿的衬衣，道理十分简单。但是，这么简单的问题，常常会在电路板制作中引发争议。

生产操作过程中较常听到作业员抱怨“我的底片尺寸一向稳定，但买了新曝光机后老是曝偏”，而曝光机设备商的说法是“别家都没有发生这种问题啊！可能是电路板、底片尺寸稳定性的问题吧！”所谓尺寸不匹配，指的是曝光底片与电路板的尺寸与对位靶标不匹配。就像人偶尔穿自己的衣服也会觉得紧，因为吃饱或没吃、冬天或夏天、身材胖或瘦都会有影响。

电路板尺寸变异的影响

在曝光对位时，会先假设电路板尺寸维持非常好的稳定性。然而，电路板是由复合材料构成的，除了自然的热胀冷缩，残留机械应力及制造中树脂聚合也会导致尺寸变异。电路板的尺寸控制目标，应该是一个范围而不是单一数字。如果电路板制作尺寸精度要求高，那么电路板的尺寸分布范围就应该小。如果没有对电路板尺寸的稳定性进行统计控制，那么发生对位偏差的风险就会较高。

底片尺寸的问题

目前业界常用的底片有黑片、棕片、玻璃底片等不同类型。玻璃底片因为单价高，除了非常高端的产品，一般不会使用。手工对位常会用棕片，因为它半透明且较耐刮，适合手工操作。另外，制作成本低也是重要因素。随着自动光学对位设备逐渐普及，黑片的普及率大幅提升。使用黑片（直接由光绘机生成的底片）对尺寸控制精度较有利，但它的制作成本比棕片略高。这类底片的基材为约 7mil 厚的胶片，胶片本身的物理变异决定了底片尺寸的稳定性。

电路板和底片的尺寸关系

不论是底片还是电路板，只要其中一个比另一个大，就会发生对位不良问题。这种问题可分为作业前发生的与作业中发生的两种，作业前就已经发生的问题应该归类为底片与电路板尺寸不匹配。当然，就算板边与底片边缘参考坐标完全匹配，也不代表整体内部线路或孔位一定匹配良好，因为电路板可能存在不均匀变异及钻孔位置变异问题。但是，板边工具坐标与底片定位点匹配良好，是整体位置匹配的基本条件。

电路板尺寸变异量有累加性，底片与电路板不匹配的问题，在外层线路制作与阻焊制作工艺中特别容易发生。传统内层线路制作，采用底片对底片的做法，因此除非底片本身有差异，否则没有电路板对位问题。但是，目前有相当比例的电路板产品采用了高密度互连（HDI）设计，这类产品的内层线路也存在电路板与底片的对位问题。

在外层线路制作工艺中，对位目标是钻孔孔位，孔位偏差也会产生坐标系统差异，这些都有可能使底片对位产生偏差。另外，电路板尺寸胀缩若有固定趋势，则作业员会进行底片尺寸补偿。但如果尺寸分布范围偏大，则无从补偿，必定会产生对位偏差问题，并且不容易解决。不过一般状况下，只要允许公差不是太小，板边的对位基准能落入作业设定范围，多数不会有对位破坏的问题。

以上这些讨论，主要针对底片与电路板的尺寸变异。只有在作业前先确认尺寸匹配是否良好，之后进行后续作业探讨才有意义。

10.2　典型的对位偏差模式

假设电路板与底片的尺寸匹配性在作业前是良好的，但在作业过程中发生了对位不良现象。对于手动对位，可能是人员操作导致问题，或者是曝光抽真空、操作移动等过程中，相对位置固定后发生的再度移动问题。对于自动对位系统，可能是参数设定不当、确认对位精度后再度移动等导致的问题（对位后曝光前再度进行对位确认，是目前多数自动曝光机的标准功能）。

如果事前已经确认底片与电路板对位偏差落在正常范围内，但作业中发生对位不良，这时就必须探讨人员与设备的问题。典型的自动曝光机对位偏差模式如图 10.2 所示。

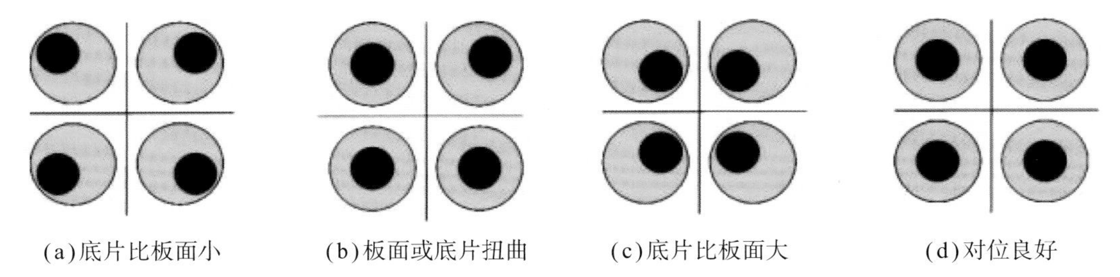

(a)底片比板面小　(b)板面或底片扭曲　(c)底片比板面大　(d)对位良好

图 10.2　典型的自动曝光机对位偏差模式（黑点与黄点各代表底片与电路板记号）

当底片与电路板的整体尺寸大致处于均匀胀缩的情况时，如果设备或人员作业正常，理论上的对位状态有图 10.2 所示的四种。最佳状态是图 10.2（d）所示的完全对正状态，所有板内线路或孔位都有最佳的对位精度。如果电路板本身已经产生较大胀缩，或者底片受温湿度影响而产生较大胀缩，则对位状态如图 10.2（a）（c）所示。当然，上述是假设对位偏差均匀分布的状况。至于图 10.2（b）所示的状态，电路板或底片的尺寸变异不均匀，因而导致单边对位偏差，有人称之为“吊角”。

以上对位偏差模式都基于假设状态，记号形式取决于电路板厂商的设计。实际对位状态不同，因为所有曝光设备的对位规则都是对位精度在允许公差范围内即可曝光，而不追求最佳对位精度。因此，不论是人工对位还是自动对位，只要公差在允许范围内，自动化设备就会进行曝光作业。典型的与人员操作或设备动作有关的对位偏差模式如图 10.3 所示。

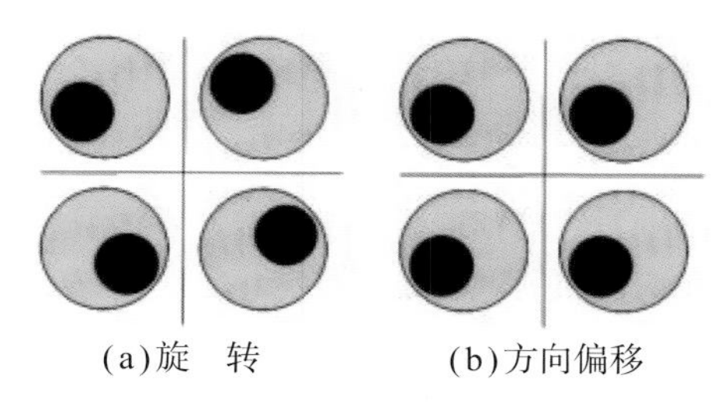

图 10.3　典型的与人员操作或设备动作有关的对位偏差模式

曝光后出现旋转或方向偏移型对位偏差，就代表作业程序的对位精度可能出现了变异。这种问题一般在手动作业时不易发生，但在自动对位设备上有可能发生。因为自动对位通过固态摄影机采集对位精度图像，经过程序比较计算，然后微量移动平台进行对位精度调整，直到对位精度达到允许公差范围；或者设定对位次数，没有达到允许公差范围就退板。不论出现何种对位偏差模式，如果依赖自动对位设备，设备就应该满足以下条件。

（1）维持曝光环境稳定，让底片尺寸维持在稳定状态，防止底片变形。

（2）在底片尺寸稳定的前提下，如果电路板尺寸变异也在允许范围内，则曝光机应该能够顺利进行对位曝光。对于电路板尺寸变化过大或钻孔位置偏移量过大等问题，电路板厂应该对电路板尺寸稳定性进行管控，与曝光机供应商争执无益于问题的解决。

10.3　自动曝光对位偏差问题的分析与应对

曝光对位问题在实际操作中会有很多变化，后续案例中会进行讨论。一般情况下，笔者会假设自动曝光对位设备处于正常状态，发现对位不良时按照设备调试程序处理，如图 10.4 所示。

电路板曝光前，要先确认底片安装的正确性。底片粘贴不牢，容易产生漏光、线路偏移、对位不佳等问题。尤其是抽真空的过程中，会产生位移而影响曝光精度。因此，应该在作业前确认底片的安装状况，同时也要确保底片清洁，以免产生重复性缺陷。

如果底片安装没有问题，就可进行对位确认。如果在手动对位模式下无法对位，就可直接判定底片与电路板不匹配。当对位问题发生在自动或半自动曝光机中时，可将底片拆下来与电路板进行人工比对，如果发现对位不良，则可判定为两者不匹配。底片与电路板不匹配，与曝光机没有关系，是底片与电路板间本身的尺寸问题。较小心的作业人员或公司，多数会把手工比对当成基本工作，在安装底片前先直接确认，而不是在安装后发生了问题才做了解。

底片与电路板的对位不匹配，必须分析是电路板的问题，还是底片的问题，了解后再做实际改进才会有效。一般容易发生的不均匀（扭曲）变形或尺寸分布不均匀问题，多数都出自电路板本身。但底片在作业过程中受到温湿度变化的影响，或者作业人员的操作拉扯，也会产生尺寸变异，这也是需要考虑的部分。解决问题时必须深入分析根因，以求确切改善。

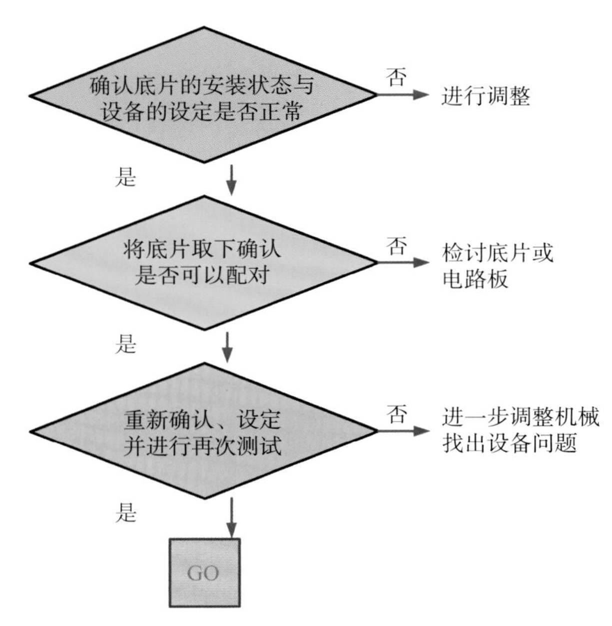

图 10.4 发现对位不良时遵循的设备调试程序

对于手动曝光机，底片尺寸变异一般来自储存与操作。对于自动曝光机，由于底片一直架在曝光机上，因此手工操作导致尺寸变异的机会较少，温湿度的影响反而较容易累积。如果环境控制不好，底片尺寸变异就是对位不良的决定性因素。某些电路板厂商为了底片尺寸变异问题与曝光机设备商发生争执，但该问题不是单方可独立解决的。尤其是设备的环境控制方面，如果希望达到稳定的水平，那么双方必须合作。

生产环境由电路板厂提供，而局部环境则是在整体环境控制良好后，才有机会保持稳定。常听说设备商受外在环境困扰，要求设备必须做到很严苛的环境控制。如果整体环境过于恶劣，那么设备商很难做好局部环境的稳定控制。整体环境的改善问题，设备商较难着力，需要电路板厂支持。

底片的胀缩及电路板的尺寸变化，与金属、无机物等材料不同。曝光底片的有机材料会在胀缩循环中发生一些永久性尺寸变异，不会随温湿度变化完全还原。因此，如何让作业中底片的胀缩变异尽量小，是维持底片质量的关键。至于电路板尺寸的稳定性，就需要电路板厂通过控制工艺来改善。其中，多数制造商的共同选择是，改善基材尺寸稳定性及压合工艺稳定性。这方面多数电路板厂都知道，但没有落实在实际常态作业中；或者出于成本的考虑，物料供应管控放松，留下了尺寸不稳定的后遗症。

10.4 对位偏差案例分析

10.4.1 内层曝光

目前普通的刚性电路板，采用内层基材，利用图形转移技术制作。因为在内层制作工艺中，电路板材料还没有相关坐标，因此不需要做底片与电路板的对位。传统制作方法是采用所谓的“三明治”曝光结构，对上下两张底片做人工对位，并用双面胶带粘贴固定。两张底片间会夹入一条长基材，作为隔板。其厚度与要生产的电路板厚度相当。这种做法假设每次开合底片都能恢复到原有的相对位置，让两面的相对位置保持应有的对位水平。典型的“三明治”曝光结构如图 10.5 所示。

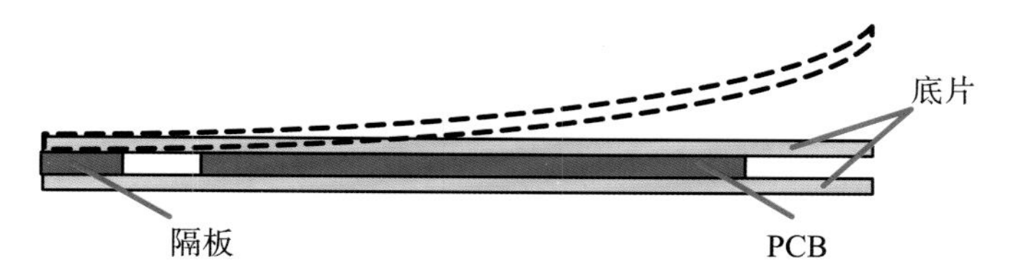

图 10.5　典型的“三明治”曝光结构

这道工艺的对位偏移有两种可能性，且与电路板基材本身的状态没有太大关系。底片对位不良当然是最先被考虑到的问题，另一个问题可能是底片胀缩不一致或作业过程中的偏滑。对于该工艺，一般公司都会采取大尺寸的底片，将对位点制作在电路板基材范围外。因为内层板本身没有线路，因此进行对位时，只需要做底片间的对位控制。目前业界所用的自动曝光设备，采用固态摄影机在曝光前都会进行图形对位状况监控，如果对位偏差偏离设定的允许公差范围，设备就不会进行曝光。另外，由于设备的重复性好，对位精度基本上可保持在一定水平内。

但是，自动曝光也存在一定的风险，因为曝光机内部受持续作业影响，会累积余热，导致底片尺寸变异。如果胀缩均匀，尺寸变化小，理论上对位精度可保持在允许公差范围。不过，这些大大小小的变化，会在后续压合中产生对位问题。上下底片胀缩不均匀的后果是整体对位偏离，无法正常作业。一般内层自动曝光设备，只要环境控制得当，多数可保持在应有的对位水平。但环境控制差异或曝光机构强度与重复性不良，容易产生对位偏移缺陷。这类问题除非曝光系统出错，否则都会在曝光前被拦截下来，只会影响产能，而不应该发生层间偏位问题。图 10.6 所示为典型的内层曝光层间偏位问题。

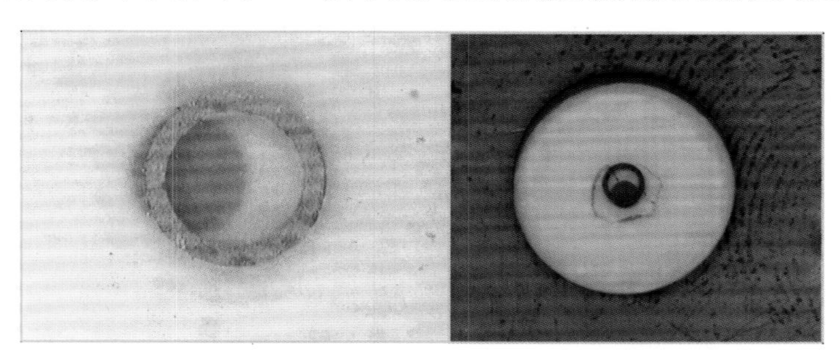

图 10.6　内层板层间偏位问题可由两面对位靶标的重合性看出来

自动曝光时，如果发现对位时间过长或者对位偏差无法进入允许对位公差范围，就应该进行底片及设备状态确认。除了设备的对位机构，曝光框的强度与平整性也较容易发生问题。由于曝光框的结构设计十分多样化，不同设计出现的问题也不尽相同。

一般自动曝光机不会采用模塑曝光框，常采用有机玻璃曝光框或玻璃曝光框。有机玻璃曝光框用久了会产生永久变形与损耗，因此必须频繁保养与更换。目前玻璃曝光框已经相当普遍，在结构强度等方面有优势，确实可让曝光质量保持在一定水平。但曝光玻璃相对较脆，作业员必须防范抽真空及操作时的破裂损伤风险。

10.4.2　外层曝光

外层工艺与内层工艺间的最大不同是，制作外层线路时内层已经有了线路坐标。一般外层线路的对位，会以钻孔工艺制作的基准孔为基础。问题是传统机械钻孔不是单片加工的，且有多轴与多台作业特性，加上设备本身就存在固有误差，尺寸变异呈常态分布。钻孔后电镀前的处理，有去毛刺的板面清理，也会对电路板尺寸产生影响。较厚的电路板因机械强度优势，尺寸变异受磨刷的影响较小。对于较薄的电路板，经过磨刷处理后就较容易产生尺寸变异。

这些尺寸变异多数不是线性的，可能具有特定方向性，会影响后续外层线路的曝光对位。部分产品在电镀完成后会进行通孔塞孔，而塞孔又涉及烘烤及磨刷处理，这也会导致电路板尺寸变异。种种变异累积，如果没有良好的尺寸管控，外层线路曝光时根本无法顺利进行靶标对位。

曝光对位不良的原因与对策

某些厂商将对位问题视为单纯的曝光对位不良，这一点有待商榷。如果作业的尺寸变异很大，却寻求另外的固定工具来配合对位，那么无异于缘木求鱼。对于外层线路曝光对位能力，要针对各个影响因素做检讨，并利用统计分析方法进行计算：

$$\delta_{\mathrm{t}}^{2}=\delta_{\mathrm{Drill}}^{2}+\delta_{\mathrm{Laser}}^{2}+\delta_{\mathrm{Film}}^{2}+\delta_{\mathrm{Alignment}}^{2}$$

上式表达的是整体偏差与各因子的关系，但未统计次要的干扰因子。要改善外层线路的对位偏差，就必须改善各个因子。如果只改善曝光对位偏差，而忽略其他因子，问题会一直存在而无法排除。这里也未统计电路板胀缩、底片胀缩、磨刷尺寸变异等因子，也可以认为这些因子已经包含在对位偏差中了。

单就尺寸变异，还可进行更深入的分析与改进。因子分析得越清楚，改善的可能性就越大。如果业者只是专注于曝光作业本身，而不去检讨其他因子，那将很难进入较高端产品制造的领域。图 10.7 所示为外层线路曝光正常与偏移的对比。

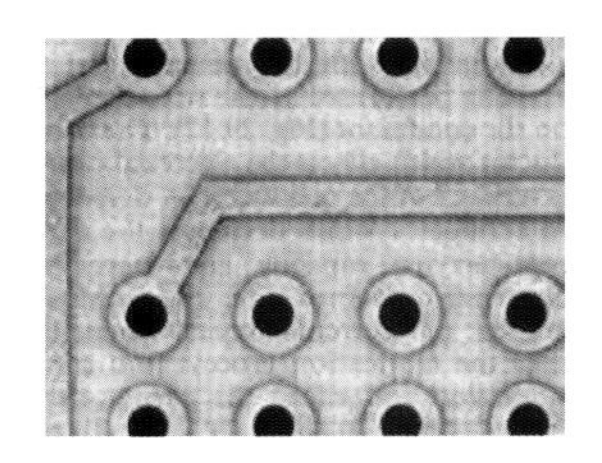
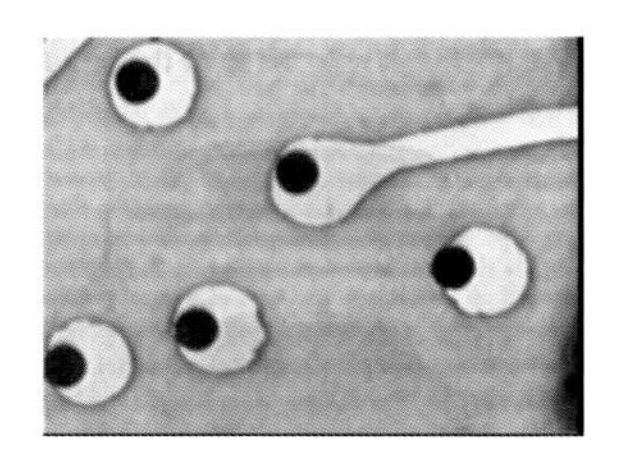

图 10.7　外层线路曝光正常与偏移的对比

10.4.3　阻焊曝光

阻焊制作的目的是保护线路，同时将组装区与非组装区隔开，覆盖阻焊的区域可防止焊锡污染黏附并保护线路。传统电路板因为允许公差大，部分电路板甚至可以直接采用印刷法生产，但较精密的产品必须做图形转移。出于成本及填充性的考虑，目前业界除了特殊用途，几乎完全采用液态油墨。制作时采用丝印法将油墨覆盖到整面电路板上，然后预烘，冷却后就可以做曝光图形转移。

由于预烘过程中油墨已经产生了初步收缩，加上电路板受热有局部释放应力的作用，这些影响会对阻焊曝光对位作业形成直接冲击。尤其是阻焊工艺接近电路板完成阶段，所有前段工艺尺寸变异会在此形成累积影响，精密对位的难度相当高。在一般对位工具系统中，阻焊作业的参考坐标，会衔接外层线路保留的坐标参考点，但因为外层线路制作后又经历了多个不同工艺，颜色与位置都会发生明显变化，这也会影响实际的阻焊曝光对位精度。

某些厂商为了节省材料，发挥较高的材料利用率，会尽量减小工艺边尺寸。这时会有靶标缺损、保护不全导致颜色变异等风险，进而引发曝光问题。对于人工操作，有时候可以靠经验调整。但使用自动化设备大量生产高精度产品时，问题就没有这么简单了。许多厂商会要求曝光机设备商改善光学系统，解决靶标色差问题，但电路板厂商改善电路板设计与处理对此更有帮助。

目前一般电路板阻焊的允许对位偏差都小于 2mil，但高精度封装载板要求对位偏差低到 15μm。对此，一般曝光系统很难满足要求，多数厂商开始用玻璃底片曝光，以提高底片的尺寸稳定性和透光率，改善曝光效果。但玻璃底片也不是良好对位的万灵丹，如果电路板的尺寸变异过大，还是得不到很好的对位精度。

部分厂商采用局部曝光法，进行分区曝光。有些厂商选择先进行电路板尺寸分析与分组，然后将分组后的电路板以不同的补偿系数分别进行光绘底片、曝光。较先进的做法是步进式投射曝光。由于对位精度要求高，制作阻焊的电路板本身的平整性就比一般内外层线路差，加上需要的曝光能量比较高等因素，投射式分区曝光不但能克服平整性问题，且对位精度也不受电路板尺寸变异的影响。此外，投射式曝光不易受曝光异物的影响，曝光瑕疵相对较少。

由于阻焊曝光需要的能量较高，因此设备内部的累积热量相对较多。这时，如果采用塑料底片，则其尺寸变异会相对较大。制作精度较高的产品时，必须考虑曝光机强化曝光区的散热功能设计，必要时可以按固定曝光次数更换底片，以减轻底片尺寸变异的影响。

对较高价值的精密电路板，目前业界采用 DI 曝光机制作。这类设备过去因为曝光能量高的问题，灯管寿命受到极大考验。经过多年的改善，目前在散热与效率方面已有大幅改善。由于是数字曝光设备，所以可以随机针对偏差做补偿。目前的 DI 设备已经可以对单片电路板做 16 ~ 64 区块的分区曝光。随着分区作业软件能力的提升，已有设备商宣称机械对位偏差可以达到 5μm 以内。不过，DI 曝光机本身的能量密度偏低，设备单价又高，成本还是居高不下，因此普及率还有待提升。想要全面使用这类设备免除底片困扰，恐怕还需要时间。

10.5 小 结

良好的曝光对位是电路板图形转移的必要条件，减少外在变异因素是实现良好对位的第一步。稳定底片尺寸、电路板尺寸，精确钻孔位置与坐标，都是实现良好曝光的先决条件。如果曝光前能先做这方面的确认，实际操作时就可以针对问题进行检讨改进，而不会受“基本条件是否具备？”这种简单问题的牵绊。要解决问题，首先要直接面对实际问题。争论无助于问题的解决，唯有了解问题的本质，才能厘清问题并从工艺上排除。

曝光对位问题，一直在图形转移技术领域存在争议，但执行者应该将问题简单化，厘清不同阶段发生的问题。混合所有现象，只看结论就判定问题出在材料、设备或操作上，这不是正确的工作态度。笔者的经验是，切实掌握材料、设备、工具、工艺、控制方法等，才有机会实现高精度对位。除了本章所列的简单曝光对位偏差模式，还要深入了解尺寸稳定性、作业公差、缺陷分析、材料选用、参数调整、前后工艺搭配等，这些都值得探讨。

第11章

显　影

未曝光区的干膜会被喷淋碳酸钠溶液，以化学及机械方法移除，处理后的板面上会留下干膜图形。工艺中有时需要用到消泡剂。未曝光区的反应清除时间也被称为“显影点”，是重要的显影特性。显影后的水洗会将板面残膜及显影液清除。之后的干燥程序会将板面烘干，并产生表面硬化作用，使干膜在蚀刻及电镀中有较佳表现。图 11.1 所示为内层基板经过显影后将要进入蚀刻工艺的状态。

图 11.1 内层基板经过显影后将要进入蚀刻工艺的状态

11.1 关键影响因素

显影化学反应与显影液的化学成分及操作温度相关，显影液的化学成分受新鲜药液配制及药液内干膜负荷量的直接影响。新鲜药液可依据需要的浓度配置并用定量泵补充。工作药液一般都用酸度计检测，并适时启动补充与溢流。如果干膜供应商建议使用消泡剂，可通过定量泵或人工进行添加。典型补充浓度为 1 ~ 3mL / L，可依据使用的消泡剂进行适度调整。以酸碱滴定法做有效碳酸浓度的检测，可获得有效化学反应的浓度，并作为启动补充的依据。干膜的总负荷量，也可作为药液控制的重要因素。

显影点检测是一个有效确认作业动态的方法，部分设备还会为此做特殊设计。有两种典型的检测方法：一是通过手接触确认反应是否完成；二是利用水溶性笔做记号，观测反应是否完成。关键影响因素方面，喷嘴对干膜表面喷流产生的冲力最重要，板面水池效应、喷压、喷嘴与板面距离、喷嘴设计、喷嘴排列方式、摇摆、喷流角度、干膜厚度、线路设计等都会影响显影效果。显影一般不会控制前述所有因素，主要控制显影点、喷嘴清洁度、喷压及干膜显影后的图形，而后段工艺中的干膜性能也可作为控制参考。图 11.2 所示为显影后的电路板。

图 11.2 显影后的电路板

11.2　曝光后的停留时间

显影工艺主要依赖物理与化学力，去除未曝光区的干膜，产生平直完整的图形侧壁。去除密集线路中的残膜，对于显影工艺是个挑战性工作，必须靠选用恰当的干膜及作业条件来提升能力。干膜停留时间过短，难以形成结合力，对干膜附着力不利。但是，停留时间过长，有可能产生铜盐类物质，导致显影或剥离问题。一般建议在曝光后 4 ~ 8h 内完成显影处理。

曝光后的电路板，有些厂商会堆叠放置，这种做法在理论上没有太大的问题。但是建议采用 L 形摆放架暂存，避免大量电路板产生不良影响。

11.3　提高药液的曝光选择性

曝光工艺用来提高干膜的耐化学性，负片干膜曝光区承受显影及蚀刻或电镀工艺化学品处理后，仍然能在工艺中完成选择性曝光。曝光后可利用不同方式增大或减小对比度，将曝光后的干膜暴露在高温下，使非曝光区产生聚合，可能会导致无法显影甚至无法剥离。换言之，适度延长曝光后停留时间或短时间烘烤，可以强化干膜的耐化学性。

这种作业可经由热滚轮适度加温，或用约 90℃热水浸泡 1min 完成。图 11.3 可以说明提高干膜耐化学性的理由。

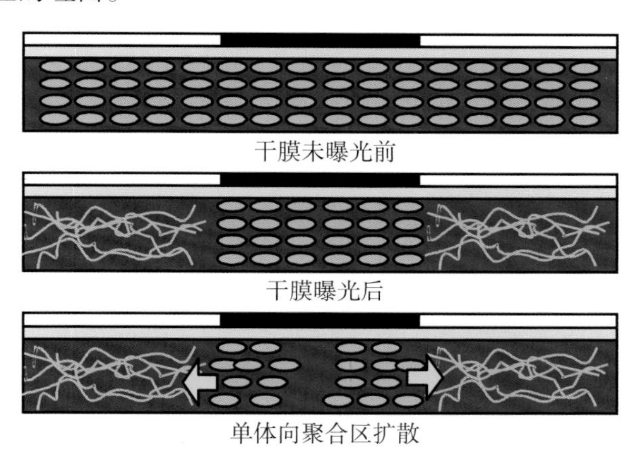

图 11.3　单体在聚合过程中的扩散行为

干膜在曝光过程产生了交联作用，聚合塑化剂产生网状结构并消耗曝光区的单体。在提供足够的时间与温度的情况下，邻接未曝光区的单体会扩散到曝光区。单体相较于塑化剂是不具极性的物质（具有疏水性），因此单体受热产生扩散作用的过程，会使曝光区聚积更多的疏水性物质。相对的，非曝光区因为失去部分单体而导致亲水性提高，更易于显影。

并非所有干膜都有这种性质，对于塑化剂与单体具有不同极性的配方，如果单体本身具有较佳扩散性，则这种配方的干膜就适合用加热法处理，处理后可获得较佳分辨率。加热法也可用于激光直接曝光的加速，在较热的情况下可适当降低激光曝光能量。

11.4 负像型水溶性干膜的基础知识

11.4.1 过度显影的危害性

即使经过曝光处理，水溶性干膜仍然有过度显影的风险。在显影液中过度处理，曝光区干膜仍会因为化学品攻击而受到局部伤害，因此显影时间要有所限制。间接的显影时间指标，以显影点（恰好清除未曝光区干膜的处理线长度百分比）为准。显影点的位置越靠后，显影液攻击曝光干膜的时间越短。水溶性干膜的显影点会设在50%或更大一些。一般干膜曝光区的顶部会比底部有较高的聚合度，因此底部的显影液抵抗力较弱。除了显影点必须注意，整体干膜浸泡在显影液中的总时间长度也是重要参数。为此，显影效率必须靠药液浓度、喷压、喷流位置等因素控制。

11.4.2 干膜膨润导致的分辨率限制

曝光区受到显影液膨润，会导致分辨率降低。干膜会因为侧向膨润而导致图形线路变窄，一般会产生单边 10 ~ 15μm 的影响，减损大约 1mil 的分辨率。细小与独立的线路受膨润影响，可能会导致底部不该脱落的干膜因为应力而脱落。较短显影时间可减轻膨润程度，还应避免显影后水洗可能产生的膨润。使用去离子水进行第一道水洗时，水会在渗透压的作用下快速渗入干膜，同时对载有高浓度显影液的干膜产生稀释作用。为了避免这种情况，第一道水洗最好使用含离子水。

显而易见，离子浓度不可能来自碱，因为碱会使显影反应继续；也不能来自酸，因为酸会使残膜产生不溶性物质而造成残胶问题。中性盐会是较期待的离子浓度来源，如（200 ~ 350）$\times 10^{-6}$ 碳酸钙质量分数的硬水就是不错的选择。过高的硬度容易导致喷嘴堵塞，当硬度降低时可以用盐补充。

曝光过的干膜应该在水洗及干燥时定形，这是一个重要步骤，也是许多人认知不清的步骤。这个步骤的作用是停止显影的物理和化学反应，降低干膜表面溶解度，减轻膨润的同时利用干燥强化干膜机械强度及后续的抗蚀刻或抗电镀能力。要停止第一道水洗的缓慢显影作用，必须避免碱度在水洗中累积。水洗时经由离子交换可以形成不溶性塑化剂，因而干膜停止继续溶解，提高水洗水硬度有助于这种作用的产生。可溶解的碳酸钠与塑化剂混合盐，会转化为不溶性钙镁盐。如果第一道水洗的水硬度不足，则第二道水洗可考虑加入微量酸，酸会让碳酸钠与塑化剂盐变得较具疏水性，停止显影反应。最后的干燥让干膜水分降低，以提高物理强度，承受后续的蚀刻与电镀攻击。

11.5 水溶性显影液的化学特性

水溶性干膜要用稀碳酸盐溶液显影，使用碳酸钠或碳酸钾都可以。下面以碳酸钠的反应为例进行说明，碳酸钾的反应类似。碳酸钠一般呈粉末状，而碳酸钾多以高浓度液体的形式供应，这是因为碳酸钾在水中的溶解度较高。不论使用何种盐，用稀溶液显影是相同的。碳酸盐溶解到水中，会产生氢氧化钠与碳酸氢钠并达到平衡，其反应如图 11.4 所示，由此产生弱碱性溶液。反应不会过度向右边进行，因为氢氧根比碳酸根具有更强的捕捉氢的能力。溶液的 pH 会随溶液内总碳酸根含量而改变，碳酸根浓度越高，pH 越高。

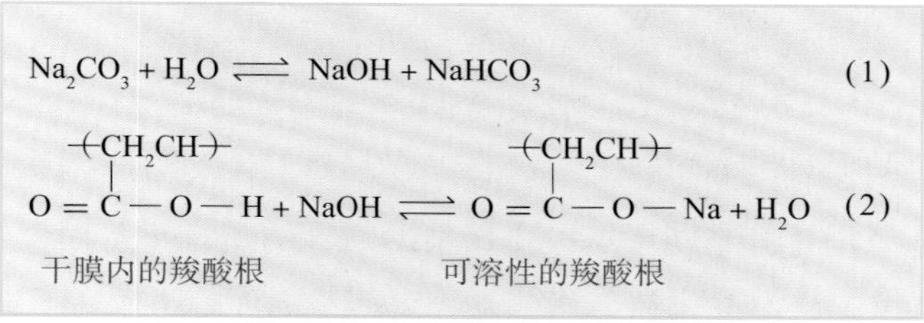

$$Na_2CO_3 + H_2O \rightleftharpoons NaOH + NaHCO_3 \qquad (1)$$

$$\underset{\text{干膜内的羧酸根}}{\overset{-\!\!(CH_2CH)\!\!-}{\underset{|}{}}\;O=C-O-H} + NaOH \rightleftharpoons \underset{\text{可溶性的羧酸根}}{O=C-O-Na} + H_2O \qquad (2)$$

图 11.4 碳酸盐溶解显影的反应

水溶性干膜配方中，时常会在塑化剂或单体中加入羧酸根（R—COO⁻），这些羧酸根会在显影液中产生溶解性盐类，使未曝光区溶解。曝光区因为含有较高平均分子量及交联度，显影液不易如未曝光区一样快速溶解。已曝光的干膜进入显影液与碳酸液接触，碱与羧酸作用产生羧酸钠盐。围绕在钠周边的水分子会将此盐溶解，这个行为会膨润塑化剂并让它产生溶解性。传动设备的喷流系统具有清洗作用，辅助显影液将表面溶解的干膜从板面清除，且带入新鲜的碳酸液，继续作用于干膜底层。

对于非曝光区的干膜显影，氢氧化钠会因为形成羧酸盐类而消耗，使得反应式向右推移，因而碳酸钠会持续消耗，碳酸氢钠则会增多。由于氢氧根的浓度降低会使得溶液 pH 减小，因此可将 pH 作为溶液平衡状态的评价指标。尽管碱性降低后仍然有显影作用，但显影速率会大幅降低，用旧溶液继续显影不切实际。

曝光区的干膜也会被显影液攻击，只是因为曝光使这些区域的干膜的溶解度相当低。显影一般会在短时间内完成，电路板显影时间会在 1min 以内，该时间长度对于已曝光的干膜影响不大。但已曝光的干膜在显影液中停留较长时间，仍然会有膨润与被攻击的问题，“过度显影”就是用来描述这种现象的。

11.6 显影槽中的喷流机构

显影槽中喷流机构的主要功能是移除刚溶解的干膜，同时提供新鲜药液到要溶解的干膜表面。经过喷流后，线路轮廓会逐渐呈现。细小线路显影时容易滞留液体，特别是间隙深度较大时。良好的喷流系统可以去除细小而不易清洗的残膜，同时将新鲜药液带入间隙中。较典型的喷流设计，采用固定喷嘴阵列，工作时进行平行式摇摆或转角式摇摆，都是为了获得均匀的喷流分布，并提高药液的置换率。图 11.5 所示为典型的摇摆喷流作业情况。

为了减轻板面水池效应，通常会提高喷流表面冲击力，喷压及喷嘴类型会直接影响喷流表面冲击力。直接扇形喷嘴的冲击力较高，锥形喷嘴的冲击力低一些，反射式喷嘴的冲击力更低。图 11.6 所示为两种典型喷嘴的喷流状态。

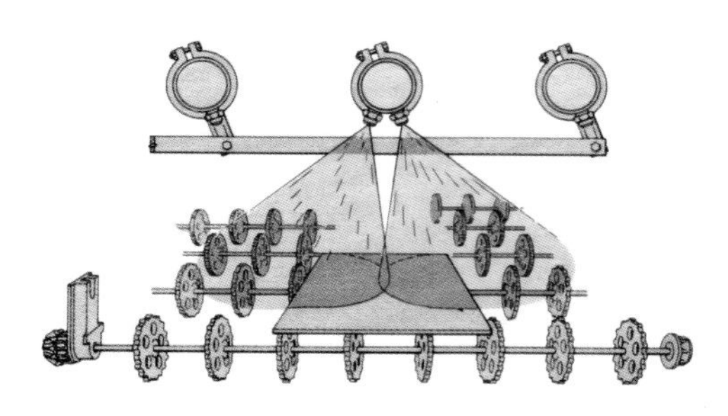

图 11.5 典型的摇摆喷流作业

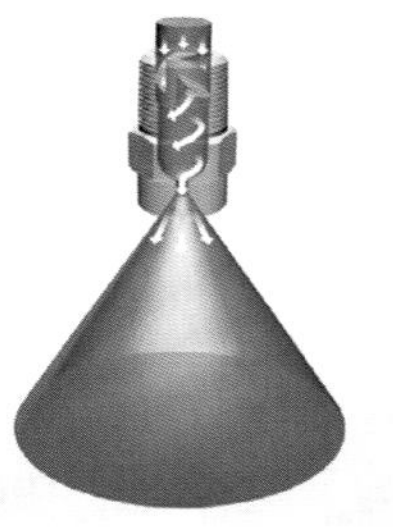

图 11.6 两种典型喷嘴的喷流状态

然而，喷嘴选择仍然有不同考虑，直接扇形喷嘴的喷流覆盖面积较小，必须用大量喷嘴达到良好的覆盖率；锥形喷嘴多数都有较大的覆盖面积。图 11.7 所示为典型的扇形喷嘴配置状况。

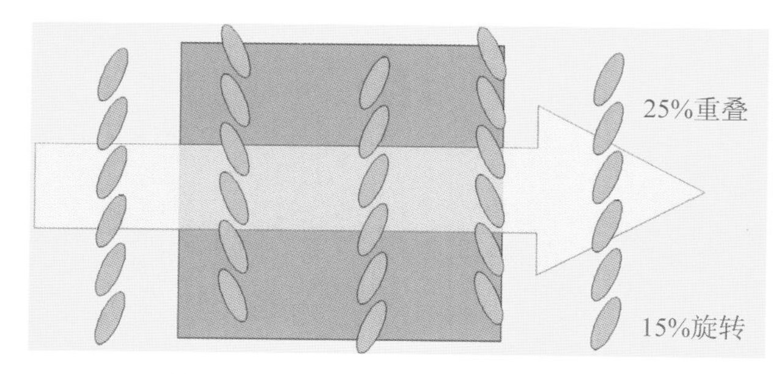

图 11.7 典型的扇形喷嘴配置状况

一般希望喷嘴配置达到最大覆盖面积，但不希望产生重叠，因为重叠会使作用抵消。显影液的典型喷流压力为 20 ~ 30psi（1.4 ~ 2.1bar），可以用压力表检测。在水平显影设备中，喷流上压力一般为 2 ~ 4psi（0.14 ~ 0.27bar），比下压力略高一些，以防止电路板上飘而造成传动问题。同时，较高的压力也可减轻水池效应的影响。生产时必须注意过滤器的压力变化，出入口压力差大于 5psi 时就应该换滤芯。在水洗槽中，应该适当使用高冲击力扇形喷嘴，建议维持 25 ~ 30psi（1.7 ~ 2.4bar）喷压。喷流相互干扰及传动造成的喷流遮蔽，在机械设计及操作中都应该避免。部分薄板会采用安装式支撑挂架辅助传送，这些增加的部件都要采用重叠方式安装，以减轻遮蔽影响。图 11.8 所示为典型的锥形喷嘴喷流配置。

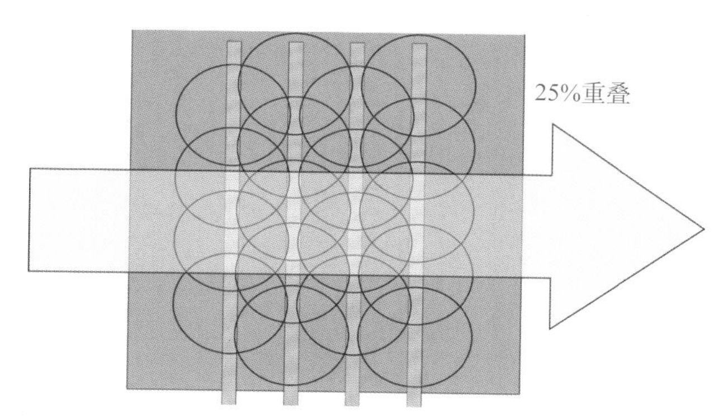

图 11.8 典型的锥形喷嘴配置

滚轮方面不但采用了重叠设计，同时厚度也较小，配置或设计不良都可能产生显影问题。正因为如此，部分设备设计干脆将喷流区域空出而不放传动机构，以完全去除喷流干扰。图 11.9 所示为显影液喷流对残膜的影响。

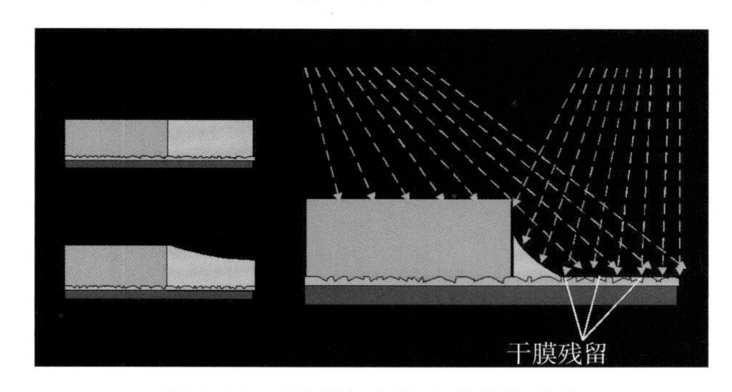

图 11.9 显影液喷流对残膜的影响

11.7 水洗的功能与影响

显影后水洗的主要功能是，快速稀释板面携带的少量显影液。一般显影液水洗槽有多段，新鲜水进入最后一槽，之后逐次进入前一槽。第一槽水洗水的状态十分重要，因为从该槽出来的电路板的表面变化最大。这道水洗水的硬度会影响干膜侧壁外形及底部状况，用硬度较高的水洗水对干膜显影质量有正面影响。当然，并非所有干膜都对水洗水硬度如此敏感。相对于软水，采用硬度较高的水洗水具有以下优势：

◎ 可以改善细碎线路外形

◎ 有较精确的图形外形再现性

◎ 可以降低蚀刻液的污泥含量

理想的显影后水洗水硬度应该维持在（200 ~ 350）$\times 10^{-6}$ 碳酸钙质量分数，测试验证：较低硬度水洗水会导致边缘不平整，也容易产生较大的干膜底部突出。硬度略低于 200×10^{-6} 碳酸钙质量分数时，未必会产生明显问题，但是如果硬度继续下降，则会产生明显影响。硬度高于 350×10^{-6} 碳酸钙质量分数也是不必要的，因为高硬度水容易在处理槽中产生水垢，造成喷嘴堵塞或需要较高的清洁频率。实验显示，用软水配置显影液并不会对干膜显影质量产生重大影响，但用软水做显影后清洗则会产生明显影响，使用软水时最好加入一点钙镁盐。

当硬水中含有二价阳离子（如钙、镁离子等）时，这些离子会稳定水的 pH，并抑制进一步显影。在显影后段，电路板会带入微量显影液（pH = 10.5 ~ 11.0）到第一槽水洗水中，这槽水洗水的 pH 会因此提高。使用软水清洗时，pH 会快速提高，而高碱度会让显影作用在水洗槽延续。

这意味着显影液被带入硬度较高的清洗水中，二价阳离子可减缓 pH 的提高速度，显影作用也会因 pH 较低而变慢。使用硬水的另一个好处是，二价阳离子进入干膜会形成溶解度较低的镁钙塑化剂盐，可以提高曝光区干膜的交联程度（因为镁钙离子可与两个羧酸基形成交联），这些反应都会让干膜侧壁建立起较强固的保护墙。

11.8 显影后的干膜干燥

经过清洗的干膜，其侧壁还是湿润、柔软的，且可能残留显影液。干燥处理可使膨润表面稳定下来，并让干膜的耐化学性变好。干燥同时可去除电路板孔内及表面的水，防止氧化及不必要的污染。对于特殊应用的干膜，有时还会采取后烘烤或再度曝光处理，强化其耐化学性及操作性。

11.9 液态光致抗蚀剂显影

为了方便讲解，对一些常用术语定义如下。

▌显影时间

显影时间是未曝光聚合的干膜从板面去除的时间，一般以秒为计算单位。板面是否清除干净，通常以目视或辅助方法判断。这个时间对于生产十分重要，直接影响产出。对于一定量的干膜，这个时间不是固定数值，只用来定义稳定控制下的工艺与设备状态。

▌显影点（显影、蚀刻或退膜）

显影点也是一种物质从板面去除的时间：电路板送入反应槽后，在槽中的某个位置将物质去除完全（如显影将未曝光区干膜去除）。显影点就是用来描述该位置在反应槽的哪一段。测量距离是从反应槽作用点开始计算，并以全反应长度的百分比描述。例如，将电路板送入显影槽，在一半显影槽处于非曝光区时就完成了干膜显影，则显影点为50%。

▌有效反应长度

一般人都会认定设备外形的前后距离就是设备的作业长度，但真实的设备前段与出口处都会有缓冲或挡水机构，因此，实际有效反应长度应该以喷流或药液实际可作用的长度为准。

▌分辨率

分辨率主要用来描述工艺可实现的最小线宽 / 线距，包括显影和蚀刻。有标准测试板线路设计可供测试用。

11.9.1 显影的化学原理

显影剂的化学成分十分简单，同一种配方可以用于多种干膜的显影。但是，两种以上干膜混在一起显影时，就必须确认兼容性。不同干膜混合显影时，有可能发生无法预期的交互作用。某些交互作用可能会导致气泡产生量增大、干膜被攻击、显影速率变化或干膜结块，影响分辨率、线路再现性、干膜侧壁质量，产生设备维护问题。多数干膜显影时必须适度加入消泡剂，防止过度产生气泡。也必须确认消泡剂与干膜的兼容性，评价指标如下：

◎ 不易清洗导致蚀刻困难或干膜在电镀时剥离

◎ 消泡剂在干膜显影液中的消泡效率

◎ 产生残膜与返粘导致铜渣问题

典型消泡剂以多醇类为主，当然也有不同的化学品有相同功能。这些消泡剂多数通过定量泵直接加入反应槽，不会与显影液混合进入，防止发生沉淀，使显影液与消泡剂的补充不易搭配。至于显影剂选用碳酸钠还是碳酸钾，主要看其对显影质量的影响，包括线宽 / 线距稳定性及缺陷率。

使用碳酸钾溶液显影时，必须有较高的药液浓度，才能用同样时间完成清洁工作。目前几乎所有市售的专有显影配方，都以碳酸钠为基础。常见配方也会添加化学品延长药液寿命，对药液的干膜负荷、降低设备长垢等会有帮助。某些时候，使用碳酸钠配方也有一点困扰，因为市面上可以买到两种不同形式的产品：

◎ 苏打粉（碳酸钠 Na_2CO_3）

◎ 一水碳酸钠（$Na_2CO_3 \cdot H_2O$）

含水碳酸钠比干碳酸钠重 15%，药液浓度控制必须以纯碳酸钠量为标准。干碳酸钠也会因为吸收空气中的水分而变成含水物，为了确保浓度正确，新配药液最好做滴定浓度确认。

依据厂商建议值进行药液配制，最好在槽中加入温水后再加入碳酸钠粉末搅拌溶解。若槽中是冷水，则最好不要直接将粉末加入，因为碳酸钠在冷水中的溶解度不佳，容易沉淀或造成堵塞。此时，最好用另一个容器以热水溶解碳酸钠后倒入反应槽混合，接着以足量水填充槽体到必要液位。完成后启动加热器并循环几分钟，之后取样做滴定确认。

11.9.2 化学品的控制

碳酸根（CO_3^{2-}）离子含量降低时，显影速率会降低。总碳酸测试法要测试碳酸根及碳酸氢根的总量，可使用酸碱度计滴定，也可用酚酞及甲基橙作为指示剂滴定。根据到达滴定终点时的酸耗用量，可计算溶液内各化学成分的浓度，典型做法如下。

从槽液中取出 10mL 样品注入烧杯中，加入 100mL 去离子水并充分搅拌后放入酸碱度计，以 0.1g/L 的盐酸滴定到 pH 为 8.2 时记录耗用体积，接近滴定终点时必须减缓滴定速度，因为酸碱度变化很快。之后继续滴定到 pH 为 3.2 并记录酸耗用量。有效碳酸浓度可用第一段盐酸的耗用量计算，碳酸氢钠的浓度则可用总耗酸量减去到达 pH 8.3 所用的盐酸量计算。使用指示剂的方法，可遵循同样原理进行。

干膜负荷量

干膜负荷量是单位显影液能处理的干膜体积指标。体积的单位一般使用立方厘米（cm^3）或立方英寸（in^3），然而实际的电路板生产中常用单位“$mil \cdot ft^2$”来描述干膜体积——如果干膜厚度已知，则根据生产面积就可以知道干膜体积了。例如，新鲜药液处理了 $600in^2$ 干膜，约有 50% 干膜在显影中被去除，干膜厚度为 2.0mil，则干膜负荷量为 600mil・ft²[①]。当然，也可用公制单位。

干膜负荷增大，有效碳酸根量就会降低，会降低显影液的活性并减缓处理速度，也会降低溶液的 pH。经验显示，干膜负荷量增大，对显影完成时间有直接影响。新鲜药液的显影完成时间相对较短。当负荷量达到约 2mil・ft² / gal[②] 时，显影状态趋于稳定。直到负荷量达到 12mil・ft² / gal 前，显影还维持在非常稳定的状态。负荷量继续增大，显影完成时间明显加长。pH 在最初的 2mil・ft² / gal 时会快速降低，之后与负荷量线性同步降低。显影作用在负荷量很高时仍会继续，但实际生产中并不建议如此使用。

显影液的 pH 与有效碳酸盐含量有相对关系，可明确呈现药液活性状况。因此，根据 pH 可追踪有效碳酸根与总碳酸的比例。对于非连续式补充作业，并不需要直接监控显影液成分。应在开始时适度调整显影速率，让显影反应完成点出现在期待位置，之后监控显影点变异，在适当时机更换槽液。由经验得知作业的时间长短，根据电路板生产量，可以确定单位体积槽液的干膜负荷量，达到负荷量时就换槽。

对于新配制的碳酸盐溶液，空转循环两天后并不会产生明显的活性碳酸根浓度变异。但如果是经过显影处理的溶液，则实际状况有所不同，因为溶入显影液的干膜会继续消耗有效的活性碳酸盐，即便总碳酸盐量仍然相同，反应能力依然会下降。

显影液的补充与排放

典型显影液浓度会维持在 0.8% ~ 1% 碳酸盐质量分数。对于连续性补充溢流系统，作业者必须决定采用何种质量分数（一般为 25% ~ 45%）的碳酸盐液及水的补充量来维持显影液强度。常态作业希望加入作业浓度的药液到显影槽，因此会在加入前适当控制浓度。补充水可以使用部分显影水洗水，以节约用水及用药。

显影液浓度主要依靠补充与溢流来控制，通过控制 pH 来维持显影液强度。例如，显影系统可设定显影液 pH 为 10.5 时启动药液补充，pH 为 10.7 时停止补充。显影槽的传动速度则依据这种状态，设定反应完成点的出现区域。干膜供应商会给出干膜负荷量的建议范围，也会提供不同负荷量的 pH 曲线。采用这种操作方式，大致可以满足实际生产需要。如果想要更放心，定期进行手动滴定检查也是个好方法。

用氢氧根再生碳酸盐

连续性补充溢流系统非常浪费，因为新鲜药液会随废液排出，干膜的负荷量一直维持在低点（如 6 ~ 12mil・ft² / gal），同时会产生大量的显影废液。因此部分厂商通过再生处理，延长显影槽液寿命。添加氢氧根，显影液的 pH 会升高，同时活性碳酸盐也会增加，此时显影液整体强度非常接近新鲜药液。比较显影后的线路侧壁外形，新鲜显影液与再生显影液并没有太大差异。有实验证明，显影液负荷量约 42mil・ft² / gal 时，添加碱液进行再生，可增加约 6mil・ft² / gal 的处理量，但对线路侧壁质量并没有明显影响。这样高负荷的作业法可能会同时带来以下影响：

◎ 增加消泡剂用量

---

① 1ft=3.048 × 10^{-1}m。

② 1gal=4.54609L。

◎ 增加显影液污泥量

◎ 现存清洗系统可能无法有效清洗高负荷的带出物

◎ 可能会有残膜返粘的风险

一般不建议配制新液时采用碳酸盐加上氢氧化物，因为会提升显影液的 pH，且会让先处理的电路板产生过度显影问题。如果非要使用这种系统，则必须注意混合时不要直接让电路板接触高浓度溶液，否则容易产生显影问题。比较恰当的方法是，在前段添加预混合，或在混合前段进行 pH 监控，防止浓度过高的药液出现在显影反应中。

11.9.3 显影点的确定与控制

显影反应的关键是显影点（膜完全清除的点）的控制。如果正在显影的电路板在显影点后停留在显影液中过久，就会发生过度显影现象，尤其是药液浓度较高时。显影反应完成时间与显影槽延续时间配比，并不容易明确，但十分重要。因为显影点以显影槽长度的百分比作为衡量基础，因此似乎可以认为显影反应程度与显影槽长度呈线性关系。但实际情况并非如此，更重要的因素是显影点后电路板在药液中的停留时间。到达显影点时，干膜底部及线路侧壁会暴露在药液中，此时喷流药液才能实际接触残膜，这对实际显影质量而言才是重要项目。

用实际案例可以说明作业状况。例如，显影点设定在 50% 处，显影点后的反应时间为 20s，若将反应完成点设定在 65%，则必须提高传动速度，同时缩短后续反应距离，整体反应完成点后的反应时间大约会变成一半。相反，如果反应完成点前移 15%，就有可能产生大约 3.5 倍的反应完成点后作用时间差距。因此，反应完成点的位置控制，对干膜残留或过度显影的影响非常大，幸好现在的干膜多数都有较宽的作业范围，不会有太大的作业问题。显影反应时间的试算见表 11.1。

表 11.1 显影反应时间的试算

	反应完成位置	需要的行进速度	显影点后浸泡在显影液中的时间	
显影点为 65% 时	1.3m 处	3.91m/min	10.74s	53.7%
显影点为 35% 时	0.7m 处	2.1m/min	37.14s	185.7%

设备原始设计：有效槽长 2m，反应时间约 40s，反应完成点约 20s 并在 50% 处出现，传动速度为 3s / min，显影点后电路板仍浸泡在显影液中 20s。

显影不足或过度都可能产生后续的工艺问题，这里提供两种常用的显影点测试法：水溶性笔测试法或直接接触测试法。很难在生产板上观察显影反应完成点，采用覆铜板（18in × 24in）可以让测试观察较简单，且喷嘴堵塞问题也较容易在板面显现。

水溶性笔测试法

水溶性笔测试法并不适用于湿法贴膜。先根据生产条件清洁一片基板，用水溶性笔做记号并确定干燥后进行贴膜，但是不做曝光。在显影前可以将底部喷嘴关掉，以便于观察。去除保护膜并将电路板置入显影槽，观察显影完成点。观察电路板通过显影线的状况，用黄色光更有利，但直接在槽内观察反应状态有困难的，因此必须停止传动与喷流，然后确认实际反应完成点的位置。干膜被清洗溶解后，便会变薄、脱离。当干膜脱离铜面时，电路板前端便是溶解线，确认显影线入口到溶解线的距离，就是反应需要的距离。

显影点的计算：

$$(D/L)\times 100\%$$

式中，D 为反应槽入口与反应完成点的距离；L 为反应槽的实际有效距离。

预估可以将显影点移到何处，用下列公式确定新的传动速度：

新的传动速度 = 旧的传动速度 ×（期待的显影点 / 旧的显影点）

直接接触测试法

先清洁处理电路板并贴膜，之后去除表面聚酯保护膜并送入显影线，开始显影直到前端出现显影完成状态，此时停止传动系统及喷流并进行位置确认。此时前端铜面不可有湿滑现象，手动前移直到出现湿滑现象，此点就是所谓的显影点。用显影线前端至反应完成点的距离除以显影槽有效全长度，所得的百分比就是显影点。图 11.10 所示为显影点测试示意图。当前端铜面出现时，可概略判断显影点已经到达。由于电路板的上下两面同时反应，因此应该同时到达显影点。在均匀性方面，应该在前端大致产生平直的显影带，如果发现落后或差距较大，可能是喷嘴堵塞或喷流不均所致。

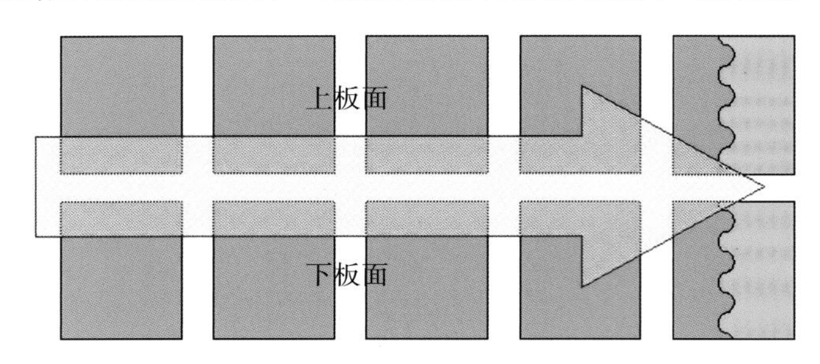

图 11.10 显影点测试示意图

11.9.4 温 度

显影液的温度对完成清洁的时间有重大影响。对同样的干膜配方、化学品、浓度及温度等进行仿真分析发现，操作温度对反应有正面影响。显影液温度增高，显影会加速，而显影液的化学品类型和浓度，与完成清洁的时间呈现较低相关性，但不是所有干膜都呈现相同的反应现象。

11.9.5 水洗的变量及控制

由经验得知，要获得适当的水洗效果，水洗槽长度至少应为显影槽的一半。一般建议进行三四槽连贯循环，同时保持约 4L / min 的进水速率。图 11.11 所示为典型的水洗循环设计。

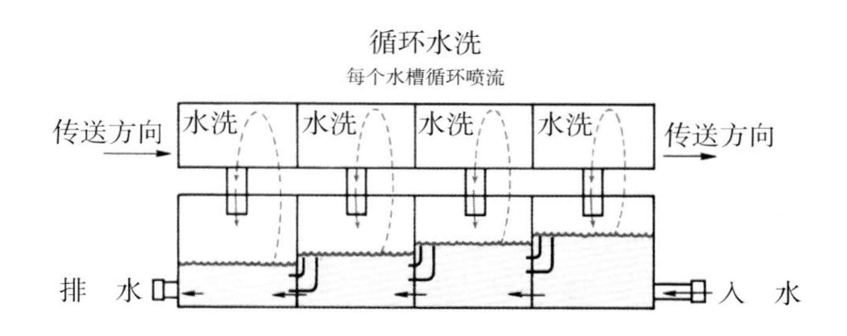

图 11.11 典型的水洗循环设计

第一槽水洗水的 pH 不应该超过 9.5，碱度高当然是显影槽带出的液体造成的。水洗水温度过低，清洗效果就不好，温水清洗较有效率。不建议使用反射式喷嘴，因为其喷压过低，建议使用高冲击力喷嘴。采用简单硫酸镁补充溢流系统可有效控制水洗水的硬度，该系统包含有定量泵、电磁阀及液位控制系统等。当液位降低到低液位时，事先配制的一定浓度的硫酸镁液体会加入槽中，直到液位达到目标。

定量泵的流量可依据水硬度、水洗水流量及浓度需要设定。当然，也有其他盐类可用于调节水硬度，但是不建议使用。例如，氯化镁的溶解度约为 1670g / L，氯化钙的溶解度约为 2790g / L，都比硫酸镁的溶解度高，但是这类氯盐会腐蚀不锈钢，且不易操作控制。采用钙盐调节水硬度，可能会造成不必要的问题。相比镁盐，它会产生更多的水垢，增加水处理设备的负荷，对反渗透机等产生影响。

11.9.6 注意事项

显影液的过滤

过滤是消除显影问题的有效方法。干膜颗粒常来自贴膜切割效果不佳、超出板边干膜的感光、盖孔干膜破裂等。保护膜的残膜及硬水产生的水垢，也可能成为显影负担。显影设备的遮蔽式过滤系统，理论上无法有效消除这类问题。异常颗粒堵塞喷嘴，必须停机清理，也可能局部影响喷洒均匀性。残膜返粘有可能导致短 / 断路问题，缺陷模式要看具体应用而定。

可以安装多滤芯过滤系统来有效去除颗粒。系统设计必须降低压损，建议采用 20 ~ 50μm 网孔直径的滤芯，因为使用寿命较长。用硬 PVC 管时应避免 90° 弯曲，直径与现有管径一致或较大都可以，以保持喷压在较高水平。在过滤器两侧安装压力表，发现两侧压力损失超过 5psi 就应更换滤芯。

药液自动补充系统

补充溢流系统是大批量生产时的标配。系统供应新鲜显影液到显影槽，补充新鲜药液入槽后启动溢流，溢流废液就会进入废水系统。经过验证，采用补充溢流系统比其他做法更实际有效且可信赖。一般建议以操作浓度补充，不建议以高浓度药液在槽前与水混合补充。事前混合会在线外大槽内进行，或在设备旁的小槽混合后直接补充。

一般补充溢流系统会以 pH 作为控制指标，建议的 pH 操作范围为 10.6 ± 0.1。由于残渣会粘在酸度计端面，因此有必要定时清理，以免产生偏差。定期校验是保持控制稳定的关键。部分补充溢流系统通过测量电导率来控制显影液，这种控制方法很简单，但是不如 pH 控制系统好，显影液停留一段时间后，其电导率无法呈现活性碳酸的状况，因为电导率只对总碳酸量敏感。

补充溢流系统也能成功地根据处理的板数实施控制，因为新鲜药液较旧药液能承受更多负荷。在多槽显影系统第一槽添加新鲜槽液，对显影效果应该有帮助。从这种设计看，第一槽是最有效率的显影槽。

显影液的清洁系统

显影液会逐渐累积有机与无机残留物。这些残留物都会粘在显影槽内，一旦累积过多，就会返粘到板面。连续式补充溢流系统会让这类问题更加严重，因为其槽液排出频率较低。因此，显影槽的清洁频率对于质量保持十分重要，传统清洁方式有液碱、水洗、酸洗，目前有市售的专门清洁药剂，可较有效去除残留物。

第 12 章

电　镀

相对于传统通孔金属化使用的化学沉铜工艺，将孔内铜构建到足够厚度则需使用电镀铜工艺。部分金属化技术使用直接电镀工艺，但全加成工艺则使用化学沉铜制作线路。传统金属化工艺通过电镀生长铜厚，主要还是着眼于低成本、高速率及良好的镀层性能。有许多不同的镀铜配方可用于电镀铜，但硫酸铜仍然是主流。目前的电镀技术，如何改善镀通性及镀层均匀性是主要技术课题，高酸、低铜及适量光亮剂对此有所帮助。另外，纯锡电镀是典型的生产用电镀工艺，主要用于抗蚀刻。其他电镀技术还有镍金电镀等。

12.1 关键影响因素

在酸性铜电镀工艺中，要先对电路板进行清洁、微蚀及预浸酸。酸性清洁剂的主要操作参数有化学品浓度、成分、操作温度及时间等。对于微蚀，蚀刻量是主要参数，其他参数与清洁剂相同。对于预浸酸，采用与电镀槽液一致的配方，可以防止不必要的异物带入或影响电镀槽液浓度。因此，必须注意预浸槽的槽液浓度及污染程度。

电镀槽的参数主要涉及电力、机械、物理、化学方面。先考虑电力参数，电流密度分布会直接影响电镀速率、厚度均匀性及镀层性能。电流密度的单位是安培每平方英尺（A/ft^2，业内习惯用 ASF）或安培每平方分米（A/dm^2，业内习惯用 ASD），其实际分布状况与整流器、阴阳极面积比、阴阳极间距、遮板设计、电镀效率及溶液电导率有关。

对于图形电镀，板面线路分布也会对电流密度产生影响。而通孔内的电流密度，又与孔径及深度有关。另外，电镀液的补充效率、液体搅拌、光亮剂浓度、氯离子含量、机械摇摆等，也会产生影响。槽体设计对沉积金属的结构及表面状态有影响，氯离子含量会影响光亮剂及整平剂的功能。

在物理参数方面，影响电镀效果的有槽液温度、过滤状况、搅拌状况（摇摆幅度及频率、空气搅拌程度、阴阳极距离与位置等）。镀液的饱和度问题，可能会导致板面产生气泡，造成针孔凹陷。阳极铜球的含磷量及铜球表面的黑膜厚度会影响阳极溶出速度及有机物消耗速度，使用阳剂袋会影响药液中的杂物颗粒量及添加剂消耗量。电镀液中的有机添加剂含量会影响镀层抗拉强度及延伸率，适当的电流密度可让镀层不出现烧焦、长铜瘤、镀层不均、晶粒尺寸过大的现象。有机污染物累积主要受药液带入与带出速度的影响，可通过预镀、水洗、热水洗及适当干膜进行改善。

这些电镀参数的控制原则，也适用于其他电镀工艺，主要差异取决于镀槽特性。多数金属镀槽的电镀效率都比铜镀槽差，会产生氢气副反应等问题。金镀槽的电镀效率就相当低，可采用较高金含量及较低电流密度加以改善。至于电镀锡或其他合金，如何保持电镀金属的稳定比例是一个重要课题。电镀时有机物的析出常会影响深镀能力，且对不同金属有不同的影响。这种影响还会随时间的累积而扩大，如果这种问题发生在合金电镀（如锡铅电镀）中，则电镀液成分会逐渐变异，其后又可能影响后续回流的温度特性。电镀后的停留时间是另一个重要变量，金属镍电镀就是明显案例——镍层会快速钝化——这会影响后续工艺的操作效果。

12.2 酸性镀铜

如前所述，通过化学沉铜或直接电镀在孔壁上析出一层极薄的导电层，紧接着就可以采用全板电镀或图形电镀加厚铜层。全板电镀在干膜制作前，而图形电镀在干膜制作后。干膜必须足够厚，以防止电镀金属层厚超过膜厚，产生蘑菇头现象，这种现象会导致干膜难以去除。如果电镀铜厚度为 1.0mil，而电镀锡厚度为 0.5mil，则基本膜厚至少要达到 1.5mil。如果一种干膜同时用于几种不同用途，如电镀、碱性蚀刻，或与其他干膜共用显影、退膜设备，则技术数据的研讨与兼容性确认必不可少。

12.2.1 电镀的前处理

电镀之前，电路板会经历脱脂清洁、微蚀及浸酸等前处理，这些步骤之间会有适当的水洗，有时候微蚀处理会被忽略。脱脂清洁的主要功能是去除油脂、污物、氧化物及残膜，脱脂剂要依据润湿性及干膜兼容性等选择。微蚀剂的选用及电镀槽的选择，主要考虑废弃物处理问题及槽液寿命、成本等方面。

碱性溶液或电解适用于某些干膜，但是不建议用于水溶性干膜的电镀前处理。酸性脱脂剂与多数干膜相容，清洁剂效率可用水破试验确认。至于干膜兼容性的评估，可观察浸泡前后干膜侧壁的变化，只要没有被过度攻击、没有浮离、没有浸润，就可认为兼容性完好。清洁剂润湿性决定了污染程度，它代表溶液清洗不至于产生残留带入后续槽液的问题。润湿性可通过多槽清洗测试，检查各槽的总有机物含量（Total Organic Carbon，TOC），就可分析出清洁剂是否容易被清洗。

检验微蚀液的兼容性，清洁剂带入对微蚀速率的影响是必检项目。至于废弃物处理，建议采用不含络合物的化学品。清洁工艺控制以监控有效强度为主，这些可参考供应商的建议，控制参数则有浸泡时间及处理槽温度。微蚀是为了保证产生新鲜铜面，让铜与铜完好结合。对于水溶性干膜，建议微蚀量高于 5μin（0.125μm）。某些干膜可能需要更大的微蚀量，因为可能有线路残膜的风险。微蚀后浸酸的目的是去除微蚀残留和浸泡析出的干膜物质，这可以减少带入电镀槽的异物，让板面酸度接近电镀槽水平，也可避免电镀槽酸度稀释的问题。

12.2.2 铜电镀槽

酸性铜电镀槽及工艺设计的目的是满足特定要求，如美国军用规范 MIL-P-55110 的要求：

◎ 抗拉强度＞36000psi

◎ 伸长率＞6%

◎ 可承受 288℃漂锡 10s 的热冲击

◎ 镀层均匀（含表面以及孔壁）

◎ 光亮表面

首先用于电镀铜的焦磷酸铜体系，现在普遍采用的是硫酸铜体系。典型硫酸铜体系的配方见表12.1。

电镀时，电路板作为负极，浸泡在含有溶解铜盐的槽液中，通电后铜金属沉积到板面。电镀槽基本上是一个浴缸状大型容器，内含电镀液，电路板与铜阳极浸泡在其中。铜阳极与电路板都连接到整流器上，整流器将交流电转换为直流电。图12.1所示为一般直流电镀的阴阳极配置。

表12.1 典型硫酸铜体系的配方

项 目	参 数
$CuSO_4$（$5H_2O$）	75 ~ 205g / L
有机添加剂	（20 ~ 100）$\times 10^{-6}$
操作温度	70 ~ 80 ℉
过滤模式	连续式
电流密度	10 ~ 50ASF （1.5 ~ 5.0ASD）
阳 极	磷铜球
电镀效率	> 98%
槽液控制状态	依供应商的建议

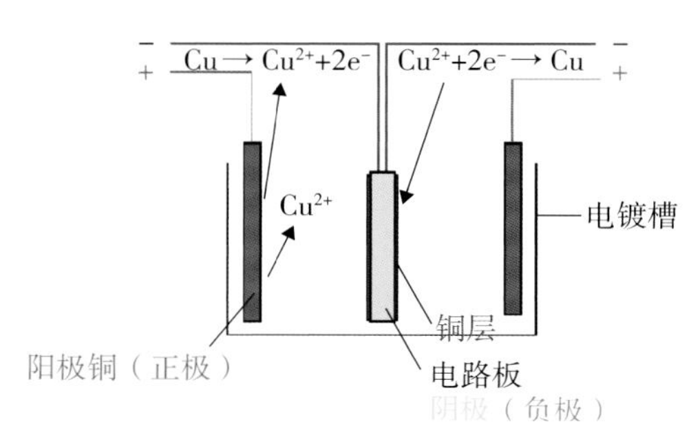

图12.1 一般直流电镀的阴阳极配置

铜的析出是铜离子还原反应的结果，虽然实际反应机理十分复杂，但反应过程可用下式表达。

（1）电镀铜的阴极反应：

$$Cu^{2+} + 2e^- \longrightarrow Cu$$

溶液中的二阶铜离子　电源供应的电子　板面析出的铜

不同于其他金属电镀，酸性铜电镀的铜阳极会氧化并溶解到电镀液中。补充电镀液的铜离子含量，就可以实现电流循环。

（2）电镀铜的阳极反应：

$$Cu \longrightarrow Cu^{2+} + 2e^-$$

铜阳极　溶液中的铜盐　电子

要强调的是，有些传动式铜电镀工艺使用不溶性阳极，铜金属溶解在副槽中进行，此槽再以循环方式与主槽连接，副槽的反应是另一个金属氧化反应。对于硫酸铜槽中的电镀液，不同成分的功能不同。配置新槽时，将铜盐加入电镀槽配制成硫酸铜溶液。此后，槽内铜离子含量靠电镀铜阳极溶解来维持。起始铜离子是铜电镀的金属来源。铜离子含量应该维持在建议水平内，以免高电流密度操作时因铜离子含量过低而发生烧焦现象，或者因铜离子含量过高而导致深镀能力下降。硫酸的功能是提高药液导电性，同时辅助铜阳极溶解。当硫酸浓度过低时，药液导电性会下降，整体深镀能力也会下降。类似于高铜离子含量的影响，高酸可能会导致高电流密度区出现烧焦析出现象。氯离子的功能是与专用添加剂相互作用，同时具有辅助阳极溶解的功能，依据有机添加物的特性而定。氯离子含量过低时，容易发生烧焦或雾状析出；含量过高时，析出铜层的物理特性会受到影响，且表面粗糙度也会增大。

专用添加剂的功能

酸性镀铜液的添加剂一般由两三种药剂混合而成，它们分别是光亮剂、抑制剂与整平剂。这些添加剂会改变晶粒结构并提供光泽性、均匀性及良好延伸性，还可提高深镀能力。添加剂的浓度一般要遵循供应商的建议，而维持适当添加剂浓度的普遍做法是，依据电镀安时数来估算添加剂的消耗量。

添加剂浓度过低，可能会发生以下现象：

◎ 高电流区有烧焦现象

◎ 低电流区产生铜瘤

◎ 沉积层平整性变差

◎ 金属结晶结构变差

添加剂浓度过高时，可能会发生以下现象：

◎ 镀层应力增大，孔铜在焊锡或漂锡测试时容易碎裂

◎ 孔边铜沉积厚度减小

工艺控制

电镀液中的无机物（硫酸铜、硫酸、氯离子）一般可用滴定法确认，但一些专用药液不容易测量与控制。霍尔槽是用来仿真电流密度的电镀条件验证工具。循环伏安剥离（Cyclic Voltammetry Stripping，CVS）是一种电化学分析法，可用来对遮蔽电镀药液（如抑制剂）及其他加速电镀添加剂（如光亮剂）进行定量控制。高效液相色谱（High Performance Liquid Chromatography，HPLC）仪是一种分离药液化学成分的仪器，但无法对药液的化学作用做定量分析。每种方法都有其优劣势，其中以霍尔槽与 CVS 分析法最为常用。

活性炭处理

一般酸性电镀铜槽的常见问题是有机副产物污染，这会使电镀铜偏脆或钝化等。电镀槽的污染来源如下：

◎ 清洁剂带入

◎ 微蚀液带入

◎ 干膜析出

◎ 电镀添加剂分解

为了避免药液产生过度污染，槽液必须定期用活性炭吸收有机污染物。在批处理过程中，槽液会被泵转移到处理槽，活性炭直接加到处理槽中。处理后过滤槽液，再利用泵打回镀槽。至于连续处理，药液会持续回流经过脱机活性炭处理填充塔，填充塔会根据镀槽的大小设计。

机械操作参数

有不少机械操作参数及结构设计会影响电镀效果，较重要的项目如下：

◎ 机械搅拌

◎ 气体搅拌
◎ 摇 摆
◎ 阳极钛篮配置
◎ 过 滤
◎ 阳极挡板

图 12.2 典型的电镀槽气体搅拌状况

（1）搅拌：气体搅拌与机械摇摆都有利于电镀液充分混合，并在电路板表面及孔内补充电镀析出损失的铜离子。图 12.2 所示为典型的电镀槽气体搅拌状况。

为了得到更好的电镀效果，有特殊设备以喷流机构取代气体搅拌。垂直电镀阴极的机械搅拌必须保持定向运动，一般是与板面垂直及与孔方向相同的往复运动，加速表面及孔内药液的置换。

（2）过滤：为了去除电镀液中的颗粒异物，降低电镀层粗糙度及减少可能产生的铜瘤，持续过滤是必要的。一般常用的滤材以聚丙烯发泡滤芯或滤袋为主。为了获得良好的效果，滤材过滤能力必须优于 10μm。电镀槽的理想循环率，必须保持每小时 2 ～ 6 槽的循环量。

（3）阳极配置：为了获得一定的全板镀层均匀性，必须注意以下事项：

◎ 阳极至少与板面保持 7in 以上的距离
◎ 阳极和阴极的表面积比例一般应保持在 1.2 ∶ 1 ～ 2.0 ∶ 1
◎ 阴极电镀区边缘应保持比阳极边缘宽且长 2 ～ 6in

图 12.3 所示为大型垂直电镀线的阳极配置，配置密度与阴极面积、槽体设计有直接关系。

（4）阳极挡板：为了避免电路板上下边缘镀出过厚的铜，电镀阳极多数采用不导电材料（如聚丙烯）制作遮板，以遮蔽过大的边缘电流密度，得到较均匀的电流密度，获得较均匀的铜镀层。图 12.4 所示为悬浮式阴极遮板。

图 12.3 大型垂直电镀线的阳极配置

图 12.4 悬浮式阴极遮板

12.3 电镀锡铅

预浸酸

早期的电路板厂采用锡铅电镀抗蚀层，无铅工艺推广后都已改成纯锡电镀。根据纯锡电镀的酸液类型，电镀前电路板会在氟硼酸或其他酸液中预浸约 1min，主要目的是去除板面可能残留的过硫酸化合物，避免纯锡槽液被污染。过硫酸盐的溶解度较差，可能会被带入而造成槽液成分变异，预浸有保持镀槽酸度的作用。预浸槽液会配制成 10% ~ 20% 体积分数的浓度，且在室温下操作。如果槽液变蓝，就代表已经溶入不少硫酸铜盐，应该更换。

典型锡铅电镀槽液配方

传统锡铅合金电镀的镀层成分是 60% 锡与 40% 铅，既可作为抗蚀层，也可作为焊接金属层。63% 锡与 37% 铅的合金的熔点最低，约为 183℃。典型锡铅电镀配方中含有氟硼酸、氟硼铅、氟硼锡及有机添加物，具体参数见表 12.2。

表 12.2 典型的电镀锡铅参数

项　目	参　数
锡（Sn）	15g/L
铅（Pb）	10g/L
氟硼酸	400g/L
硼　酸	25g/L
添加剂	按供应商建议
电流密度	15ASF
阳　极	60/40 锡铅合金
温　度	20 ~ 25℃
过滤模式	连　续
电镀效率	＞ 98%

锡、铅氟化盐是金属离子的主要来源，其浓度直接影响析出金属的成分。氟硼酸的主要功能是提升槽液导电性及深镀能力。硼酸是关键成分，它可以抑制氟硼酸分解成氢氟酸（HF）及硼酸（H_3BO_3）。氢氟酸会渗入干膜造成剥离，蛋白质或专用添加剂可抑制电镀枝晶，且可以产生较细致的电镀层。部分特殊应用仍要采用锡铅电镀，其锡铅比例很容易因为电流密度变化而变异，电流密度增大时镀层中的锡会增多，电流密度减小时镀层中的铅会增多。这种影响会产生两种不希望产生的结果：

◎ 镀层的成分变异，导致焊接困难

◎ 电镀液中的金属比例也会变化

进行合金电镀时最好知道准确的电镀面积，以便精确控制电流密度，因此最好直接根据底片数据测量。特定干膜内含物会析出到药液中，对深镀能力产生影响，因此在选用时要做兼容性评估。

搅　拌

锡铅电镀槽不可采用气体搅拌，因为气体搅拌会加速锡离子氧化产生不溶性的四价锡。这种反应的发生将影响整体药液中锡的含量，这类槽体都是以缓和的阴极搅拌为主。

干膜剥离

干膜剥离造成的渗镀，是纯锡或锡铅电镀的常见缺陷，原因可能是贴膜前处理不良或预浸的氟硼酸浓度过高或镀槽硼酸浓度过低。目前，锡铅电镀已经较少使用。

12.4 电镀纯锡

表 12.3 典型的电镀光亮锡参数

项 目	参 数
硫酸亚锡 ($SnSO_4$)	30g / L
硫酸 (H_2SO_4)	185g / L
光亮剂 / 整平剂	按供应商建议
电流密度	20ASF
阳 极	纯锡棒 / 球
温 度	20℃
电镀效率	> 98%
过滤模式	连 续

随着环境要求渐趋严格，以及光亮锡与哑光锡槽液配方的面市，电镀纯锡抗蚀层逐渐广泛用于电路板制造。典型的电镀光亮锡的槽液配方见表 12.3。

硫酸锡是金属离子的主要来源，硫酸则用于提升电镀液导电性并帮助锡金属溶解。特殊添加剂用于产生光亮锡镀层，且可提升深镀能力。

这种电镀工艺的深镀能力较差，原因可能是酸或添加剂浓度低。酸浓度可用简单的滴定法检验。低电流密度区会出现暗色或粗糙现象，特别是大铜面及低电流区，可能是低浓度光亮剂、高操作温度、氯污染等所致，电镀前的硫酸预浸可减小槽液带入异物污染的可能性。偶尔发生镀层凹陷和针孔现象，可能是不当搅拌所致，也可能是电流密度过高所致。

12.5 电镀镍

电镀镍常用于镀金前的阻隔层电镀，主要目的是防止铜渗入金层，主要应用有硬式搭接与端子电镀。低应力的镍金属析出层，可用瓦兹镍或磺酸镍槽液配方制作。磺酸镍与水溶性干膜兼容，这源于其电镀效率高，干膜在槽液中的停留时间短。两种典型的电镀镍槽液参数见表 12.4。

表 12.4 两种典型的电镀镍槽液参数

瓦兹镍槽液		磺酸镍槽液	
项 目	参 数	项 目	参 数
硫酸镍	22 ~ 375g/L	磺酸镍	300 ~ 525g/L
镍离子	50 ~ 85g/L	镍离子	60 ~ 120g/L
氯化镍	30 ~ 60g/L	溴化镍	11 ~ 19g/L
硼 酸	30 ~ 40g/L	硼 酸	30 ~ 45g/L
阳 极	纯 镍	阳 极	纯 镍
添加剂	依据供应商建议	添加剂	依据供应商建议
温 度	45 ~ 55℃	温 度	50 ~ 60℃
过滤模式	连续式	过滤模式	连续式
电流密度	15ASF	电流密度	15 ~ 25ASF
电镀效率	95%	电镀效率	95%

镍电镀有两大问题，第一个问题是电镀针孔。电镀针孔出现在干膜线路边缘，代表氢气分子被吸附在电路板表面。这是因为只有部分电能用于镍金属析出，部分电能被用于分解水，同时在阴极产生了氢气吸附，而这也是镍电镀效率低的原因。要防止电镀针孔问题，可以做以下处理：

◎ 较好的搅拌（如强烈气体搅拌）

◎ 使用润湿剂（界面活性剂），让氢气更容易从板面释放

第二个问题是电镀后水洗时镍面钝化。一般镍电镀后都会做金电镀，而金镀层不会与钝化镍层产生结合力。镍面钝化来自氧化反应，因此必须快速将镀过镍的板子经过水洗后转移到镀金槽，以防止氧化。较佳的作业方式是，缩短作业时间，使钝化没有时间发生。

12.6 电镀金

虽然电镀金可作为抗蚀层，但是其主要用途仍然是硬式搭接或端子电镀，因此必须具有低电阻、高抗氧化能力及耐磨特性。金之所以适合这些应用，主要因为它有良好的导电性及抗氧化性。端子镀金常见于电镀金手指工艺，少部分工艺利用浸镀法制作薄金。目前用得最多的体系是酸性镀金，使用氰化金钾及有机弱酸配方，槽液参数见表 12.5。

表 12.5 典型的酸性镀金槽液参数

项　目	参　数
金盐（氰金化钾）	4 ~ 15g/L
pH	3.5 ~ 5.0
导电盐	依据供应商建议
缓冲盐	以稳定必要的 pH 为目标
阳　极	不溶性铂金钛网
添加剂	依据供应商建议
温　度	20 ~ 50℃
搅　拌	药液循环及阴极搅拌
过滤模式	连续式
电流密度	10ASF
电镀效率	30% ~ 70%

电镀金的效率，比电镀铜及电镀镍都低许多。如同电镀镍时线路边缘会产生气泡，电镀金也会产生这种现象，且还会挑战光干膜附着力，有可能发生氢气串入干膜底部的问题。进一步说，氢气来自两个氢离子结合，其反应如下：

$$2H_3O^+ + 2e^- \longrightarrow H^2 + 2H_2O$$

氢离子消耗会提高局部的 pH。如果药液缺乏搅拌，则局部碱度会更高。这种现象会引发退膜效应，直接影响水溶性干膜的功能。

金离子含量分析

铜、镍或锡铅电镀的金属离子直接来自阳极金属，而金不容易氧化，故不能用金阳极直接电镀，这样金槽的金离子含量只会持续下降。为了适当补充消耗，必须补充可溶性金盐，而金离子含量分析是补充金盐的重要依据。

电镀效率监控

必须在槽内不同位置监控电镀效率，以电镀获得的金属质量为基准。多数做法是对不锈钢板在一定电流密度下电镀，测量电镀前后的质量差。用质量差除以理论上电镀效

率100%时应得的质量，就可得到实际的电镀效率。这些测试数据可以作为调整电镀槽的依据。金槽的电镀效率较低，主要依赖金离子含量、电流密度及液体搅拌改善。当金离子含量变低时，电镀效率会跟着降低，因为槽液中金离子的补充不依赖金属阳极，而是依靠金盐的补充。因此，维持电镀效率的前提是可靠的金离子含量分析。

当电镀的电流密度提高时，电镀效率就相对降低。当镀金厚度低于期待值时，延长电镀时间可以获得期待的沉积厚度，但同时也会降低生产速度，因此多数业者选择提高电流密度。这种做法会降低电镀效率，因此一样会获得低于期待值的镀金厚度。镀金槽的电镀效率，也与槽液的pH和温度有关。液体搅拌也会影响电镀金质量，充足的搅拌才能减轻局部过碱现象，避免过量氢气吸附而造成干膜浮离。药液最好向上流动，这样有助于去除气泡。阴极摇摆也可以提高搅拌效率，改善气体排除效果。

12.7 改善镀层均匀性

多层板的压板问题常常会直接影响整体厚度的均匀性，当然也会影响贴膜时的厚度均匀性。如果接下来的曝光作业也无法产生紧密接触，线路质量就会受影响。如果直接影响到了电路板的翘曲度，则组装焊接也会出现问题。不均匀的铜厚会产生表面共平面性不佳的问题，图形电镀均匀性不佳会影响干膜退膜，全板电镀均匀性不佳会影响线路蚀刻均匀性及线宽控制，因此，电镀均匀性变异必须做适度控制。

全加成化学沉铜

为了获得良好孔内及表面铜厚均匀性，某些电路板厂商采用全加成化学沉铜法，或者优化电镀条件。在日本，大约有10%的高端电路板是层数高于20或30的，都采用全加成化学沉铜技术生产。但是，因为成本高、控制难等，这种技术并没有大量商用。

全板电镀

相对于化学沉铜与图形电镀，全板电镀的铜厚均匀性好，因为板面没有电流密度分布不佳的问题。但这并没有促使多数电路板厂商完全采用全板电镀后直接蚀刻的做法，因为必须考虑其对整体良率的影响。而且他们也不希望电镀后又必须将大部分铜蚀刻下来。亚洲及欧洲地区的主要工艺是先在通孔内进行局部电镀铜，得到部分厚度之后进行图形电镀。采取一些优化措施，可以改善电镀铜的均匀性并减小变异，如降低电流密度、单边独立控制电流、添加有机物（提升深镀能力）、采用高酸低铜配方、应用挡板、改善挂架设计、改善液体搅拌设计等。

垂直传动式电镀

垂直传动式电镀及脉冲电镀，都有机会改善电镀的均匀性，因此也赋予了电路板业者不同的期待。早期的水平电镀系统，由西门子电子公司开始发展，之后由安美特科技德国公司商品化。其有机添加剂必须能够承受较高的电流密度，同时能在高流量循环下存活一定时间。经过多年的发展，目前市场上有不同的水平电镀设备供应，垂直传动式电镀设备也有不少商品化产品问世。图12.5所示为典型的垂直传动式电镀设备。依据实际的经验数据，其电镀均匀性确实有了长足进步。这类电镀系统多数采用不溶性阳极，加入添加剂后，在稼动率及操作保养上的表现都比较优异，只是初期投资比传统电镀系统高。

图 12.5 典型的垂直传动式电镀设备

■ 脉冲电镀

脉冲电镀是一种可以改善大面积电镀均匀性的电镀技术，首先在欧洲商品化。它改变了传统直流电镀的工作方式，目前有多种理论在业界得到实际应用，其中以正脉冲－反脉冲循环应用最为普遍。一般反脉冲的工作时间非常短，但其强度却比正脉冲高许多。脉冲电镀只需要传统直流电镀 50% ~ 70% 的时间，大幅缩短了生产时间并提高了产能。

多数脉冲电镀设备早期是以传统垂直电镀设备为基础修改得到的，较新的设备则多是水平或垂直传动式电镀设备，电镀效果较佳的都会做特殊挂架设计改进，以负荷较高的电流密度作业。由于这类设备中含有贵重的脉冲整流器，因此价格较高。波形控制是影响电镀质量的重要因素，较知名的供应商如 Chemring 及 DRPP，它们都有类似的控制模式且波形较为固定。另一家供应商是 Baker-Holtzman，相关机型提供程序调节功能。脉冲波形会因为挂架设计而产生变异，也可能因为接线问题而产生变异，因此，作业状态必须在安装时就验证并予以维持，否则很容易在使用后发生变化。

以往电路板厂常会自行依据成本及操作状态进行系统更换或药液更换，但是更换脉冲波形时必须对电镀系统进行系统化调整，匹配性问题会比以前复杂，选择弹性反而较小。

12.8 进一步了解有机添加剂

12.8.1 光亮剂、整平剂与抑制剂

近几年来，电镀添加剂的发展趋势，还是以满足盲孔处理及脉冲电镀的需求为主。传统电镀添加剂配方，对新的电路板结构没有优化处理能力。更重要的问题是，通孔与盲孔电镀必须平衡处理，因为它们的电镀添加剂需求并不相同。有机添加剂不是唯一影响电镀的因素，电镀工艺中还有很多参数会影响电镀均匀性、金属特性等，见表 12.6。

表 12.6 电镀参数对铜厚及金属特性的影响

电镀槽的几何结构	通孔的厚径比
阴阳极的表面积比	电路板的线路分布
阴阳极的距离	铜与酸的比例
阳极形式（条状、块状、不溶性）	氯离子含量
阴阳极的挡板设计	有机添加剂的浓度与特性
挂架与吊挂状况	总有机物含量
电流密度	液体搅拌
暴露于空气的状况	整流器的波形

当不存在光亮剂的时候，铜会在高能量表面缺陷区先沉积，并顺着铜结晶平面继续延伸。供应商提供的铜箔的表面较粗糙，在无光亮剂的情况下，电镀后将得到灰暗、粗糙的铜面。基本上，只要没有添加剂，电镀铜层是脆性和不具剥离强度的，即使回火后也呈脆性，结晶呈柱状结构且容易在漂锡测试时断裂。

铜在突出区沉积较快，因为一次分布电流在这些区域密度较高，铜离子也较容易到达。溶液的电镀扩散层特性，其实并不倾向于产生均匀电镀层，因为扩散层不但薄，而且本身就厚度不一。在突出区，流体呈现紊流状态且流速也快，这里的扩散层十分薄，不会对快速电镀产生阻碍。

光亮剂的添加会让结晶结构细致化，使电镀铜表面呈现光泽，较小的结晶也较容易顺着结晶结构边缘滑动，因此，会呈现较好的延伸性。这种析出结构仍然具有脆性，但回火后可以获得较好的延伸性。其机理是，依靠库仑力，光亮剂在铜面形成薄膜，这是铜析出的路径。当铜析出时，与氯离子共同产生电子移转，如 $Cu^{2+} \rightarrow Cu^{+} \rightarrow Cu$。光亮剂遮蔽了好于正常成长的成长点部分，铜的生长呈现非定向性，表现出微小结晶状态，因此，金属表面呈现光亮镜面。

多数光亮剂都含有硫元素，其状态以“X-R”描述。这些物质会吸附在铜面上，产生一层重新分配的扩散层。另一种普遍存在于光亮剂体系中的化学添加剂，以特异型低分子量高极性或离子型药剂为主体。常见光亮剂为巯基丙磺酸（Mercaptopropanesulphonic Acid，MPSA）或其双硫化合物。这种光亮剂会在库仑力的作用下累积在阴极表面，能减缓多种反应。

研究发现，硫化铜的溶解性非常差，很容易在铜面上沉积，改变正常结晶析出过程，使铜析出偏向微细结晶。但需要注意的是，较突出区仍然会产生较多的铜析出。此时，在电镀槽中加入抑制剂，它同时具有润湿剂的功能，许多是聚醚类，如聚多醇类或随机的乙烯氧化物与丙烯氧化共聚物，分子量为 5000 ~ 15000。抑制剂与水构成了较厚的扩散外围层，比纯粹的水扩散层要均匀得多。

抑制剂的加入，将原来为水的不均匀包围层，转换成水与抑制剂形成的均匀厚度扩散层。这让原来扩散层的扩散距离差异缩小，金属析出厚度变异减小。此时析出的铜层会比只加入光亮剂时更亮一点，而外观也会表现得更平整。

醚类结构在扩散层中的位置及功能的较合理解释是，扩散层中较高分子量的聚醚与铜面经由络合作用产生较强的结合力，突出点较能承受紊流药液冲击。另外，聚醚类的扩散系数比水低，受扩散现象影响产生电镀反应，经过一层厚而扩散系数低的物质重新平整均匀化，铜镀层及扩散层自然会更均匀。

添加抑制剂后，电镀被抑制到某种范围，通过电化学测试（如循环伏安剥离）可检测添加剂的电镀加速与抑制作用。在稳定电流下添加抑制剂会明显拉高过电位，尤其是将氯离子加入电镀液，但分子级行为尚不清楚。有些项目针对聚乙二醇（Polyethylene Glycol，PEG）分子量的变化，对铜析出的电压变化做研究，发现电镀析出高峰值落在分子量约 50000。另外，对 PEG 分子量 200 ~ 20000 的特定研究发现，过电位受分子量的影响颇大。

有一份研究报告指出，PEG 分子量从 400 提高到 4000 对过电位有明显影响，但从 4000 提到 14000，影响却很小。这似乎说明，PEG 分子量过小，对提高扩散层功能的帮助有限，因为分子量越小代表着其特性越接近水。但分子量非常高，也可能因为溶解度问题而限制扩散层功能的形成，因此维持应有的分子量是抑制剂功能的重要指标。

至于整平剂对电镀液的影响，缺乏比较系统又公开的数据论述。其中一类化学品为多胺类，在电镀的过程中起整平作用。在酸性镀铜液中的多胺类，呈现提供电子的倾向，因此会有带正电的特性。基于这种特性，它们会扩散到阴极面负电性最高且电流密度最大的区域。这些区域主要是板面突出区或通孔拐角，一旦整平剂吸附到这些区域，就会降低电镀析出速率，因此这些区域的析出速率反而会选择性地降低。

这种行为可以解释加入整平剂时，电镀反应需要的能量会提高。从另一个角度看，整平剂会与抑制剂交互作用，产生一层更密、更厚的扩散层。整平剂比抑制剂有更高的极性，倾向于提供电子并容易吸附在阴极最偏负电性高电流密度区域（一般是最突出或拐角区域）。这种特性使得扩散层增厚，同时由于对铜离子的吸附性较强，也减缓了铜在这些区域的析出速率，因此能使铜金属析出外观光亮，且让凹陷及不平铜面平整化。目前，部分专用电镀药液基于这种特性做填孔电镀就是应用实例。

12.8.2 有机添加剂的控制

光亮剂、抑制剂（润湿剂）及整平剂在酸性铜镀槽的作用机理，一样可以依据扩散层来解释。有机添加剂可能会对扩散层厚度、均匀性、扩散系数及其交互作用产生影响。以此为基础，就可以做有机添加剂分解机理、添加考虑、添加剂控制、功能性影响等探讨。可惜的是，关于整平剂分解的公开研究资料较少，因此这里将添加剂的关注点放在光亮剂及抑制剂。

▌光亮剂的分解

光亮剂的功能来自二价硫化合物，包括硫醚类或硫醇、硫代氨基甲酸盐、双硫醚或双硫化物等形式。有时候还会含有第二个不明确的硫元素，存在比较高的氧化状态，如亚砜或砜，都带有一个磺酸官能团。有研究报告显示，将 MPSA 添加到电镀槽只有温和效果，在单次起始添加后逐渐产生光亮剂行为，并在延续将近 2h 后又减少。

有几个发现提供了一些有关 MPSA 反应的线索：

◎ 空气搅拌对 MPSA 在槽体的浓度没有太大影响

◎ 当槽中出现金属铜时，MPSA 开始消耗，一个新而强的光亮剂行为开始产生，且会因为氮气搅拌而微幅加速

◎ 如果铜阳极是新加入的，这个反应会比铜球产生一层黑膜后的反应要快一些

以上线索主要来自以下反应机理。

（1）MPSA 首先在铜面氧化聚集，并在阳极铜面产生更具活性的物质，之后继续氧化，生成其他化合物，结果使光亮剂功能消失，因为最后的氧化物没有任何二价硫结构。

（2）更进一步的观察显示，MPSA 在电镀时会加速消耗，主要原因应该是阳极电化学反应造成 MPSA 消耗或转换。这应该就是某些研究的，电镀行为中硫化铜反应导致的结晶细致化现象。

（3）再进一步，如同预期，较高温度会加速 MPSA 消耗。某些研究也对铜以外的金属，进行了光亮剂消耗的影响追踪，铁离子的存在对消耗量的影响有限。这也是有些铜电镀系统以铁离子做槽外溶铜，以槽内电镀铜循环来做不溶性阳极的电镀铜流程的原因，因为光亮剂体系是兼容的，而锌的存在会加速光亮剂的消耗。

据此，可以得出一些简单结论：

◎ 如果 MPSA 是光亮剂的一部分，最好在每次电镀开始前做剂量补充，以保持电镀活性

◎ 为了减少光亮剂消耗，每个电镀循环完成后最好停止空气搅拌

◎ 阳极遮蔽可减少光亮剂消耗

◎ 没有空气搅拌的电镀槽设计，如喷流管搅拌设计，会产生不同于传统电镀槽的消耗量，此时必须调整添加模式

◎ 光亮剂添加十分重要，以耗电量为依据，是因为光亮剂消耗与此相关。MPSA 在铜面的氧化速率，从电化学的角度看是稳定的，这基于阳极表面积及气体搅拌都保持稳定

潜在的光亮剂功能影响

当槽液被污染时，光亮剂的功能可能会受到影响，具体要看是哪种化学品进入了镀槽，外来金属、前处理槽的清洁剂、微蚀剂、干膜析出物等都是范例。研究干膜析出物在镀槽中的影响，是研究前制程带入潜在有害物质影响的最有意义的事。光引发剂及黏性促进剂有特定的结构，因此有潜在嫌疑。必须注意的是，在周期性脉冲电镀中，反向电流发生在阴极区可能会产生新物质，这不同于传统直流电镀槽的表现。任何影响电解的铜络合物，都会影响脉冲电镀。

抑制剂的消耗

多醇醚在酸性溶液中非常稳定，因此说这些化合物会在酸性镀铜槽中损耗是非常令人讶异的。长链的多醇类分子会被分解成短链的多醇类分子片段，假设反应如图12.6所示。

以溶剂萃取新鲜的电镀槽液做高效液相色谱（HPLC）窄范围扫描分析，可知多醇

类物质的分子量分布十分集中。使用一段时间后再做此项分析会发现，原始波峰缩小且分子量分布变宽，这表明发生了分解反应。必须强调的是，分子量分布会因为使用萃取法而稍微被扭曲。因为镀液中的低分子量物质，会比高分子量物质的萃取速度慢。用计算机仿真抑制剂的分解过程，消耗的假设是多醇醚类随机在醚官能团区产生分裂。如果对药液补充新鲜的高分子量聚多醇类添加物，形成添加型分解模式，则仿真结果非常类似于 HPLC 扫描的实际结果。实验结果显示，聚乙烯乙二醇在硫酸铜电镀槽液中十分稳定，即使到达 40℃：

$$HO\!-\!(-C_2H_4\!-\!O)_n\!-\!H + H_2O \xrightarrow{(Cu)} HO\!-\!(-C_2H_4\!-\!O)_m\!-\!H + HO\!-\!(-C_2H_4\!-\!O)_{m'}\!-\!H$$

图 12.6 抑制剂的消耗反应假设

◎ 分解几乎都发生在铜面

◎ 分解源自质量传送驱动力，如搅拌、气体搅动

◎ 分解会因为阳极袋包覆或遮蔽而减轻

一些报告显示，氯离子会明显强化聚乙烯乙二醇的功能，成为抑制电镀的制剂。这可以想象为聚乙烯乙二醇产生一个类似的状醚类结构，长在与氯离子结合的铜离子上，产生一层强有力的扩散层。抑制剂不会直接参与电化学反应，功能性干扰较小。与抑制剂类似的物质，可能会从前处理中的润湿剂、消泡剂或干膜添加剂进入电镀槽，但对抑制剂的干扰有限。对于抑制剂的添加，耗电量并不与其消耗量相关。然而，在非电镀时间内，抑制剂接触阳极铜面的机会降低，如关闭气体搅拌、机械搅拌、液体循环。抑制剂可依据电镀时间结合抑制剂与阳极接触的机会来添加。耗电量与抑制剂消耗量并不容易直接产生关系，因为电镀表面积与每次电镀的电流密度都会改变。因此，非常容易见到光亮剂体系有两种不同且分开的添加剂，一种的消耗量与耗电量直接相关，另一种则与耗电量无关。

也有些所谓的单剂型添加剂体系，可使用较少种类的添加剂，因为抑制剂浓度的关系可获得较宽的操作范围。也有某些抑制剂在配制药液时就添加到足够高的浓度，因此，直到下次活性炭处理前都不需要再添加。

12.9 电镀问题与处理

12.9.1 电镀凹陷

凹陷基本上是表面污染及气泡所致。表面污染导致的凹陷一般是不规则形状，随机分布于全板面，常见原因包括干膜返粘、显影不良、前处理不佳。图 12.7 所示为有机残留导致的电镀凹陷。

气泡导致的凹陷，一般表现为铜面上的小圆孔或半圆孔。图 12.8 所示为气泡导致的凹陷。这类缺陷有以下共同特征：

◎ 缓降的凹陷形状

◎ 呈圆形

◎ 如电镀厚度一样深
◎ 在线路间及边缘

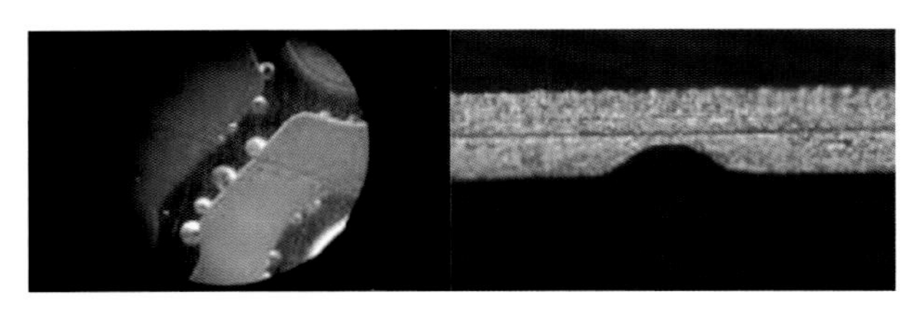

图 12.7 有机残留导致的电镀凹陷

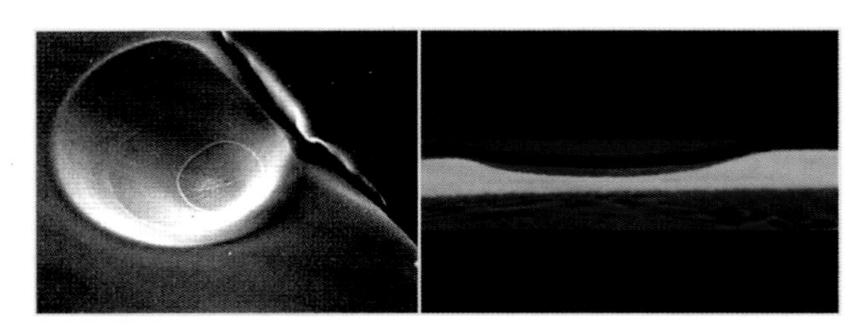

图 12.8 气泡导致的凹陷

凹陷一般会呈现缓降现象，或者直接到达底铜位置，多数出现在线路或焊盘边缘区域。铜电镀中重要的球形凹陷，是空气气泡所致，形成于铜线路或干膜基部，阻止电镀反应。镀液气体过度饱和被认为是产生这种缺陷的根本原因。有数种因素导致电镀液气体过饱和，有些可以避免，有些无法避免。气体搅拌可能是原因之一，但也未必是根本原因。气体搅拌可以促进槽液混合，利用压力差使通孔内气体加速排出，但也有可能产生气泡。气体经过循环泵时会产生压缩，从而产生富含气体的药液。气泡会因此在多个不同的位置产生，包括干膜的侧壁及通孔的凹陷处，最终导致电镀缺陷。

气体搅拌的管路设计，对于达到期待的搅拌效果，同时避免气体进入循环系统十分重要。对于气体搅拌，某些系统会以大气泡、大流量的方式设计，而有些系统会用细致缠绕的滤芯产生非常细致的小气泡。采用小气泡设计的槽体，由于没有较高的垂直浮升速度，无法混合药液，也没有引出孔内气泡的能力，很快就会在电路板各处均匀产生电镀凹陷。小气泡不定向在药液中漂移，被循环泵吸入后会产生富含气体的电镀环境，更容易产生前述的凹陷问题。

电镀凹陷是电路板制造良率的杀手，特别是精细线路。电镀凹陷并不一定是气泡导致的，也可能是其他区域性有机或无机物残留导致的。当然，重要的圆形或半月形凹陷，多数源自气泡的影响，因为气体会生长在干膜线路边缘，阻碍电镀。根据不同的干膜特性，一些干膜具有较严重的电镀凹陷倾向，所有干膜都有产生电镀凹陷的可能性，不同的是严重程度及数量多少。干膜润湿性差异、表面缺陷、疏水性等，都会影响气泡生长，也会影响凹陷问题。不过，镀液本身的表面张力或润湿能力也是影响因素。

凹陷或空洞也有可能发生在孔内，空洞有可能因为空气吸附在孔内而产生。从切片现象可以看出，这类空洞多数发生在孔中间段并呈现对称，如无铜段的宽度大致相同。这种缺陷与表面气泡凹陷有类似处，电镀铜在此处有倾斜缓降面。这不同于一般污染产生的凹陷，因为油脂、有机残膜或其他污染物导致的缺陷多数呈不规则形状。

有很多关于避免孔内残留气泡方法的研究，相关改善方法有加大机械摇摆幅度、振荡敲击或升降摇摆等，其中以敲击振荡混合方法最有效。较宽的电路板间距及较大的摇摆幅度也很重要。当然，镀液表面张力会影响气泡大小。降低镀液表面张力，同时在气泡还未长大时就将它去除，对于减少这类缺陷有一定的帮助。

气泡未必是外在因素导致的（如气体搅拌或通孔气体吸附所致），也有可能是槽体内自生的（如电镀时产生的氢气或阳极产生的氧气等所致）。酸性镀铜的效率颇高，电镀产生的氢气一般不是主要问题，需要避免的是高电流密度产生的大量氢气。必须注意的是，纯锡、锡铅电镀的效率较差，问题较严重。镀金的问题更加严重，特别是在低浓度高电流密度下，这方面要更加小心。产生氢气的主要顾虑是干膜会失去应有的结合力。氢离子被还原成为氢原子并形成分子态氢气，会附着在阴极板面，局部区域会有氢氧根浓度提高的问题。

好的搅拌可以将氢氧根分散到整个药液中，以减轻过碱问题的影响。常见的渗镀问题发生在金及锡电镀，也会形成环状渗镀——就像气体被吸附在环状或是半月状浮离干膜处，阻碍电镀。一些提高电镀效率的做法可改善这种问题，成功减轻干膜的浮离问题，这证明氢气的产生确实会造成干膜浮离。

12.9.2 有机物对电镀添加剂体系的影响

镀槽内会添加有机物，以改善金属析出，如厚度均匀性、通孔深镀能力、剥离强度、抗拉强度、结晶尺寸及合金电镀的深镀能力等。聚多醇类添加剂用于酸性铜镀液及锡铅镀液，功能是形成均匀的扩散界面层。对苯二酚用来防止二价锡（Sn^{2+}）氧化。含有硫元素的有机分子作为光亮剂，用于改善结晶结构。氨基化合物可用作整平剂。

部分添加剂宣称在低浓度下会产生影响，也可能经过复杂电化学反应产生有电化学活性的成分。多重消耗机制，如空气氧化、阳极氧化或与金属共析，使得药液的添加与分析变得十分复杂。微量有机物产生的干扰，如润湿剂、消泡剂及干膜析出物等，都有一些文献记载，但部分问题似乎无法避免。干扰状况大致有以下几种：

◎ 电镀孔深镀能力下降

◎ 电镀层呈深色或烧焦的表面状态

◎ 析出金属变脆

◎ 干扰槽液的分析

槽液可通过循环伏安剥离（CVS）、高效液相色谱分析（HPLC）、总有机碳含量（Total Organic Carbon，TOC），或模拟实际镀槽状况的霍尔槽进行电化学分析。霍尔槽用于比较同样电流密度范围中，金属析出状况是否正常。HPLC 有分析特定成分的能力，可以利用已知化学成分与槽液做对比，来评估槽液的电化学行为。

HPLC 扫描结果常为表象数值，并没有相关电化学活性的波峰涵盖面积及波峰数量等信息。根据 TOC 可追踪槽液的碳化合物含量累积，但没办法指出这些含碳物质的好坏。霍尔槽测试无法指出是何种成分产生的电镀结果影响，但可以依靠经验辅助观察镀液成分的表现或分解污染的状况。同时，其结果也可以作为是否进行活性炭处理的参考。

所有电镀干膜都有在镀液中浸润出有机物的现象，基于电镀槽液会有污染物带出、带入及添加剂本身自然分解等影响，当槽液有机物累积到一定含量时，活性炭处理就变成了必不可少的步骤。此时，问题就变成了单位面积干膜会产生怎样的析出量及成分才是可接受的，以及在电镀质量允许的状况下，怎样的处理频率才是用户期待的。另一个要注意的问题是，生产者要用什么测试方法，才能得到有意义的干膜评估信息，这也是评估前必须注意的事项。

干膜的浸润释出量测试在业界并没有标准方法，只有一些一般性测试方法。典型的方法是模拟生产过程中镀液单位体积的干膜负荷量，浸泡一定的时间。干膜浸润测试，可以整体一次加入，并在测试过程中一直接触药液，也可以分次浸泡达到电镀时间，并更换新干膜继续测试，通过累积总浸泡面积来观察产生的影响。

测试方法一般都会经过所有的电镀工艺流程，包括显影、电镀前清洁脱脂、微蚀、电镀铜、电镀锡或锡铅等。为了与实际状况尽量接近，采用的干膜最好是经过线路制作的干膜（因为线路边缘可能存在较弱聚合），而且电镀时最好有完整电流供应及空气搅拌等实际操作状态。如果采用脉冲式电镀，则仿真也最好是相同的状态。

对于霍尔槽测试释出物质的影响，偶尔也会用 HPLC 做成分鉴定。评估项目包含测试片电镀，在不锈钢板上电镀出铜层，之后做一些内部应力、延伸率、剥离强度的测试。有机污染在锡或锡铅槽都会影响深镀能力，尤其是锡铅电镀，可能还会影响合金成分。对于合金电镀，可通过 X 射线分析大致了解金属成分的变化。这些相关数据，可绘制成电流密度与金属成分的关系图，也可以做出析出物对成分影响的关系图。典型锡铅电镀的锡铅成分比例为 60 / 40，较低电流密度会导致锡比例提高，但镀液的控制目标一定是保持低敏感度，因此释出物的影响必须特别注意。

12.9.3 不平整的电镀线路

图形电镀应该是平整的，但有时候会看到边缘存在破碎现象。一条破碎不平整的电镀线路，可被描述为宽度不平整的图形电镀缺陷。破碎线路的外观如图 12.9 所示。

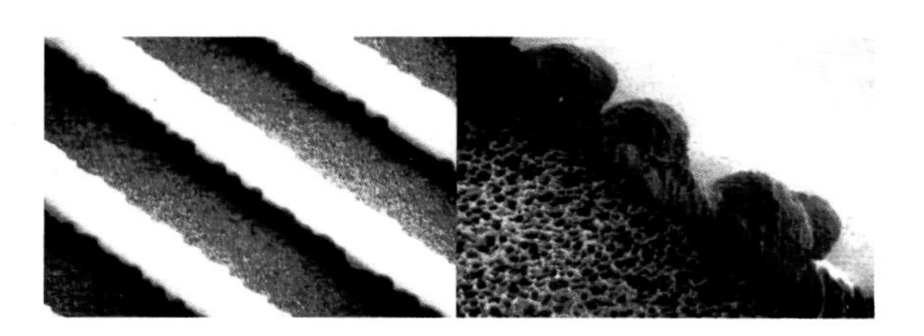

图 12.9 破碎线路的外观

宽窄线路区域交互出现在线路上，不同于干膜产生的单一突出或锡渗镀产生的突出现象。在单一线路上出现的凹陷小点，可能是干膜返粘造成的锡或锡铅电镀不良，不会形成破碎线路。这种破碎线路可能会被认定为外观缺损或直接被退货，因为线宽 / 线距有可能超出既定规格，也可能导致阻抗或高频干扰问题。

用 SEM 从上方观察破碎线路，多数在剥除锡或锡铅后呈现破碎现象，这种现象在

100 倍显微镜下也可以看出来。一般是线路顶部破碎不整，但线路底部没有问题。破碎不整的位置可指明产生问题的原因，容易造成这种问题的原因是蚀刻不均匀。一般蚀刻底部不容易产生这种问题，因为线路蚀刻是随机性的，不会因为干扰而产生不均蚀刻。即使是全板电镀或铜箔，也不会在线路附近出现这种问题。有迹象显示，这种破碎不整的线路多出现在图形电镀板面，且是局部性现象。

破碎线路的产生原因

受随机蚀刻阻碍因素的影响，线路侧蚀会受到干扰，有时连垂直方向的蚀刻也会受到影响。产生这种现象的原因有两个：锡或锡铅被镀到铜线路的边缘、干膜剥除不全。

（1）锡或锡铅被镀到铜线路的边缘：铜并没有顺利地顺着干膜边缘向上沉积，而是留下了一个间隙，以至于锡或锡铅渗镀进去。不均匀的金属镀层成为蚀刻不均匀的抗蚀层，贴附在铜的边缘。如果这种现象伴随着锡或锡铅剥落，则可能会使得抗蚀层延伸到图形电镀区。在锡或锡铅电镀前一般不会有可检测的间隙，但锡或锡铅电镀时的局部干膜收缩或浸润可能会造成这种问题。图 12.10 所示为线路侧面镀上锡的现象。

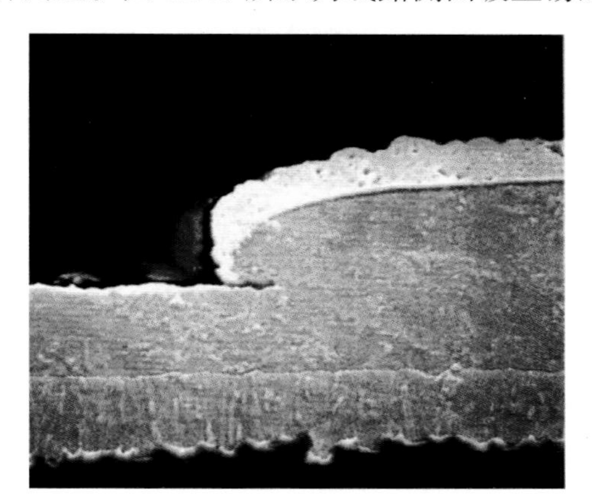

图 12.10 线路侧面镀上锡的现象

如果确实有间隙，则金属抗蚀层可能会产生遮蔽。这个间隙可能是镀铜后烘干干膜时的收缩造成的，也可能是电镀锡或锡铅前的浸泡造成的，还有可能是电镀锡或锡铅造成的。常见的间隙电镀产生原因是，干膜底部位置突出，存在所谓的“正向干膜底部”问题。另外，电镀铜存在所谓的“冠状电镀”现象，也就是线路突出，使锡或锡铅沉积到铜线路的边缘。

必须注意的是，这种状况可能会导致线路破碎不整，但未必一定会发生。因为冠状电镀有时会同时存在间隙及密合两种状态，如果只出现冠状电镀，但是没有间隙，这种问题就不一定会出现。

（2）退膜不净：线路破碎不整也有可能发生在图形电镀线路边缘退膜不净的情况下，存在于图形电镀铜与底铜或全板电镀铜之间。图 12.11 所示为线路边残留干膜无法清除的状况。残留干膜有抗蚀作用，阻碍侧蚀，产生宽度不均的线路。

图 12.11 线路边残留干膜无法清除

干膜有时会被图形电镀夹住，无法在退膜时顺利去除，这也可能会产生冠状电镀，将锡或锡铅镀到线路边缘，双重侧蚀干扰的影响就出现了。图 12.12 所示为干膜夹在图形电镀铜底部的现象。

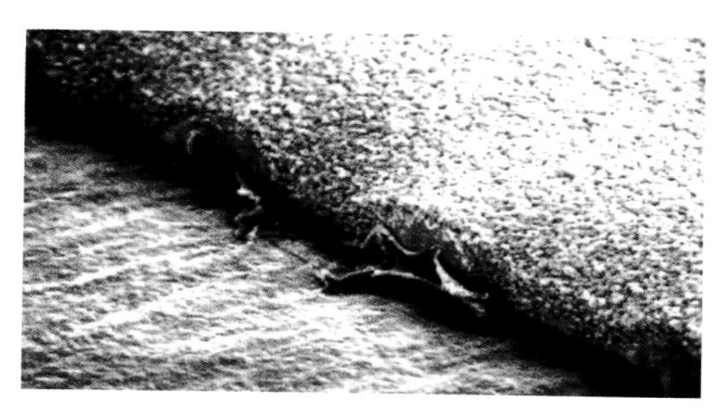

图 12.12 干膜夹在图形电镀铜底部

通过上述缺陷现象可以明确看出，破碎不整的线路可能是锡或锡铅电镀或干膜剥除不全所致。但两者的机理并不相同，将锡或锡铅去除后，有可能因为干膜同时被去除而无法分辨两者之间的差异。因此，判定问题时必须注意它们的区别，最好的检查时间是退锡前。一般不易观察到线路侧面现象，采用 SEM 则不易分辨干膜与金属，因此，使用立体显微镜进行线路观测是不错的选择。

防止干膜残留导致线路破碎不整的建议

（1）工艺上要尽量减少半聚合问题。当底片与干膜之间产生较大间隙时，容易形成局部半聚合带，此时应该适度调节真空操作，改善底片在曝光前的下压状态。

（2）改良退膜液，确保能获得清洁完整的退膜效果。

（3）改善显影状况并不能避免线路破碎不整问题，除非“正向干膜底部”可以避免。此时优化显影会有所帮助。

跨干膜电镀现象也会造成退膜不全，此时必须研究电镀问题：深镀能力较差时，必须提高平均电镀厚度，以获得必要的孔铜厚度。在这种情况下，采用深镀能力较好的电镀系统是必要的。如果跨干膜电镀是电流密度分布问题造成的，那么挡板、电镀挂架设计、阳极摆放位置或设计等都必须留意。当然，脉冲式电镀也是可行的选择。

对于干膜剥除不全，有人提出干脆将干膜完全破碎成小碎片，避免它产生问题。确实，有些配方加入剥膜液后，有助于干膜去除，但必须加强过滤，以免碎片过小而无法分离。另外，在设备功能方面，适度加大喷压、提高退膜液温度、降低槽液干膜负荷量，都对退膜效果有帮助。

防止电镀导致线路破碎不整的建议

找出锡或锡铅电镀到线路边缘的原因，应该注意选用能够承受电镀药液攻击的干膜，避免镀铜后产生干膜收缩，并达成干膜与电镀铜密合的状态。过强的脱脂清洁处理容易造成干膜剥离，导致锡或锡铅渗镀。选择较缓和的脱脂剂及适当的操作条件，可减少这种问题。

一般干膜较容易在低金属高酸的锡或锡铅镀槽中被攻击，氟硼酸比甲基磺酸的活性强。在低酸系统中，较容易避免锡或锡铅电镀到线路边缘的问题，因为此时的深镀能力较差，锡或锡铅不易镀到间隙中。

12.9.4 电镀铜瘤

这种缺陷来自槽液污染，如阳极袋破孔、化学铜脱落或粉尘进入等，不当过滤也是常见原因。使用较大的泵、较佳的过滤系统或更换进出口位置都有可能改善问题。图 12.13 所示为通孔内的铜瘤。

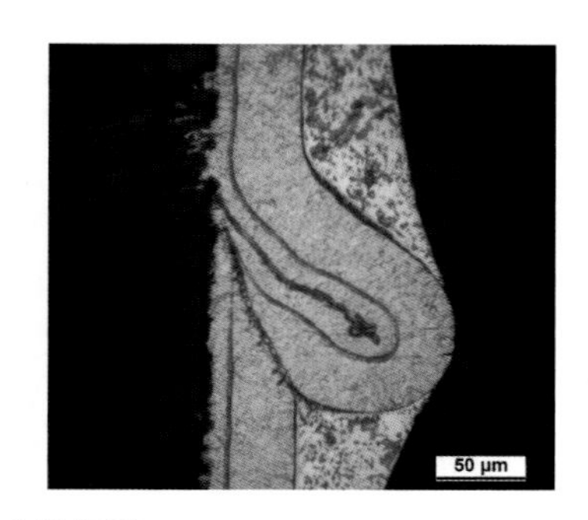

图 12.13 通孔内的铜瘤

12.9.5 电镀台阶

电镀台阶，如凹陷，可能发生在电镀铜的过程中。电镀台阶包括局部未电镀区域，这些区域一般会低于平均高度。原因一般是显影后有残膜留在板面，残膜可能是贴膜前铜面不洁或显影不当产生的。残膜有时候源自曝光贴合不良，造成线路边缘扩散，无法显影干净。当然，残膜也可能是电镀前处理或微蚀处理水洗不良所致。这些残膜会遮蔽电镀，直到被电镀液洗掉才产生电镀作用，导致该区域比外围区域薄。

12.9.6 环或拐角断裂

应力断裂一般发生在镀覆孔的拐角，常见于后续工艺。当铜快速受热并膨胀（如波峰焊）时最容易发生，这种问题可用热冲击试验验证。这种问题是电镀铜沉积层过脆所致，多数原因是添加剂过多或镀液存在有机污染，可采用活性炭处理改善。图 12.14 所示为典型的拐角断裂范例。

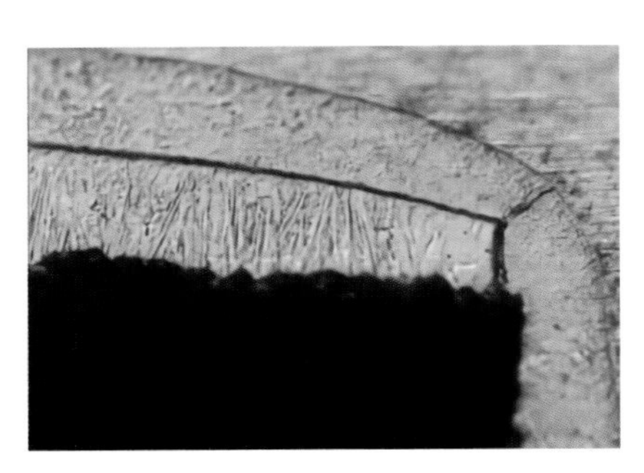

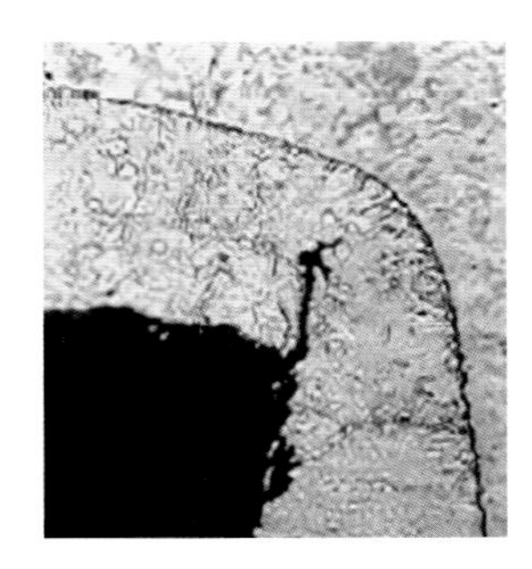

图 12.14 镀覆孔拐角断裂

12.9.7 跨干膜电镀

选择适当干膜是防止跨干膜电镀的好办法。此外，产生跨干膜电镀的原因如下。

▌镀槽设计不良

最有可能导致局部过度电镀的原因是，镀槽设计、区域性阴阳表面积比例不当或距离不当。这些也是影响电镀均匀性的关键因素。

▌线路密度分布不均

过厚的跨干膜电镀问题有时候与电路板设计有关，如线路位置与密度分布。如果电路板线路设计包含密集线路及独立线路，图形电镀必然会不均匀。一般情况下，独立线路电镀后较厚，相对的密集线路就会较薄，这时独立线路就容易发生电镀跨干膜问题。因为没有办法调整已完成设计的电路板，因此只得从调整电路板状态着手改善。图 12.15 所示为典型电镀过厚的蘑菇头缺陷。

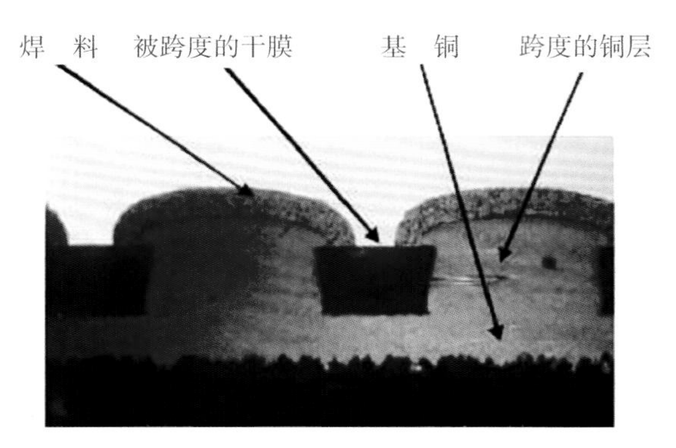

图 12.15 过厚的图形电镀

适度调整电路板在电镀挂架上的位置，可减少跨干膜电镀问题。如果电路板存在这种不均衡的线路设计，可采用交替式挂板法改善电镀：疏密线路面交替挂在镀槽中，可改善线路密度均衡性，也可减轻跨干膜电镀问题。当然，适当在板边增加牺牲板分担电流，进行电流密度再分配也是可以尝试的办法。

12.9.8 金属抗蚀层的问题

目前除了封装载板，密度略高的电路板仍然采用金属抗蚀层电镀工艺。同一片电路板，线路分布必然会有疏密差异。在相同的总电流控制下，这些几何分布差异会产生电流密度差。独立线路区呈现高电流密度，一般总线区则会呈现中电流密度，而大铜面则会呈现低电流密度。这是电镀的自然现象，很难有彻底解决的方法。

业者有时候会面对碱性蚀刻时线路破洞的问题。药液供应商研究发现，其实某些配方的纯锡电镀会因为电流密度差异产生不同的结晶结构。典型的结晶状态如图 12.16 所示。

乍看之下，高电流密度区的结晶结构较细密，低电流密度区的结晶结构较粗糙，好像没有太大的其他差异。但是经过切片超声波清洗后会发现，两者的强度与脆性都有差异。图 12.7 所示为经过测试后的切片。

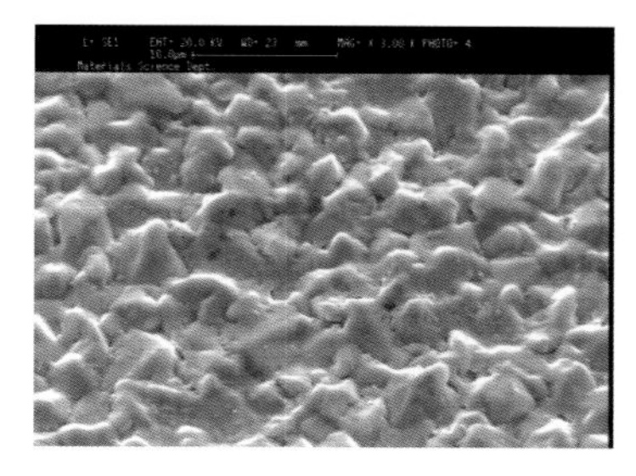

(a) 低电流密度

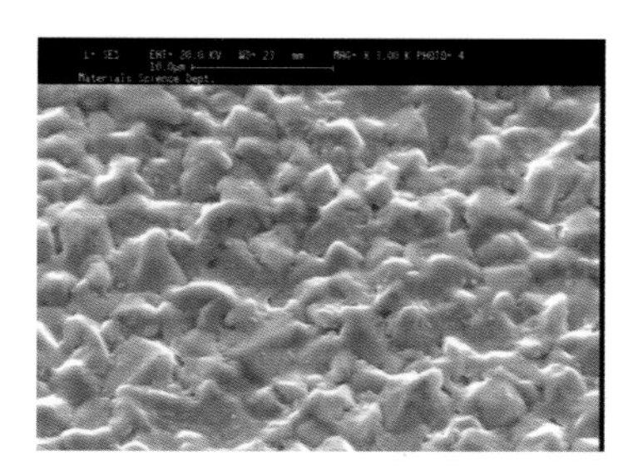

(b) 高电流密度

图 12.16 典型纯锡电镀的结晶结构

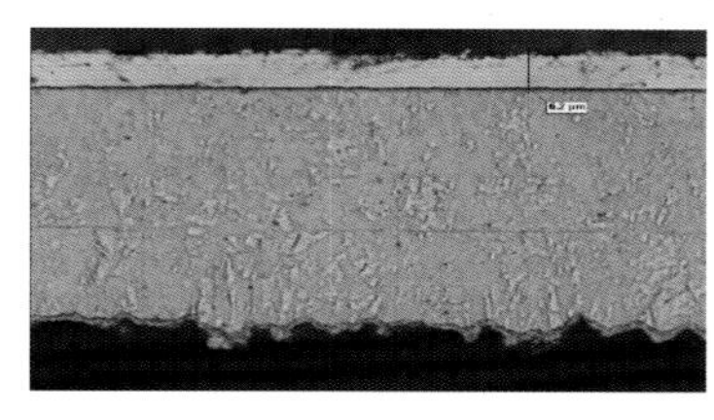

(a) 低电流密度

(b) 高电流密度

图 12.17 纯锡电镀切片经过超声波清洗后的状态，高电流密度区表面脱落

进一步研究分析并没有发现微观晶体结构有任何异常。再做表面分析发现，剥落锡的表面似乎存在污染。图 12.18 所示为剥落样本的 SEM 分析，可以看到高电流密度区的干膜也呈现变色状态。

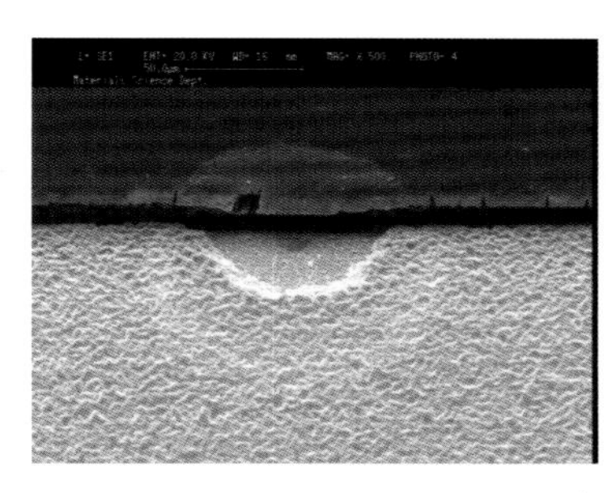

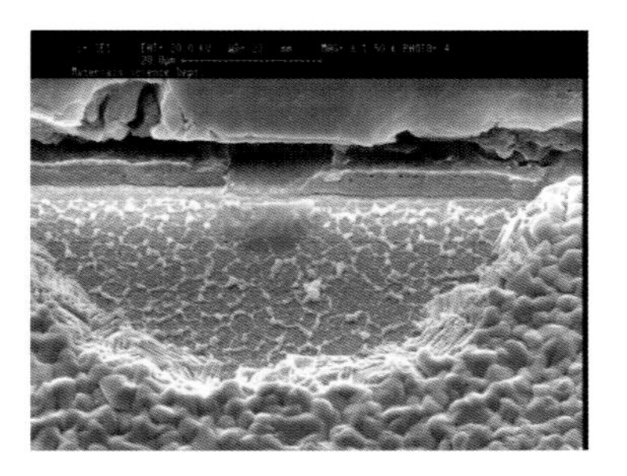

图 12.18 锡面剥落的微观表面

纯锡电镀后的标准流程是退膜、蚀刻、退锡。这种剥落必然会导致蚀刻产生线路坑洞，必须确认其实际原因。经过 EDS 扫描分析，发现存在干膜浸润污染的现象。图 12.19 所示为 EDS 检测结果。

基于这些现象，业者认定高电流密度区的电镀铜多数会比较平滑，如果没有恰当的粗化面，则电镀锡的结合力会偏低。另外，邻近干膜可能存在浸润渗出的污染风险。这些都是采用这类工艺时要留意的。

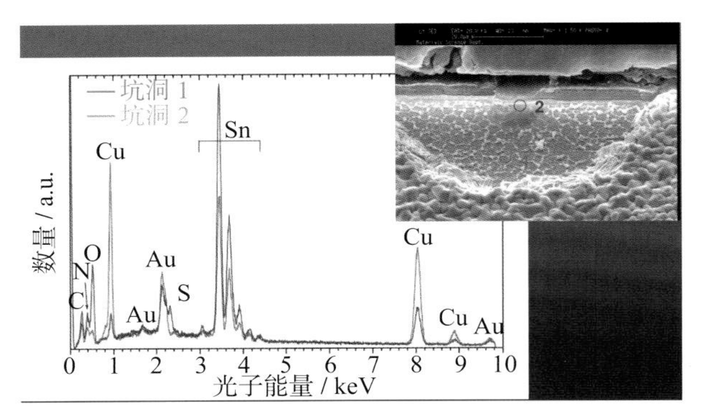

图 12.19 EDS 检测结果有污染迹象

第 13 章

蚀　刻

蚀刻工艺在电路板制造流程中担任着去铜的任务。蚀刻本身不是选择性反应，而是靠选择性膜选择性去铜。选择性膜可能是有机干膜或金属抗蚀层，如锡铅或纯锡。蚀铜时，金属铜被氧化后变成可溶性盐类后被移除。酸性蚀刻主要用于图形转移 / 蚀刻工艺，氧化介质可能是高氧化态金属盐类，如氯化铜（$CuCl_2$）或氯化铁（$FeCl_3$）。低氧化态金属离子可以再生，如添加过氧化氢等，让药液恢复活性。可根据设定的氧化还原电位，启动氧化剂添加及关闭。碱性蚀刻剂，如氯化铜铵蚀刻剂，可用于金属抗蚀层的蚀刻，这种配方可减轻蚀刻液对抗蚀层的攻击。蚀刻剂仍然是氯化铜，但与氨产生了络合作用。蚀刻后低氧化态产物形成氯化亚铜络合物，它会与空气中的氧气反应，氧化再生。

电路板暴露在水平传动蚀刻液喷流槽中，槽体上下都有喷流机构，蚀刻效果要看全板上下两面的蚀刻速率均匀性。蚀刻的理想状态是，只有正向蚀刻，而没有侧向蚀刻。但无论如何，侧向蚀刻是必然存在的。正向蚀刻与侧向蚀刻的比例被称为“蚀刻因子”，而高蚀刻因子是业者的期待。铜箔结晶结构会影响蚀刻因子，一般较期待 111 结晶。但是以结晶结构改善蚀刻表现，到目前都没有真正实现过。有些特殊蚀刻添加剂宣称具有护岸剂功能，可减弱侧向蚀刻，使正向蚀刻相对较强。这些药剂一般都是有机物，倾向于在液体剪力较弱的区域产生保护层。

至于其他方面的考虑，包括减轻蚀刻剂对抗蚀层的攻击，使得蚀刻剂能够渗透薄的残留物，而不至于被阻挡，避免出现蚀刻不净的问题。蚀刻剂选择有时候会考虑生产的在线再生能力、成本、安全性、排放或再生可能性。

13.1 关键影响因素

酸性蚀刻的化学品参数

较重要的是铜离子与亚铜离子的含量比、酸浓度、总铜离子含量等。在铜离子与亚铜离子含量比较高的情况下，会有较高的蚀刻速率。在高酸、高铜离子含量下（没有溶解度问题），也会有较高的蚀刻速率。比重常常作为间接指标，用来防止超过溶解度的限制，同时控制自动添加系统。

碱性蚀刻的化学品参数

主要有铜离子含量、氯离子含量及 pH。铜及氯离子含量是活性物质氯化铜铵络合物的间接指标。另一个间接指标是 pH，用来观察是否有足够的自由氨基进行氯化铜络合作用。蚀刻槽中的氧含量是不被监控的，而槽液比重则作为间接指标，用来监控槽液的安全溶解度，根据金属盐累积状况检测蚀刻剂消耗状况，同时控制添加系统。

其他重要参数

在蚀刻槽内的总时间长度是非常关键的蚀刻参数，会影响蚀刻深度。槽液温度、喷流压力及喷流覆盖状况，也是重要参数。有效喷流冲击要穿过蚀刻液膜，到达铜与蚀刻液界面，主要看喷流压力、喷嘴形式及液体形成的阻隔层。蚀刻液药液膜的厚度会受水池效应的影响，水池效应可以靠适当的喷嘴配置及摇摆改善。水池效应的影响上下不同，可以靠中途翻板及压力调节减轻。设备中采用的传动设计有可能遮蔽喷流药液，随机配置传动滚轮反而会造成蚀刻不均。较恰当的办法是采取交错式排列，让所有区域的遮蔽率大致相同，再结合喷流摇摆尽量减轻蚀刻不均问题。

线路，尤其是特别细的线路，蚀刻均匀性依赖均匀显影及良好的蚀刻纵横比，与蚀刻剂或机械参数无关。蚀刻纵横比，即蚀刻液填充区域的深度与宽度的比例，对蚀刻而言是重要参数，包括铜厚度及干膜厚度。对于薄干膜及薄铜箔，降低蚀刻纵横比有利于线路蚀刻宽度的均匀性。

干膜显影后的线路均匀性也是重要参数。干膜显影是重要的功能性前处理制程，线路显影能力及独立线路承受蚀刻剂冲击的能力，都会对机械与化学腐蚀能力产生重大影响。

可以把铜厚均匀性当作蚀刻的变量，这个变量不会直接影响蚀刻本身，但会对蚀刻的结果（线路宽度的均匀性）产生重大影响。如果蚀刻前已经存在铜厚变异，即使有最佳的蚀刻控制，也会产生一定的线宽变异。

13.2 干膜的选择

抗蚀膜的选择取决于蚀刻剂的类型。抗蚀膜的功能是阻挡蚀刻液的攻击。酸性蚀刻中采用的干膜与碱性蚀刻中采用的干膜，差异在于蚀刻液的化学行为明显不同。部分干膜可用于碱性蚀刻，也可用于酸性蚀刻，而用图形电镀的干膜几乎都可用于酸性蚀刻。专为碱性蚀刻设计的干膜，显影及退膜一般比用于酸性蚀刻的干膜慢。有时候这种干膜也呈现较差的分辨率，同时可能会在电镀液中出现问题。

13.3 酸性蚀刻的均匀性

线路蚀刻的均匀性可用 AOI、显微镜或电阻法检测。一些蚀刻均匀性研究采取半蚀刻法，即采用涡流法测量铜厚，比较蚀刻前后的变化。对于蚀刻速率变化、蚀刻均匀性及蚀刻因子，都有区别性分析。蚀刻速率与蚀刻均匀性的影响因素不同，多数研究认为蚀刻速率的影响因素包括温度、喷压、时间、槽液比重及氧化还原电位。蚀刻均匀性的影响因素，则包括电路板的尺寸及线路设计（如独立线路与密集线路）、水池效应、铜厚变异、抗氧化处理、局部冲击力等。传动速度及自由酸浓度是最重要的蚀刻速率影响因素，一般控制水平应该保持在 ±0.7cm / min 及 ±0.08g / L 以下。蚀刻均匀性的改善方法如下：

- ◎ 将铜箔厚度变异降低到 ±10% 以下
- ◎ 板中心与板边会因为水池效应而产生差异，必须调节时间与喷流状况。垂直工艺的水池效应是无解的，因为它在蚀刻液排除时产生了另一个垂直的水池膜
- ◎ 在蚀刻中翻版，可减小上下板面差异，但要考虑对实际操作的影响
- ◎ 区域性喷压不均与遮蔽问题，可采用较薄滚轮及均匀阵列法解决，喷流机构的摇摆对均匀性也有帮助

蚀刻中最棘手的侧蚀问题，会以量化的蚀刻因子来描述，一般以垂直蚀铜深度与侧蚀宽度之比作为指标。图 13.1 所示为线路蚀刻因子的定义。

图 13.1　线路蚀刻因子的定义

一般人都知道，过蚀越大，蚀刻因子越大。因此，比较实际结果时，必须让蚀刻量恰好达到线路底部，与抗蚀膜宽度一致，这样才有一致的比较标准。曾有 1oz① 铜箔蚀刻试验研究报告称，制作 3mil 线路的单边侧蚀量约为 0.5mil，这对于一般量产来说是非常惊人的数字。因为采用普通铜箔蚀刻时，蚀刻因子都维持在 1.5 ~ 1.8，但这个研究达到了约 2.9 的水平。

但是，由于电路板尺寸、干膜厚度和干膜类型等都不清楚，因此其准确性值得商榷。另外，这种试验也无法保证实际线路的均匀性，因为干膜本身的宽度变异、铜厚变异、铜箔毛面粗糙度等因素都不是一般实验结果能涵盖的。

1990 年，有干膜供应商与设备商共同实验得出结论：制作 4mil / 5mil 线路时，若能改善蚀刻设备，有可能将蚀刻线路宽度变异保持在 10% 以内。改善前，有 50% 左右变异来自蚀刻本身，而非前制程的影响。改善后，变异有可能缩小近一半。该研究验证了维持蚀刻线路稳定的重要参数，其中最重要的两个就是酸浓度及蚀刻时间。

因为研究过程采取每次改变一个参数的方式，因此，参数变化量只能维持在总变化量极限的一半，以保持整体结果在允许范围内。线路宽度变异不仅取决于线路本身，也取决于间距。因此，制作较细线路时，线路宽度变异随线路变细而增大。底片设计必须做到 2mil 才能制作 3mil 线宽 / 线距的线路，对于一般工艺这已经是极限。

13.4　干膜状态与蚀刻效果的关系

干膜的厚度及边缘形状

独立线路比密集线路更容易产生过蚀，这是众所周知的，因为独立线路的液体交换率高。特别是线宽接近 2 ~ 3mil（50 ~ 75μm）时，会对线路制作产生极大影响。稳定的阻隔层包围了线路区，会让新鲜药液很难突破障碍扩散到铜面。

干膜在蚀刻均匀性上的表现其实也很重要。如前所述，干膜厚度会影响蚀刻纵横比，因此较薄干膜会对蚀刻均匀性有所帮助。虽然有明显的工艺优势，但干膜必须有一定厚

① 1oz=28.349523g。

度才能有效附着于铜面，不容易达到较薄的状态。虽然近年来有改善方法将干膜的保护膜变薄，以增强干膜的柔软度，但相对的也容易产生贴膜皱褶，这方面需要注意。

另一个影响因素是干膜线路的边缘形状。对于图形转移后直接做蚀刻的干膜，“正向干膜底部”有利于细线路制作，当然前提是底部十分均匀、不会过长的状态。这种边缘形状有助于干膜底部定义出稳定线宽，同时干膜上缘有较宽开口方便药液交换。然而，这种干膜边缘不是电镀工艺期待的，因为会产生电镀夹膜与冠状电镀问题。采用这种干膜蚀刻，会产生破碎不整的线路，因此干膜底部最好接近垂直，但不要产生底部掏空现象，这会产生渗镀问题。图 13.2 所示为三种显影后的干膜外形，对于不同工艺各有优劣。

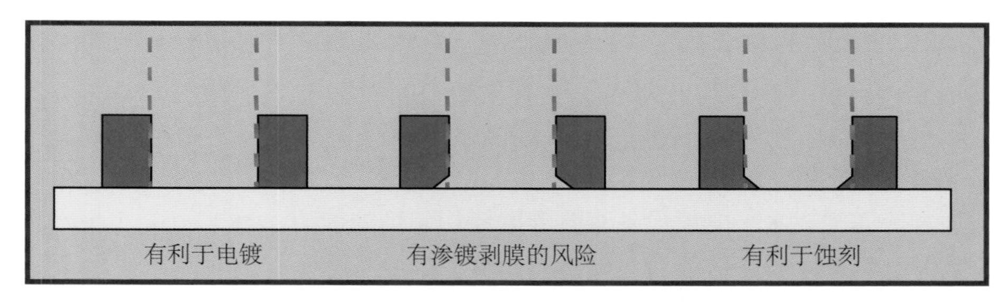

图 13.2　三种显影后的干膜外形

干膜的附着性

前文提到的侧蚀也会因为干膜附着力而对细线路产生影响：铜面与干膜的结合宽度会随着线路密度的提高而越来越窄，可能会导致干膜脱落。在相同铜面微观、干膜变形量、相同交联及聚合物柔软度下，两种不同干膜仍然会表现出不同蚀刻承受力，因为不同干膜与铜的化学附着力并不相同。

干膜与铜面的化学键结合力，并不完全取决于干膜的化学结构，也受铜面化学结构的影响。对于直接电镀及抗氧化处理产生的较平滑铜面，干膜结合力依赖于适当的干膜配方。结合力促进剂常是专有特殊配方，能形成有机物与铜面的结合力。最好对干膜结合力促进剂做适度测试，确认其兼容性，以免发生显影不良问题。

13.5　蚀刻因子的挑战

一些减轻侧蚀的措施虽然理论上可行，但可能实际效果不佳或不可行：

◎ 铜箔具有非均相晶格，垂直蚀刻速率比侧向蚀刻高，但材料不可得

◎ 根据经验，碱性或酸性蚀刻没有太大的蚀刻因子差异，两者切换没有太大意义

◎ 专有配方护岸剂在实际生产中似乎并没有发挥应有效用

◎ 金属抗蚀层比有机抗蚀膜的表现更糟，因为原电池效应（galvanic cell effect）会使侧蚀加剧（由此可知锡的抗蚀性比金好）

氯化铜蚀刻系统采用低酸配方，同时添加剂采用强氧化剂盐类，可获得较好的蚀刻因子。然而，蚀刻因子不容易测试，测试时应减小所需的蚀铜厚度，以减小整体侧蚀量，这需要较薄且厚度更均匀的铜箔。

13.5.1 薄铜箔的选择

在设计规则允许的情况下，采用 0.5oz（约 18μm 厚）或 0.25oz 的铜箔取代 1oz 铜箔是恰当的选择。

◎ 用于积层板的薄铜箔可采用载体作业，作业完毕后将载体去除
◎ 采用较厚铜箔开始制作，后续通过减铜蚀刻达到期待的厚度
◎ 降低孔内铜厚要求到较低的水平，这有利于镀铜均匀性的达成

13.5.2 改善铜厚均匀性

铜厚最大值是影响线路侧蚀量的重要因素。除此之外，平均铜厚最好接近所需厚度的最小值，这有利于线路制作。因此，可以考虑以下想法：

◎ 使用低轮廓、细致晶粒铜箔，可减少清除较粗、较深铜牙的时间，这些深入树脂的铜不易清除
◎ 垂直传动式或水平电镀设备有改善电镀均匀性的能力
◎ 脉冲电镀可改善深镀能力与电镀均匀性，因此可缩短电镀时间，减小面铜的电镀厚度

13.6 蚀刻液体系

13.6.1 酸性氯化铜

酸性氯化铜蚀刻液并不是专利配方，其主要成分是氯化铜与盐酸，多数用于内层板线路制作，以干膜为抗蚀剂。酸性氯化铜会攻击金属抗蚀膜，因此不会用于图形转移 / 电镀 / 蚀刻工艺。这种体系的控制既简单又便宜，但是蚀刻速率比碱性蚀刻液低。

13.6.2 碱性氯化铜

碱性氯化铜蚀刻液有不同的专有配方，具有高生产效率及细线路生产能力。这种蚀刻液适用于镀锡或锡铅工艺，因为这类金属受攻击的程度有限。所有水溶性干膜或多或少会受到这种蚀刻液的攻击，部分干膜配方可在适当控制下使用。某些特殊配方专为适应这种蚀刻液而设计，主要用于外层线路制作，偶尔也用于单双面板制造。

13.7 蚀刻工艺与设备

一般蚀刻工艺采用传动式设备，包含喷淋蚀刻液的封闭系统。喷淋设计可提高生产速度，也有利于发挥细线制作能力。一般喷淋蚀刻设备会在外围设置回流槽，作为蚀刻液缓冲、温控及过滤空间。必须进行槽液冷却，因为蚀刻属于放热反应。蚀刻液由泵传送到喷淋机构，可以产生均匀的喷淋分布，让蚀刻液均匀散布到蚀刻处理通道中。喷淋

设计于电路板两面，可同时处理上下面线路。传动可能是垂直或水平的，喷嘴可以是锥形或扇形的。蚀刻后的电路板会传送到清洗槽，以去除板面残液。蚀刻后水洗的目的是完全去除板面残留蚀刻液，降低水中残铜量，以便后续废水处理。

13.7.1 氯化铜蚀刻的化学反应与工艺控制

蚀刻液的化学成分会随着蚀刻的进行而变化。为了维持药液成分，必须进行补充与排除。主要控制步骤包括蚀刻液的再生及补充。再生就是进行更新、还原或替代性处理，而补充则是添加新鲜药液或完全回到原始状态的程序。蚀刻液的再生是将亚铜离子转换回铜离子的过程，因为真正发挥蚀刻作用的是铜离子。

喷淋压力与位置

强大的喷淋压力，可加速铜面的蚀刻。这种做法不仅可提高生产速度，还可提高喷淋蚀刻的分辨率。喷淋压力可维持在 20 ~ 35psi，而实际调整必须考虑两面蚀刻速率一致性需求。对于水平系统，这种调整必须平衡上方的水池效应及所有设备可能产生的障碍。

喷淋管道间的压力分布、喷淋位置与角度的调整都必须注意，要维持整个蚀刻槽长宽方向的均匀性。喷嘴形式及摇摆等，也可用来改善蚀刻速率与均匀性。在电路板的上方，外围蚀刻较快，中间会较慢，这是药液产生的水池效应所致，喷淋盘的适度摇摆可减轻水池效应。

可见，不同电路板面积呈现的线路蚀刻均匀性有差异，因为电路板面积越大，水池效应的影响就越大。为了改善这种问题，某些业者在板中间加一些排水孔或槽，经验证明这样做确实能对线路的均匀性产生正面效果。目前，有些挠性板制作者对超细线路制作有不同看法，尤其是 CoF 及 TAB 制作者面对工艺选择时会犹豫。

多数窄卷带式制作者采用油墨涂覆制作光致抗蚀层，可以获得相当好的细线路制作能力，因为可采用投影式曝光提升分辨率及良率，同时油墨可形成较薄的感光层，也有利于蚀刻液交换。另外，因为宽度小，不容易发生蚀刻量差异及水池效应。根据这些观点，采用窄卷带式生产确实有它的道理。但以量产的眼光看，在规格允许的情况下，最好用更宽的材料。

传动速度

控制传动速度，主要目的是提供足够的反应时间，以获得期待的蚀刻效果，不论是线宽、侧蚀量，还是适当阻抗值。蚀刻点是确定传动速度的重要依据。蚀刻点指的就是蚀刻程度恰好达到必要最小间距时的位置。一般以蚀刻槽长度的百分比来表示，80% ~ 85% 较理想，刻意过蚀时可设定为约 75%。蚀刻因子数据的取得需要非常小心，因为所得的结果受过蚀的影响非常大。要比较两种不同药液的有效蚀刻因子，或同种药液在两种不同操作状态下的结果，注意应该固定线宽。

原电池反应

侧蚀常会因为原电池反应而扩大。原电池反应发生在抗蚀层材质为金属的时候，因为不同金属会产生电位差异。金属抗蚀层主要用于碱性蚀刻，原电池反应也较常发生在碱性蚀刻中。在一般化学反应对铜蚀刻时，原电池反应也在除铜。区域性原电池反应会受线路形状的影响，因此就算在最佳蚀刻条件下操作，还是会产生较大的线宽变异。

原电池反应的严重性，主要看使用的金属，依次为铜、镍、锡、锡铅。例如，以镍金为抗蚀层，就会产生较大的电位差异，形成大量侧蚀，导致细线路制作很困难。而使用锡铅可减轻这种影响。

蚀刻速率

电路板的蚀刻速率就是蚀刻液咬蚀铜的速度，化学反应的影响因素包括温度、喷压及蚀刻方法等。然而，较高蚀刻速率常会产生较差的质量，尤其是较低的蚀刻因子及较差的分辨率。

系统控制及稳定性

酸性和碱性蚀刻液都有自动化工艺控制系统。酸性氯化铜可通过较严谨的控制来减少结晶沉淀问题，比起碱性蚀刻系统偶尔发生过大浓度变异要好得多。两种蚀刻液都会产生副产物，基本上是一些铜络合物或混合体。这些产物大多不会在线处理，而是由专业回收公司代为处理。

化学反应

基本的铜蚀刻化学反应是铜被铜离子氧化的过程，亚铜离子不溶于水，但会因为过量氯离子的存在而加速溶解。过量氯离子一般以盐酸形式补充，当然也可以通过其他形式提供，如氯化钠。氯离子是反应的基础。当铜面产生氧化亚铜时，必须即刻移除，以保持稳定的蚀刻速率。

另一个重要的化学反应是亚铜离子被氧化成铜离子，这个反应被称为再生反应。该氧化反应可以靠氯气、过氧化氢或次氯酸钠完成。当然，也可以靠空气氧化，但比较慢，不切实际。

氧化反应：

$$Cu + Cu^{2+} \longrightarrow 2Cu^{+}$$

其中，Cu^{+} 以络合物 $CuCl_3^{2-}$ 的形式存在，必须快速去除，以维持蚀刻速率。

蚀刻液再生：

氯　气　　$2CuCl_3^{2-} + Cl_2 \longrightarrow 2Cu^{2+} + 8Cl^{-}$

过氧化氢　　$2CuCl_3^{2-} + H_2O_2 + 2HCl \longrightarrow 2Cu^{2+} + 8Cl^{-} + 2H_2O$

空气氧化（过慢）：

$$2CuCl_3^{2-} + 1/2O_2 + 2HCl \longrightarrow 2Cu^{2+} + 8Cl^{-} + H_2O$$

铜离子含量

维持稳定的铜离子含量可获得最佳蚀刻表现，包括蚀刻因子及平整的线路等。蚀刻速率会因为铜离子含量低于操作建议值而下降，但铜离子含量高于建议值容易产生泥状物质。在建议操作范围内采用低酸时，铜离子含量对蚀刻速率的影响较小。通过提高酸浓度来获得较高蚀刻速率时，较高的铜离子含量反而会因为高酸浓度而压制蚀刻速率。

铜离子含量一般维持在 155 ~ 185g / L，可以用滴定法验证。当铜离子含量升高时，溶液比重也会上升，此时可采用波美计监控。比重一般为 1.24 ~ 1.28，当铜离子含量超过范围上限时，可以通过加水来降低比重。必要时可用泵将蚀刻液排出，以控制槽液的液位并将板面蚀刻下来的铜排出。氯气再生系统比过氧化氢再生系统需要更多的水，因为氯气不含水，也不会产生含水产物。过氧化氢一般会以 35% 或 50% 的质量分数添加，它本身富含水，并且与亚铜离子反应也会产生含水产物。过氧化氢的反应还会消耗盐酸，因此必须加入高浓度盐酸（一般含有质量分数 60% 的水）。铜离子含量可用硫代硫酸盐滴定法验证，比重可用电子设备或波美计监控。

有两种波美计，其中一种用于比水轻的液体，另一种则用于比水重的液体。蚀刻液一定比水重，波美度与蚀刻液比重的换算关系如下：

波美度 = 145 -（145 / 比重）

因此，波美度为 32 时，比重约为 1.28。

氯离子含量

较高的氯离子含量可以加速蚀刻，因为氯离子会与铜离子及亚铜离子反应产生络合物。盐酸或氯化钠都可以提供大量的氯离子，因此有时被用来补充氯离子，以免补充单一盐酸产生超过 3g/L 的浓度，伤及钛金属部件。也有一些报告提到，在总氯离子含量过高时，一些盐类可能会析出而呈结晶状态，也会伤害机械部件或齿轮等。

温度的影响及控制

有研究显示，温度提高约 10 ℉，蚀刻速率可提高约 15%。酸铜蚀刻速率较低，提高温度可加速反应。一般操作温度上限受限于设备材料，多数都不会超过 50℃，加温与冷却系统都可减少温度变化。

补充与再生

氯气、过氧化氢和氯酸钠等都能够将亚铜离子快速转换为铜离子。添加氯气只是单纯的补充，反应中没有副产物产生（但仍然要添加盐酸，以补偿作业带到废液中的部分）。过氧化氢再生体系的副产物为水。氯酸钠盐还原体系需要添加氯酸盐及盐酸，而副产物是水及氯化钠。

再生反应可采用氧化还原电位计或比色计监控。氧化还原电位计以蚀刻液的电位值为监控目标，而比色计以药液中亚铜离子增加导致的颜色变化为监控目标。氯化铜呈蓝色，但氯化亚铜呈黑色，药液呈深黑色就表示再生反应不够快。表 13.1 所示为酸性蚀刻液的参数。

表 13.1 酸性蚀刻液的参数

氧化还原电位	500 ~ 540mV
铜离子含量	155 ~ 185g / L
酸浓度	0.5 ~ 1.5g / L（细线路） 2 ~ 3g / L（高产出）

续表 13.1

温　度	52 ~ 54℃
浓　度	28 ~ 32° Bé[①]（比重 1.24 ~ 1.28）
蚀刻点	依产品而定

氧化还原电位（ORP）的控制

影响蚀刻速率的重要因素之一，是铜离子与亚铜离子的含量比。控制这个比例的稳定，就可以获得稳定的蚀刻速率。较低的亚铜离子含量，会有较高的氧化还原电位，同时具有较高的蚀刻速度。铜离子含量同样重要，但影响程度比不上亚铜离子含量，因此亚铜离子含量总是占据整体铜离子含量的小比例。

因此，可以根据氧化还原电位（ORP）来监控化学品的补充及蚀刻速率，用电子控制器维持蚀刻速率及化学成分。图 13.3 所示为美国 Chemcut 公司测试得出的蚀刻速率与氧化还原电位的关系。

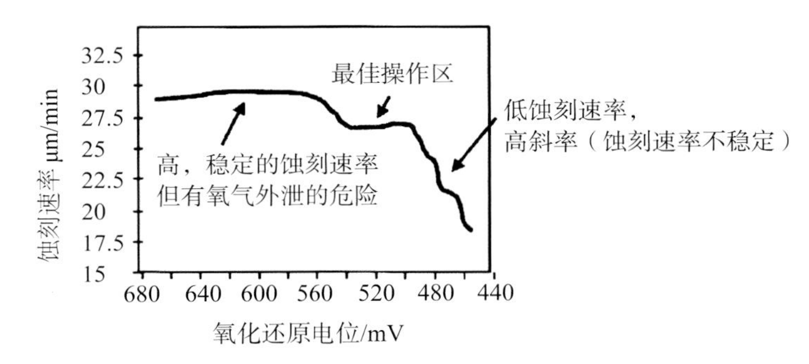

图 13.3　蚀刻速率与氧化还原电位的关系（来源：Chemcut）

一般人可能会认为最佳操作范围应该是偏左的 560 ~ 670 mV，因为这个区域的蚀刻速率最高且线型较平坦，可以产生非常稳定的线宽。然而，这个区域的亚铜离子含量非常低，因此很难控制药液的状态，无法保证不发生过度再生。过度再生可能会导致氯气外泄，因此没有人会在这种操作范围内生产。

很明显，也不会有人希望在偏右范围内操作，因为该区域的蚀刻速率低，不容易控制，轻微的氧化还原电位值变化都可能引发很大的蚀刻速率变化。因此，500 ~ 540 mV 是普遍的蚀刻控制设定范围。

蚀刻测试

氧化还原电位为 520 mV 时，蚀刻速率约为 29μm / min。但氧化还原电位为 460 mV 时，蚀刻速率约为 19μm / min——降低了约 35%，这是非常大的产能损失。当氧化还原电位低于设定值很多时，就必须进行研究，常见原因是再生系统处理能力不足。

蚀刻速率曲线是通过测量电路板质量在蚀刻中的变化，经计算后绘制的。测试板为裸铜板。一般人会认为，空板蚀刻速率与带线路板的蚀刻速率应该有极大不同，尤其是

① 波美度，表示溶液浓度的一种方法。

细线路电路板。当铜被蚀刻后，药液中的铜离子含量会增加。当氧化还原电位值低于设定值时，控制器就会启动补充及再生机制（氯气、过氧化氢或氯酸盐）。

酸的补充要与氧化剂成比例，一般在添加氧化剂 5 ~ 10s 后开始添加酸。酸与氧化剂不会同时添加，因为高浓度下的两种化学品会反应产生有毒的氯气。这些添加操作在一个再生模块中进行，控制系统经过特别设计，以防止危险状况的发生。氧化还原电位会在补充化学品后提高，这样亚铜离子就会被快速氧化。当没有电路板在蚀刻槽中而继续维持喷流时，氧化还原电位会缓慢升高，这是因为空气将亚铜离子氧化了。

制作较关键的电路板时，有时候可使用报废板做产前测试，确保氧化还原电位下降到期待的作业范围。只有蚀刻行为回到设计范围，整体参数控制才能步入正轨。

比色控制

比色控制是另一种控制铜离子与亚铜离子含量比的方式。它对颜色变异较敏感，可以检测蚀刻中亚铜离子的变化。其监控机制与氧化还原电位监控类似，只是传感装置不同而已。

酸浓度

盐酸会与亚铜离子反应产生络合物，存在于溶液中。蚀刻剂的盐酸浓度一般维持在 1.0 ~ 3.0g / L。对良率特别敏感的产品，可尝试在接近 1.0g / L 的范围操作；然而，若要产能高，就要维持在近 3.0g / L。蚀刻剂都是通过自动添加盐酸进行控制的，应该定期分析药液并校正控制系统。

如果盐酸浓度降低到 0.5g / L 以下，氯化亚铜就会沉淀。蚀刻速率会随盐酸浓度提高，但将盐酸浓度提高到接近 3.0g / L 时，就已经接近钛金属的腐蚀界限，超越界限后腐蚀速度会提高很多。钛金属是制作蚀刻槽冷却管及部分机械部件的金属，因此酸浓度过高会出现问题。另一个高盐酸浓度的顾虑是，可能会因此产生伤害干膜的反应。

酸性蚀刻的质量平衡

要保持系统平衡，就必须做药液洗涤，以去除从板面蚀下来的铜。洗下来的蚀刻液含有其他成分，因此必须补充这些成分。图 13.4 描述了酸性蚀刻的质量平衡。这个平衡状态靠自动添加系统实现，系统效率越高，蚀刻质量越稳定。

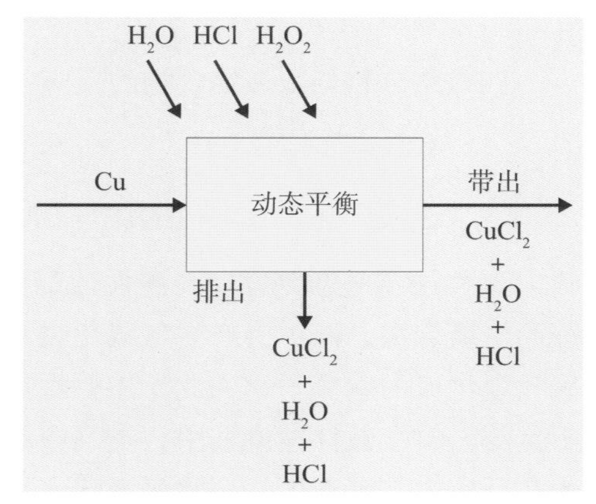

图 13.4 酸性蚀刻的质量平衡

酸性蚀刻后的水洗

水洗一般有多段，酸性蚀刻的常见设计是四段。前三段水洗采用循环设计，以喷流方式操作。最后一段则采用一次处理就排出的方式，新鲜水直接喷在板面，排到后槽不再回流。循环水用泵进行大量喷流，可获得良好的清除效果。最后的水洗直接喷新鲜水，可以获得良好的清洁效果。

必须定时添加水，以维持稳定的蚀刻液成

分，在第一槽循环的水洗水的蚀刻铜液含量最高。当第一槽液位低于设计液位时，新鲜水就会被打入第三槽，而第三槽的水会溢流到第二槽后再溢流到第一槽。这样，在补充液位的同时提高了水的利用率与清洁效率。这种系统设计可降低水洗水带入废水系统的铜离子含量，因为电路板带出的药液回到蚀刻槽的比例增加，相对减少了排入废水的药液量。

氯化铜蚀刻的优劣势

就蚀刻液而言，氯化铜蚀刻是与干膜最兼容的蚀刻方式，水溶性、半水溶性、溶剂型干膜都与氯化铜蚀刻液体系兼容。唯一的潜在问题是，酸浓度超过 3.0g / L 时会产生其他问题。酸性蚀刻较少出现蚀刻阻碍问题，蚀刻液穿过水产生的氧化物层，会比穿过碱性蚀刻液快得多。

氯化铜的操作成本低廉，主要消耗以盐酸及再生系统化学品为主。自动控制系统十分简单、准确、稳定，通过氧化还原电位或比色控制可有效监控亚铜离子的变化。盐酸浓度可用自动滴定系统监控。在一般作业范围内，碱性蚀刻液会发生泥状物析出问题，但酸性蚀刻液不会出现这种问题。酸性氯化铜蚀刻液体系在空转状况下，持续较长时间也不会发生过大的化学成分变异，因此有较好的控制能力。

不同于碱性蚀刻，多数金属都不适用作酸性蚀刻的抗蚀层，因为酸性蚀刻液会攻击多数金属。而且，液体中挥发出来的酸气对不锈钢金属的腐蚀性也相当大，会缩短设备的使用寿命。酸性氯化铜蚀刻液的蚀刻速率比碱性蚀刻液低，尤其是用于大批量生产的配方。高分辨率的酸性蚀刻液配方，蚀刻速率大约为 1.2mil / min，高产出配方可提升到约 1.9mil / min，比碱性蚀刻液慢一些。

13.7.2 碱性蚀刻的化学反应及工艺控制

基本的化学反应

碱性氯化铜蚀刻液的基本化学反应是，以铜离子氧化铜金属产生亚铜离子。

氧化 / 再生反应：

$$Cu + Cu^{2+} \longrightarrow 2Cu^{+}$$

$$2Cu^{+} + 2NH_4^{+} + \frac{1}{2}O_2 \longrightarrow 2Cu^{2+} + H_2O + 2NH_3\uparrow$$

四铵络合物与双铵络合物的反应：

$$Cu + Cu(NH_3)_4^{2+} \longrightarrow 2Cu(NH_3)^{2+} + 2NH_3\uparrow$$

$$2Cu(NH_3)_2Cl + 2NH_3 + 2NH_4Cl + \frac{1}{2}O_2 \longrightarrow 2Cu(NH_3)_4Cl_2 + H_2O$$

碱性蚀刻的蚀刻反应与酸性蚀刻类似，不同的是碱性环境下铜离子与亚铜离子都与铵产生络合物，而不会产生氢氧化物沉淀。另一个不同是，亚铜离子会很快被空气中的氧气氧化成为铜离子，因此不需要添加氧化剂。对酸性蚀刻液而言，氧气的氧化速度是不足的。但在碱性蚀刻液中，空气中的氧气就能产生足够的再生能力。氯化铵及氨会因为在反应中与铜产生络合物而消耗，这种反应让铜离子在碱性环境中仍有溶解度，因此在作业过程中必须适度补充。

蚀刻液的 pH

溶液的 pH 是控制溶解度、蚀刻速率与侧蚀程度的指标，同时对干膜性能有影响。较低的 pH 可减轻侧蚀，获得较高的蚀刻因子，这意味着低 pH 可用于制作细线路高分辨率产品。然而，对于一个碱性蚀刻系统，pH 必须保持在最低水平以上（依据铜离子含量而定），才能保持铜溶解度。较高的 pH 意味着较高的蚀刻速率，较低的 pH 意味着较低的蚀刻速率。因此，碱性蚀刻液以高 pH 作业，一般用于高产量系统，同时具有高铜溶解度；但是会产生较大侧蚀，也会对部分干膜形成考验，特别是水溶性干膜。高 pH 的碱性蚀刻作业，会让部分水溶性干膜软化或剥落。

氨水可提供大量必要的碱，来维持碱性蚀刻液的 pH（高于 7.0）。补充更多的氨可使蚀刻液 pH 保持在建议范围内。氨气或氨水的补充，一般采取自动 pH 感应控制。因为氨水中含有大量的水，必须注意水的添加与损失会影响氯离子含量与铜离子含量。添加氨气的 pH 控制效果不错，因为其不含水，不会影响系统平衡，但它具有一定的伤害性。

铜离子含量

铜离子含量对蚀刻速率及蚀刻因子都有影响，对于细线路用碱性蚀刻化学品，曾有报告指出在建议范围内，较高铜离子含量会增大蚀刻速率与蚀刻因子。铜离子含量高于建议范围，在减低蚀刻速率的同时产生泥状铜盐。一旦产生沉淀，这些盐类需要相当长时间才能重新溶回液体中，此时较明智的办法是重新配槽。使用高铜离子含量系统的同时操作在上限范围，是高速生产者乐于采用的做法。但低铜离子含量与建议范围下限的作业，则是细线路作业者应该采用的做法。铜离子含量用波美计控制，因为比重也受到氯离子含量影响，铜离子含量可用滴定法准确确定。

氯离子含量

铜蚀刻工艺必须添加氯，以生成氯化铜与氯化亚铜。与酸性蚀刻反应不同，在碱性蚀刻反应中，过量氯离子并不担任络合物及溶解度控制的角色，担任络合物控制功能的是铵。氯离子含量建议值由供应商提供，要小心监控与维持。如果氯离子含量降低而铜离子含量升高，就会出现铜盐泥；如果氯离子含量过高，就会伤害锡或锡铅抗蚀层。高生产效率需要较高的氯离子含量，而细线路制作需要较低的氯离子含量。

氯离子会包含在添加剂中，其离子含量可用硝酸银滴定法验证。添加剂的氯离子含量，在不同的蚀刻系统中并不相同。碱性蚀刻系统是非常动态的化学系统，水与氨会在主槽、补充槽及蚀刻作业中挥发，以氨水调节 pH 时变化更大。废气抽风系统也会影响蚀刻液中氯离子含量的平衡。结果是蚀刻液中的氯离子含量会因为这种影响而逐渐偏离建议值。必须定期检验氯离子含量，如果太低，可适当添加氯化铵；如果太高，且使用氨水调节 pH，则略微加大抽风可降低氯离子含量。这会使更多的氨气挥发，必须提高氨水添加频率（有添加水的稀释效果）。有时候，如果 pH 偏高，可直接加水降低氯离子含量，但最好与供应商确认是否有后遗症。

温　度

温度对蚀刻反应的影响，在酸性蚀刻系统中已经解释过。在碱性系统中，温度会影响氨的用量及 pH 控制。因为氨具有挥发性，较低的温度可减少氨的流失，减轻抽风的影响。

护岸剂

碱性蚀刻液有时会含有特殊的护岸剂及稳定剂，这些都是为了改进蚀刻因子而添加的化学品。这些添加剂会出现在槽液中，也会出现在补充液中。护岸剂会产生线路侧壁的保护膜，据称可减轻侧蚀。但这是理论说法，很难直接证明其有效性。

氧气的供应、抽风

空气中的氧气是蚀刻液中亚铜离子的氧化剂。抽风同时具有补充空气及防止氨气溢出污染操作空间的双重功能。若没有足够的空气流量，亚铜离子可能会无法氧化成铜离子，这会影响蚀刻速率和产能。如果抽风过大，则氨会快速流失，这会降低蚀刻速率，还可能影响铜溶解度而造成沉淀。某些碱性蚀刻设备采用气体搅拌设计，以确保足够的氧气供应，适当平衡抽风对于碱性蚀刻是关键，不当设定可能会严重伤害干膜。

传动速度

传动速度的影响可参考酸性蚀刻的相关讨论。对于碱性蚀刻系统，如果采用干膜作为抗蚀膜，则传动速度会影响干膜被攻击的程度。过长的浸泡时间，对于金属抗蚀层也有一样的顾虑，因为增加浸泡时间会增大抗蚀层被攻击的风险，同时金属层也会产生原电池效应，这对侧蚀也有不良影响。

药液补充

碱性蚀刻系统中亚铜离子的氧化依赖空气中的氧气，这不同于酸性蚀刻系统中的迅速氧化机制。补充反应消耗是工艺的必要步骤，补充液一般由蚀刻液供应商提供。多数药液内含有氯化铵及氨水，有时候也会加入碳酸氢铵作为缓冲剂。添加的每种化学品对不同系统而言，都是独立的重要成分，必须符合系统要求。

对氨气或是氨水的控制是通过自动控制 pH 实现的。对于使用氨水的系统，因为有水加入，所以必须要注意系统的平衡性。典型碱性蚀刻液的参数见表 13.2。碱性蚀刻液的控制指标为比重，取决于液体的铜离子含量及氯离子含量。比重会随着蚀刻的进行而增加，也会随着水与氨的挥发而增加。控制器会检测比重，当比重超出设定值时自动添加补充液。体积调整依靠两个泵，一个向槽体添加补充液，另一个则移出相同体积的蚀刻液。

表 13.2 典型碱性蚀刻液的参数

高生产效率配方（高蚀刻率）		细线路制作配方（低蚀刻率、低侧蚀）	
pH	8.0 ~ 8.8	pH	7.6 ~ 8.4
铜离子含量	150 ~ 185g/L	铜离子含量	90 ~ 135g/L
氯离子含量	5.0 ~ 5.8mol/L	氯离子含量	4.0 ~ 5.0mol/L
温 度	46 ~ 54℃	温 度	40 ~ 49℃
比 重	1.20 ~ 1.225	比 重	1.14 ~ 1.20

补充液含有氨水、氯化铵，也可能含有碳酸氢铵及特殊的护岸剂。氨及氯化铵都会在蚀刻反应中消耗，自动补充系统会根据 pH 控制蚀刻液的化学状态。然而，正常分析

工作仍然必不可少。图 13.5 所示为一般碱性蚀刻液控制系统的原理。

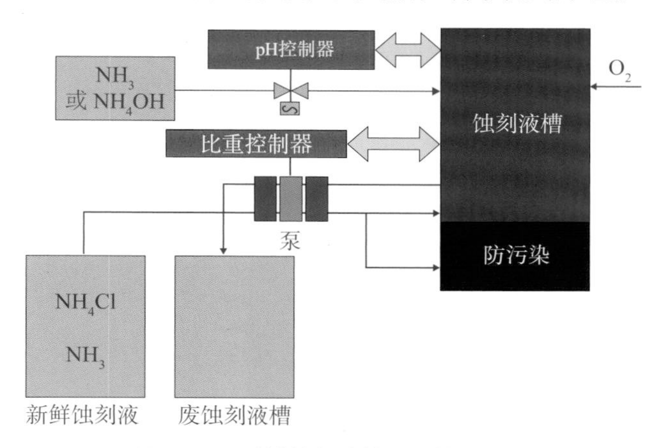

图 13.5 碱性蚀刻液控制系统的原理

补充液添加系统受到特别关注，是因为氨或氯化铵会与铜反应产生络合物，同时氨也会攻击普通干膜。第一段清洗碱性蚀刻液的不是水洗水，而是喷淋的补充液药液。对于碱性蚀刻系统，补充液会加入第一段清洗槽（铜离子含量低，没有蚀刻功能），经过混合后循序进入蚀刻槽。第一段清洗槽的主要功能是辅助省水及减少液体带出的化学品，利用补充液将化学品带回反应槽，添加无铜补充液将铜离子含量维持在最低水平。

特定状况下，如果补充液只进入此槽，就可能发生补充液进入系统的时间延迟，可能会造成工艺不稳定及蚀刻速率变异。这种现象常发生在小量生产期间，因为抽风产生的挥发使补充槽液位下降，因此补充液必须先补满清洗槽液位再循序流入蚀刻槽，这会延迟输送补充液到蚀刻槽，从而增加蚀刻时间。这种情况下，添加补充液可能需要跳过清洗槽，部分补充液直接进入蚀刻槽。然而，这种做法使得减废功能大打折扣，导致排入废液系统的铜离子含量增大。铜络合物的增加对于废水处理是重大负担。

另外值得注意的是，清洗槽如果保持铜离子含量在低浓度，就不会发生蚀铜作用。但停留时间过长会造成铜离子含量升高，液体开始具有蚀刻能力，这会使问题更加复杂。补充液的清洗槽有时候会呈现高 pH，因为从热的蚀刻槽挥发的氨气会被清洗槽的喷淋吸收，这会增加对干膜的攻击性，这时可通过强化抽风来改善。

碱性蚀刻的质量平衡

碱性蚀刻系统排出的蚀刻液必须与空气提供的氧、电路板蚀刻下来的铜、氯化铵、添加剂、氨等化学品平衡，如图 13.6 所示。蚀刻槽中的化学品应该时刻保持稳定状态，这是补充液添加系统与 pH 控制系统的责任。

碱性蚀刻后的水洗

碱性蚀刻系统的水洗设计非常类似于酸性蚀刻系统，除了第一道清洗使用补充液，其他省水清洁等考虑类似。在这道工序中，无铜补充液会添加到槽内，利用循环喷淋将板面多余的残液洗掉，从而减少水洗铜离子的带出。

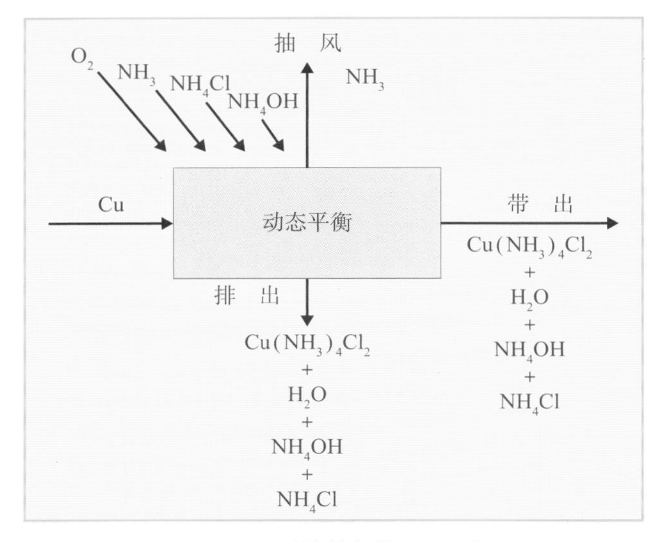

图 13.6 碱性蚀刻的质量平衡

抽 风

正确的抽风对于碱性蚀刻绝对重要，如果控制不良，则过高的氨水含量可能会伤害原来不会脱落的干膜，而干膜脱落将产生较大的麻烦。高浓度氨气有毒，适当抽风对于作业员安全十分重要。废气抽风系统可以提供再生所需的氧气，用于将亚铜离子氧化成为铜离子。然而，氨气也有挥发性，过多抽风会移除过多氨气，可能会导致pH控制问题（同时会影响蚀刻速率），且会增加氨气或氨水消耗。可以采用塑料球悬浮在液面的方式减少氨的损失。

碱性蚀刻液的优劣势

碱性蚀刻液确实有高速蚀刻的优势，高速率配方可实现 3mil / min 的蚀刻速率，高分辨率配方的蚀刻速率为 2 ~ 2.5mil / min，都比酸性蚀刻液的 1.9mil / min 要高。另一个重要优势是，碱性蚀刻液可与金属抗蚀层兼容，这些金属层在酸性蚀刻液中都会被攻击。尽管一些水溶性干膜与碱性蚀刻液兼容，但是比起酸性蚀刻液的全面兼容还是较差。因此，多数碱性蚀刻液主要用于图形转移 / 图形电镀 / 蚀刻工艺。这些金属抗蚀层的特性与铜都不相同，必须注意原电池效应的影响。

至于废弃物处理，碱性蚀刻废液的处理比酸性蚀刻废液的处理更困难。从水洗中排出的铜氨络合物，需要更高处理成本的除铜处理。部分碱性蚀刻液供应商提供废液回收服务。碱性蚀刻的作业成本相对较高。

13.8 图形转移、蚀刻及盖孔蚀刻的残铜问题

蚀刻残铜有多种称呼，主要看残留尺寸、形状、缺陷产生原因等。

◎ 短路：连接了两个以上不该连接的导体区域

◎ 残铜：导体之间不该有铜的地方存在铜残留

◎ 铜凸：残铜导致线路变粗，线路不均匀，线距变小

◎ 铜渣：板面上的独立残铜

残铜的产生原因、判断及改善方法，见表 13.3。

表 13.3 蚀刻残铜的产生原因、判断及改善方法

产生原因		判断及改善方法
板面不良	树脂残留	多数圆形或接近圆形的点可能是树脂残留所致，但前处理用磨刷会改变形状。有时残留树脂会留在蚀刻后的铜面上，用能谱仪分析可能会发现溴残留。最简单的树脂残留测试是，采用 100g/L 的氯化铜或氯化铁溶液，添加 5mL/L 醋酸，浸泡后铜面呈粉红偏棕色，而树脂或有机残留会保持原色。这特别适合磨刷后的铜面测试
	基材本身存在的树脂残留	来料检验阶段进行荧光反应测试（若树脂有荧光反应），使用前可进行磨刷、喷砂清洁处理。树脂来源可能是飘落的树脂粉或铜箔针孔造成的热压时树脂溢出
	电路板制造产生的树脂残留（多层板叠板时）	改善叠板清洁度，如改变叠板台面的空气流动方向。检查室内含尘量及污染状态
	有机污染（如油脂）	可能有多种来源，用酸性清洁剂可能无法清除，必须用碱性清洁剂。水破试验是有效的测试方法（清洁板面一般可以维持至少 30s）
	过厚的铬金属保护膜	过厚的铬金属保护膜一般会出现在铜面凹陷处，这会让该处比其他区域的蚀刻速率低，也可能产生干膜结合力异常问题
	板面电镀不平整	图形转移后直接蚀刻，若板边电镀厚度较大，可能在板边产生残留。电镀铜瘤或突起未被磨刷清除，也可能在蚀刻后留下铜渣
贴膜前处理问题	尼龙刷胶渣	机械方向性缺陷，无法通过一般表面处理去除，主要是尼龙刷磨刷铜面时表面过热而没有足够水冷却所致，用 FTIR 仪或水破试验很容易检查出来
	锡或锡铅渣	机械方向性缺陷，主要是锡、锡铅污染刷轮导致的。图形处理前的磨刷不适用于有锡板，用能谱仪可以分析出污染物质
	磨料污染	仅磨刷未必能完全去除铜面的铬金属，它可能会经过刷轮重新粘到板面上。必须按供应商建议定期更换刷轮。刷轮表面黏附类似橡皮或残渣，都是潜在的风险来源，要定期清除或更换
电路板储存问题	板面有污垢（氧化）	氧化铜会导致干膜黏附，应该确保从前处理到贴膜的停留时间少于 4h，并确保表面处理后干燥
	暴露在氨气环境中	氨气（碱性蚀刻产生）会与铜面产生作用，使铜面显影时无法完全清洁，产生显影不良小点。确认电路板的储存状况，避免受到氨气环境影响，就可避免这种问题
底片问题	底片刮伤与针孔	底片刮伤或针孔会导致点状或线状干膜残留，产生重复性残留缺陷。当残膜很小而无法留在板面时，也有可能在显影中途掉落返粘
	线路过线	过小或过细的线路可能无法存活，出现部分干膜聚合区脱落现象，导致有些区域显影不出来，有些区域却脱落返粘
	底片上的胶带	底片粘贴胶带可能会因胶质流动或破碎，产生较差的图形转移，可能影响聚合或返粘。理想的作业方法是，避免在底片上使用胶带
	手绘符号	任何手绘符号或文字都可能使干膜产生半聚合，半聚合干膜不容易溶解，有可能返粘到电路板上
	不良的线路边缘	底片制作不良会导致线路边缘粗糙，干膜因局部聚合而在显影时脱落，再返粘到板面。应该检查底片的线路平直性

续表 13.3

产生原因		判断及改善方法
贴膜问题	贴膜温度过高	过高的贴膜温度会产生聚合，不易显影干净，这类现象会出现在板面贴膜前段。对此，操作时必须监控贴膜滚轮温度与出板温度
	贴膜后叠放时有余温	特别是薄板，若预热或贴膜温度过高，叠放时就会因余热而引发聚合。贴膜后应该冷却到室温。叠放时过热也可能使干膜树脂流动，导致厚膜区域不易显影。薄膜区域则因为强度不足而可能破裂，产生掉落或返粘问题
	皱褶导致局部区域干膜过厚	标准显影无法将皱褶区域的干膜显影掉，残铜容易出现在与传动方向垂直的区域，尤其是板面前段与后段区。干膜张力不均匀是主要原因，针对张力不均调整贴膜机可改善此问题
	贴膜后停放时间过长（或停放时温湿度过高）	这种状况可能使铜氧化，氧化铜会渗入干膜，导致干膜结合力过强而无法显影掉的问题。必须检讨停放时间及停放环境
曝光问题	非曝光区被曝光	过度曝光会导致非曝光区干膜聚合，使线路变宽，进而产生残铜。此时，必须检查曝光能量。另外，紫外光因底片接触不良而散射，也可能导致非曝光区聚合。低照度曝光导致曝光时间延长，也可能是原因
显影不足	温度过低	确认显影温度，参考干膜技术资料建议的操作温度
	时间过短	干膜负荷增大，显影速率会降低，但显影时间不应该超出两倍。根据经验，1.5mil 干膜的显影时间小于 45s，2mil 干膜的显影时间小于 60s
	显影点延后	显影后在第一道水洗前就需将干膜显影干净，显影点延后会产生板面残膜。压力不足、线路密度高等都可能导致显影困难，若显影点再延后，就容易造成残膜。当然，残铜也会出现
	显影液浓度过低	多数干膜在显影液弱化后仍能有效显影，因此除非显影液浓度降到特别低，否则不容易发生显影不足。发现异常时可检查补充与溢流系统，并滴定分析显影液浓度。残铜一般会出现在密集线路区域
	压力过低	过低的压力(<20psi)可能会导致显影不净。确认压力表显示值并校正。喷淋设计不当及保养不到位，都可能导致压力过低，要从机械设计与保养改善做起
喷淋覆盖不良	设备设计问题	喷淋覆盖不良可能是因为喷嘴数量不足 第一段测试：将大片贴膜板送入停止喷淋的设备，送到位置后开启喷淋，观察显影或清洗状况。若区域间存在数秒的清洁时间差，则设备设计可能存在问题 第二段测试：将大片贴膜板送入停止喷流的设备，送到一般操作的喷淋完成位置后开启喷淋，等大板传送出显影槽时观察。前端显影干净区域的不平整缺陷超过 4 ~ 5in，代表设备设计不佳
	喷嘴堵塞	干膜残膜与污泥可能会堵塞喷嘴，以目视检验喷淋分布可发现问题。需定期保养显影槽
	喷嘴磨损	喷嘴磨损会影响喷嘴压力及喷淋分布，一般目视检查不容易看出问题，可用探针或量具检验，如果喷嘴有松动现象，就应该是喷嘴磨损了
	重叠或卡板	显影或蚀刻段重叠或卡板，会造成重叠区显影不净和蚀刻不净，非重叠区显影过度和蚀刻过度
水洗不足	时间过短	一般显影后水洗时间为显影时间的一半以上
	温度过低	一般期待的温度为 21 ~ 30℃

续表 13.3

产生原因			判断及改善方法
水洗不足	喷淋压力过低		一般期待的喷淋压力为 25 ~ 35psi（1.7 ~ 2.4bar），使用冲击力较大的扇形喷嘴
	喷淋分布不合理		检查喷淋分布状态，降低喷嘴相互干扰，定期更换喷嘴
聚酯膜残留	干膜在显影或水洗时返粘		显影需在泵与喷嘴间安装 50μm 以下直径网格的过滤器，并用压力表监控压力差。过滤桶要够大，以免压力过度下降。压力差应保持在 1 ~ 2psi，超过该范围就该更换。显影水洗段须正常保养，当残铜比例升高时，可以 50℃ / 质量分数 3% 氢氧化钠 / 质量分数 8% 丁基卡必醇水洗有效去除残膜
	曝光干膜受攻击，受过度显影或软水影响，产生干膜碎裂或底部残留		干膜对过度显影的敏感度高，会造成线路底部残留或线路不平整。半聚合干膜受冲击脱落，重新返粘到板面，容易产生残膜，间接导致残铜。这类问题要从干膜选用、显影状况、曝光尺等调整着手改善
	干膜局部聚合返粘	非曝光区局部曝光：底片刮伤、接触不良使 UV 光散射到非曝光区；曝光能量过高或时间过长；药膜面不良	确认抽真空之后，底片与电路板的贴合状况 检查底片刮伤状况及曝光框状况 检查曝光区 UV 曝光度与照度 检查 UV 灯管能量密度，必要时更换灯管 生产前做好底片检查 检查干膜药膜面完整性与平整性
		手绘记号	手绘记号未必有完整遮光作用，可能会产生局部聚合。因此，记号最好直接设计在底片上
		曝光前暴露在过强的黄光或白光环境下	检查黄光照度，并确认白光来源，检查黄光室中是否存在紫外光漏光现象
		曝光区有半透明物影响紫外光曝光效果（如半透光的真空杯、胶带、透明胶）	若有可能，修改底片设计，避开贴胶带区、抽真空区及其他可能影响曝光的区域
		滚轮或支架划伤产生的残屑返粘	显影段传动片可能会划伤干膜，导致干膜返粘在板面上。作业时必须注意滚轮及导引线或导板是否有锐角，滚轮是否变形或被溶剂膨润变大而划伤板面
		干膜与消泡剂混合物的返粘	干膜与消泡剂混合物较黏稠，在板面产生残胶，可能是消泡剂与干膜不兼容、过度添加、与高浓度显影液混合、添加点不当等所致。消泡剂应该添加在副槽
		消泡液位过高	检查显影段污垢的形成状况
		用错消泡剂	确认技术参数，调整消泡剂
		溶解干膜返粘	溶解干膜可能因为浓缩干燥漂浮于液面，返粘在板面
		挥发物黏附在进出段滚轮上	检查干膜污物生长状况，定期清理保养
		润湿不良	检查回流水洗的干膜沉积量，污染过的水洗水可能无法有效去除显影液，应该增加水洗水的补充量，以减少残留

续表 13.3

产生原因			判断及改善方法
聚酯膜残留	未溶的干膜返粘	负荷过高	检察显影液的 pH，对于多数干膜，pH 应该小于 10.4
		曝光过的干膜碎片	检查清洁过程的板面前端与后端状况，避免测试片被取走但还用干膜盖孔的做法。这些区域多数是大型盖孔，有时因为干膜破裂而产生碎片。若有必要，在底片设计上将这些区域避开曝光，那么显影时就会溶解而不致产生碎片
		过滤器破损或安装错误 过滤器太粗	检查过滤器的安装正确性 选用 50μm 以下直径网格的过滤器
		盖孔破裂产生残膜	选择恰当的干膜及操作参数，防止盖孔破裂
聚脂膜残留	未溶的干膜返粘	烘干段的残膜返粘	做预防性清洁保养
		不兼容干膜的混用	许多干膜与显影液不兼容，同一槽中使用两种干膜就有可能发生沉淀，因此产生返粘就会有铜渣问题
	蚀刻前的干膜停留时间过长		首板一般都会停放较长的时间，容易出现蚀刻残铜问题
蚀刻问题	干膜及其副产物在蚀刻中返粘	干膜在酸性蚀刻液中无法溶解，转移到滚轮或其他区域表面，随机返粘板面	停机以 25μm 滤材过滤后再以活性炭滤芯过滤。设备必须采用表面溢流设计，体积适当，并依据规定更换滤芯 回流式蚀刻系统较容易出现残铜问题，原因可能是活性炭滤芯不足以滤除有机物，此时可考虑采用较大型的活性炭过滤系统 改善显影后水洗
		过高酸浓度导致干膜局部损伤（浸润），造成喷淋返粘、滚轮返粘等	检验酸浓度，调整到操作范围内 使用高酸兼容干膜
		干膜蚀刻过度返粘	干膜底部残留可能来自过度显影、底片线路不整齐、底片接触不良及其他原因。进行 SEM 分析并确认原因，针对原因改善
	不当的蚀刻设定（过度蚀刻量或不均匀的蚀刻状况）		即使前制程都正常，如果蚀刻工艺不良，仍会出现残铜问题 小线宽 / 线距的线路比大线宽 / 线距的线路更难蚀刻，因蚀刻液的交换效率低。细线路必须在较低操作速度下生产，速度设定必须依据经验并确保线路间没有残铜。大量残铜留在板面，代表蚀刻速度或时间不足，蚀刻液也可能因为补充问题未能保持应有活性，过高铜离子含量会延迟蚀刻点 若残铜发生在传动方向，则残铜可能是喷嘴工作不良或堵塞所致 类似残铜也可能是传动滚轮或导杆遮蔽造成的，这些机构应该采用交错设计，蚀刻喷淋都该有摇摆功能。最好用裸铜板进行测试，以验证蚀刻效果
退膜问题	残膜返粘（图形电镀板）		根据退膜液与消泡剂种类，退除的膜可能呈黏性并返粘板面。针对干膜特性选择兼容的退膜液及消泡剂，使用水溶性化学品时要使用过滤系统去除残膜

第 14 章

水溶性干膜的退膜

完成抗蚀或抗镀的功能后，就要退膜。退膜程序包括化学与机械作用，进行膨润、破碎及部分溶解反应。一般水溶性干膜会采用质量分数 1% ~ 3% 的氢氧化钠或氢氧化钾溶液处理，有时候会加入抗氧化剂与消泡剂。有时为了满足特殊需求，会加入一些专利退膜添加剂，这些添加剂可能含有胺类芳香族化合物，如单乙醇胺（Monoethanol Amine，MEA）。这些特殊退膜添加剂有利于快速有效去除干膜，特别是图形电镀夹住的膜。

退膜一般采用传动式喷淋设备，当然也可进行浸泡处理，之后做水洗干燥。干膜要从液体中连续去除，以减少退膜液消耗，防止喷嘴堵塞。退膜参数包括退膜速率、清洁度、单位体积干膜负荷量、对金属的攻击性等。破碎干膜的尺寸必须适当，以便过滤去除和降低处理成本。

退膜液首先渗透干膜，在膜内产生渗透压。在喷压的辅助作用下，干膜破碎并局部溶解。从碎裂到局部溶解的整体反应机理，主要看干膜配方、退膜液添加剂、退膜液碱浓度、干膜负荷、操作温度及退膜面积比等。

14.1 关键影响因素

退膜清洁度受干膜负荷量、退膜点、喷压与冲击力、水洗效率、退膜液带出量、退膜温度、残膜过滤效率等因素的影响。图形电镀工艺的退膜效果还受电路板设计、线路分布、电镀质量等因素的影响。退膜速率是另一个重要因素，与清洁度影响因素类似。当退膜速率降低时，可以通过调节传动速度来调整退膜清洁度。完成退膜的位置被称为退膜点，与其他水平传动设备一样，采用总长度的百分比表示。

退膜液的化学成分在很大程度上决定了退膜速率与清洁度，且随着配制时的状况及残膜负荷量而变化，主要监控指标是在线 pH。最低 pH 或退膜片数是启动添加控制的参数，部分退膜液需要添加消泡剂，多数用于显影液的消泡剂也可用于退膜液。喷淋压力及分布会影响退膜速率及清洁度，喷嘴形式、位置、角度和摇摆形式、遮蔽状况都会影响退膜效果。图 14.1 所示为连续退膜收集设备的工作状况。退落的残膜黏度高，要尽快脱离退膜液，以避免进一步的药液消耗与黏度增加。

图 14.1　连续退膜收集设备的工作状况

退落的残膜片大小是影响退膜液寿命、喷嘴维护、残膜返粘的重要参数。残膜去除率主要受过滤设备的尺寸和残膜黏度的影响。残膜片大小受退膜液浓度的影响较大，较高浓度会产生较大残膜，采用较高温度及使用特殊添加剂会产生较小残膜。退膜液中的重金属含量会影响废液处理方式及成本，高碱浓度会攻击锡或锡铅，络合物会增加液体中的金属离子含量及处理难度。

14.2 退膜工艺与化学反应

退膜是非均相（固 / 液）复杂反应，包含扩散、应力破碎、机械腐蚀及分解等过程。而分解本身又分为盐类产生、缓慢脂类水解过程。相较于其他干膜技术，关于退膜的化学反应、工艺、过滤及排放等的论述较少。

▌利用产生的盐类让干膜溶出（酸 / 碱反应）

水溶性干膜的退膜，依赖退膜液扩散到干膜内并与干膜塑化剂的羧酸官能团反应。退膜液中的碱中和羧酸官能团并产生盐类，使得干膜有更高的极性，因此水更容易扩散进入干膜。这类反应的两个范例如下：

$$NaOH + RCOOH \longrightarrow Na^{+}RCOO^{-} + H_2O$$

$$RNH_2 + RCOOH \longrightarrow RCOO^{-} + RNH_3^{+}$$

其中，RCOOH 代表塑化剂的羧酸官能团；氢氧化钠（NaOH）及胺（RNH_2）为碱。

▌退膜液对铜与干膜界面的攻击

退膜液中的碱会攻击铜与干膜界面，促进铜面残膜的去除。单乙醇胺在攻击界面处表现较佳，因为它容易与铜反应产生络合物。提高氢氧化钠或氢氧化钾的浓度，可提高退膜液的离子强度。较高的离子强度会提高水扩散到光致抗蚀剂与铜界面的能力，这也是一定浓度的退膜液的退膜速率逐步降低的原因。特殊配方的胺添加物的攻击较快，对高浓度状况较不敏感，因为胺并不像液碱类那样能明显提高离子强度。

离子强度同样会影响残膜大小。残膜大小的主要影响因素是两种竞争性反应：膜破裂及干膜与铜界面所受的攻击力。如果破裂发生在界面被攻击前，则残膜会比较小；反之，则残膜呈片状。在高碱浓度下，较高离子强度减缓了水对干膜的扩散而使破裂推迟，但是加强了对界面的攻击，特别是对干膜侧壁区域的攻击，因此高碱浓度会产生较大的残膜。

以上观点可进行有效验证。标准干膜一般会用颜料染色，颜色会因为氢氧根的出现而改变。比较退膜时间与干膜完全变色的时间会发现，干膜在退落前就变色了，这说明退膜发生前氢氧根完全通过干膜渗透到了铜与干膜界面。

14.2.1 退膜点与膨润时间的关系

确定退膜液的化学成分及浓度后，传动速度也必须确定。传动速度、退膜点及膨润时间等，可参考显影部分的相关描述。退膜的速度会随干膜类型、膜厚而改变，一般退膜点会设在全段的 50% 或更前面。退膜点越接近终点，残膜问题越多，残膜传送到水洗段的风险越大。该观点同样适用于图形电镀产品。

确定了传动速度及退膜点，实际退膜状况就要看膨润时间与实际作业时间的比例了。只要实际作业状况一直保持在正常范围内，退膜不完全的风险就会较小。

14.2.2 槽液干膜负荷

有关槽液负荷问题，在显影部分已经做过陈述。退膜也类似，当退膜液中的残膜量增大时，退膜速率也会降低。退膜液的干膜含量被称为槽液干膜负荷，计算方式如下：

$$干膜负荷 = 干膜厚度（mil）\times 干膜面积（ft^2）/ 退膜液体积（gal）$$

根据实际经验，用干膜面积除以退膜液体积计算退膜液寿命，似乎比用干膜厚度乘以干膜面积更能呈现实际作业状况。因为干膜退落时并没有完全溶解，若快速去除残膜使退膜液消耗量不因停留时间长而扩大，则用单纯面积来表达可能较贴切。对退膜速率影响最大的是退膜液中的干膜溶解量，如果能在残膜未溶解前就去除，则整体干膜负荷就可大幅提升。千万不要将未曝光的干膜放入退膜液中，这会大幅提高退膜负荷，造成许多问题。

干膜负荷的影响因素有很多：

◎ 退膜液的化学成分（专利配方的干膜负荷高于单纯液碱配方）

◎ 退膜液的浓度（较高碱浓度的负荷较高）

◎ 残膜过滤（在溶解前排除残膜有利于维持退膜液稳定与寿命）

◎ 残膜溶解速度（对于溶解度较低的干膜，负荷较高）

根据开始操作时所设定的退膜速率，退膜点落在 50%，但退膜点会随着负荷提高而逐渐后移。有几个方法可应对这种状况：

◎ 降低传动速度来维持退膜点，当传动速度已降到最初设定的退膜点传动速度的一半时，最好直接更换药液

◎ 将退膜点设定在 30% 处，当退膜点随着作业而后移至 50% 时更换药液（过低的退膜点设定，对于图形电镀的电路板，可能存在锡或锡铅受到强碱攻击的风险）

◎ 使用补充溢流法，维持稳定的负荷能力，但要注意定期维护

14.2.3 退膜速率

有多种因素会影响退膜速率，大致归类为以下几种：

◎ 设备参数

◎ 化学品相关参数

◎ 干膜特性

◎ 板面状态与线路分布

当然，每种因素还可细分，下面探讨主要因素。

温　度

遵循一般化学反应原则，退膜液温度每提高 10℃，反应速率会提高 1 倍。

干膜特性

不同干膜的退膜速率是不一样的。退膜速率常与干膜的化学特性有关，用于碱性蚀刻或镀金的干膜，以及具有较宽显影范围的干膜，退膜皆较慢。干膜厚度不同，退膜速率有明显差异，较薄干膜的退膜速率明显较高，但没有明确的厚度与退膜速率的固定关系可供参考，因为退膜速率还与退膜液配方、操作参数、干膜化学特性有关。与显影工艺不同的是，如果退膜前干膜经过的工艺不同，相同干膜也可能在同一种退膜液中呈现不同的退膜速率。一些典型的降低退膜速率的工艺如下：

◎ 显影后进行紫外光固化

◎ 显影后烘干（一般用于处理镀金用的干膜）

◎ 提高曝光能量

◎ 显影后长时间暴露在白光或黄光下

◎ 延长贴膜到退膜的停留时间

让干膜暴露在高 pH 的溶液中，可以提高退膜速率。

14.2.4 退膜的板面清洁度

退膜的板面清洁度不容易定义，尤其是一些图形电镀板，干膜夹持造成的板面残膜更不容易清除。也有观点认为，干膜具有一定的溶解性，对残膜去除有一定帮助。干膜是复杂的混合物，其中的部分物质会形成铜面污染，常见的是一些复合盐类。因此，退膜的板面清洁也应该包含这类污染物的去除能力。

14.2.5 残膜大小

即使是相同化学成分的干膜，不同退膜工艺产生的残膜大小也不同。幸运的是，只要采用恰当的化学品、温度及浓度，残膜大小在多数状况下都可维持在一定范围内。液碱可以产生较大的残膜，浓度越高，产生的残膜越大。在固定碱浓度下，氢氧化钠产生的残膜比氢氧化钾产生的大，专用退膜液产生的残膜比液碱产生的小。

14.2.6 退膜不净的原因

退膜不净的原因有很多种，以下列出主要的几种。

电镀厚度过大

电镀铜或锡的厚度超过干膜厚度时会产生蘑菇头现象，导致干膜被夹住，这也是一般图形电镀板残留干膜的重要原因。其实，电镀过厚大多发生在局部，偶尔也会因为操作条件偏差而全面发生。使用较厚干膜、镀较少金属、改变线路分布等都可以改善这种问题。提高退膜液浓度与强度可局部改善这种问题，但某些专利退膜配方可碎裂干膜，直接改善这种问题，只是采用这种配方时要注意改善过滤系统。

干膜返粘

板面残膜有时是残膜返粘造成的，如残膜可能会在水洗或干燥时返粘。另外，返粘也可能发生在残膜溶解不全又未被过滤去除时，不过导致的缺陷不同于退膜不净。

退膜工艺控制不良

退膜工艺控制不良，可能会导致板面出现残膜，主要原因如下：

◎ 干膜负荷过高
◎ 操作温度过低
◎ 药液浓度不当
◎ 喷嘴堵塞
◎ 传动速度过高
◎ 补充液操作不良
◎ 干膜聚合过度

如果工艺改变造成干膜聚合度变异，则一般退膜条件可能无法完全退膜。干膜聚合过度的原因包括曝光能量过高、显影后白光下停留过久、显影后增加了曝光处理、高温储存等，这些问题可以在被发现之前通过降低传动速度来解决。

停留时间过长

贴膜与退膜之间的停留时间过长，可能会导致退膜不净。对于湿法贴膜，这类问题会更严重。关于残膜的检测方法，可参考显影部分的相关描述。

14.2.7 化学品的补充方式

自动补充化学品是多数退膜工艺采取的控制方式。补充速度与处理板数有关，因为它与槽液负荷相关。这些控制方式都采取自动作业，生产停止时，补充就自动停止。

自动补充的优点：

◎ 可以稳定退膜速率
◎ 作业可在较低槽液负荷下进行
◎ 较低负荷可简化废液处理

自动补充的缺点：

◎ 退膜液消耗较多，因为多数退膜液都是在较低负荷下排出的（对于液碱退膜并不是问题，因为单价较低）
◎ 废液处理量较大

补充系统最好设计有过滤系统，在残膜溶解前将其去除，因此有以下优点：

◎ 较低的补充量
◎ 可获得较好的系统控制，不易发生超负荷问题，并维持良好的退膜效率

过滤系统能更好地控制负荷，因为当设备不生产时残膜还是会继续溶解，如果没有过滤系统继续去除未溶解的干膜，槽液负荷可能会变高，影响再启动时的退膜效率。

14.2.8 退膜返工

退膜也可用于电路板的返工。未曝光的电路板可经过显影液返工，裸板曝光后可进

行退膜返工。对于未曝光的干膜，直接退膜会带来较高的槽液负荷，因为干膜会快速溶解。未曝光的干膜也可能出现残膜问题，干膜可能会因为退膜前暴露于白光区而产生聚合。未曝光的干膜会溶解，而已曝光的干膜会在退膜液中变成颗粒。如果聚合程度刚好为中等，则会在退膜液中产生介于溶与不溶的黏稠物。

电路板静置在白光区等待返工，会导致干膜接受足够能量而产生局部聚合，增大退膜返工产生残膜问题的风险。多数状况下，这些残膜可用较强的清洁处理去除，如机械清洁法结合化学清洁法或微蚀。因此，电路板返工最好避免长时间暴露于白光下。

对于后续工艺没有前处理的电路板，采用机械或化学方法进行表面处理，对电路板进行返工都是必要的，因为需要重新将新鲜铜面呈现出来。如果板面有较重的氧化状况，则有必要进行微蚀处理。

14.3 废弃物处理

一般电路板厂的典型有机废弃物见表 14.1。

表 14.1 电路板厂的典型有机废弃物

来 源	COD[①] 排放量 / %
热风整平与清洁	37
孔金属化（络合物及清洗等）	25
消泡剂及干膜等	8
油墨及干膜处理液	13
酸性清洁剂（电镀）	0
光亮剂	0
丝网印刷	17
其他（电镀废液排出及其他工艺）	0
总 量	100%

由表中数据可知，与干膜及印刷有关的有机废弃物占 40% 左右。因此，对于相关废弃物的处理，必须引起重视。

显影液与退膜液

退膜液的金属离子含量较高，同样会发生沉淀问题。如果需要处理显影液内的有机物，则与退膜液一起处理会较有利。但对于特殊退膜液，这种做法不一定正确。定量添加退膜液至废液处理的最终中和槽是可能的处理方式，关键是看排放金属含量限制及 COD、BOD[②] 排放上限。

有时需要在排放前对退膜液进行预处理，确保铜离子含量在排放标准内。铜离子含

① COD：Chemical Oxygen Demand，化学需氧量。
② BOD：Biochemical Oxygen Demand，生化需氧量。

量排放标准因地区而异。如果铜离子含量过高且退膜液又便宜，则可以采用补充溢流法，这样退膜液的更换频率反而低，因为溢流会持续将铜离子移出，使铜离子含量一直维持在低点而不需要处理。高铜离子含量一般都可避免，且废液只会含有有机物及纯金属离子。补充溢流法对特殊退膜液特别有效，因为它能维持足够低的铜离子含量。

液体中的有机物及金属离子含量过高而不适宜排放，必须进行适当处理。可以先做批次预处理，降低有机物强度，之后将金属离子处理成不溶性物质进行沉淀。也可委托其他公司处理，或请环保公司提供适当的处理机制。

环境兼容性

有些标准测试可用来验证干膜废弃物的处理效果。部分公司利用加酸法将液体有机物胶凝取出，之后调节 pH 并将废液送入专门的生物废水处理系统。系统中经过环境适应的细菌，会分解有机物，降低废液需氧量。需要进行菌种监控，每 20 天验证一次需氧量。处理后的残留物可用作农业有机肥料添加物。监测发现，残留金属离子含量变化并不十分明显，而有机物会呈现颗粒状态，且继续被菌种分解。鉴于此，采用生物处理法比直接掩埋或燃烧更环保。

第15章

水质的影响

电路板制作包含多种工艺，除少数溶剂工艺外，许多湿制程都涉及水的使用。因此，水质对产品良率的影响非常大。典型的电路板湿制程如下：

◎ 图形转移
◎ 贴膜前表面处理
◎ 湿法贴膜
◎ 显 影
◎ 电 镀
◎ 退 膜
◎ 蚀 刻
◎ 棕化处理
◎ 各种前处理及清洗处理

虽然水质要求在多数湿制程中都是共通的，如不希望水中含有细菌，但单一工艺仍然有特殊要求。例如，硬水对显影有一定帮助，但对于电镀就不一定适用。典型水质特性包括 pH、硬度、重金属含量、氯离子含量、总有机物含量、金属离子含量或导电性。对于表面清洁用水，虽然水质要求的描述不外乎重金属含量、有机物含量及酸度等，但实际要求会更严格。后续的水质考虑主要着眼于制造所需特性，其中最先被讨论到的是与细菌有关的问题。

藻类及细菌

藻类一般不构成水质问题，但微量细菌十分平常，它们可生长在阴暗、富有养分的槽体中。可用次氯酸钠去除槽中污染，但建议用氯或溴化物处理图形转移用水。微量细菌在显影水洗或电镀前的槽液中出现，可能会导致铜与铜的剥离缺陷。前处理中残存有细菌，可能会影响贴膜效果。

还有一些方法可针对性地解决细菌问题，如紫外光杀菌、过滤、热处理及腐蚀性药品处理等。

图形转移用水

图形转移用水的水质要求见表 15.1。

表 15.1 图形转移用水的水质要求

参 数	建议值
总溶解固含量	显影液（5 ~ 250）$\times 10^{-6}$、水洗水（250 ~ 800）$\times 10^{-6}$
颜色及悬浮物	无混浊及可见色
pH	6 ~ 8.5
碳酸钙及碳酸镁	必须依据硬度限制确定
碳酸钙的总硬度	显影液 1 ~ 100、水洗水 40 ~ 180
电导率	1200μΩ/cm
铁离子	0.2×10^{-6}
铜离子	0.2×10^{-6}

续表 15.1

参　数	建议值
锰离子	0.2×10^{-6}
硅离子	20×10^{-6} 或无混浊
氯离子（次氯酸）	3×10^{-6}
氯化物	200×10^{-6}
硫酸盐	200×10^{-6}
硫化物	0.1×10^{-6}
碳酸氢盐	150×10^{-6}

高浓度铁会影响显影及干膜定形，过高硬度会产生以下影响：

◎ 显影液稀释时变得混浊

◎ 清洗与干燥后板面出现白点或白膜

◎ 有些析出物会黏附在滚轮或产品上

◎ 排水管路会逐渐因为析出物堵塞而失去功能

◎ 供应管特别是热水管会堵塞

水质对贴膜前处理的影响

多数贴膜前处理都会经过湿制程清洁处理，最后进行水洗及干燥。这方面最常被问到的问题是，究竟应该用怎样的水质做最后的水洗？其中又以 pH 为主要关注点。这种问题很难回答，究竟贴膜前的铜面应该保持怎样的酸度？其实以 pH 来形容铜面状态有一点不切实际，因为 pH 是定义液体中氢离子含量的指标，当液体被去除后 pH 也就不存在了。

但在实际作业中，当一些不挥发的酸碱性物质残留在铜面时，在干燥过程中会攻击铜面而产生铜的氧化物。如果有足够的时间，一定温度及湿度，铜离子可能会溶为酸性游离物，之后渗入干膜产生不溶性络合物，导致表面残膜。碱性物质留在铜面会降低干膜结合力，作用如同退膜液，因此会产生干膜脱落问题。前处理最终水洗以中性水为佳，建议 pH 保持 5 ~ 7，这样至少不易产生干膜脱落问题，也不至于有过度残膜的风险。

湿法贴膜的水质要求

湿法贴膜的水质并没有一定之规，但一般会要求避免不当用水，因为担心水中异物进入贴膜过程。如去离子水就不建议使用，因为去离子处理所用的树脂交换系统可能会同时带入树脂，树脂交换系统及管道中也有可能产生细菌。一般建议使用蒸馏水。

水质硬度对显影及显影后水洗的影响

经过实际作业验证发现，许多干膜显影后使用适当硬当的水进行水洗，对图形质量有正面影响，且可缩短显影槽长度：

◎ 可减少锯齿状蚀刻或电镀线路

◎ 可获得较佳图形精度

◎ 可减少蚀刻产生的有机污泥

水质硬度低于 50×10^{-6} 碳酸钙含量，常会产生图形边缘结合不良问题。如果硬度为（150 ~ 350）$\times 10^{-6}$，则可获得良好的图形转移效果。更高的硬度或许有更好表现，但会加速残胶的累积。某些厂商刻意进行水质硬度控制，确实对图形控制有一定帮助，因此做盐类添加控制。但从批量生产的角度看，如果面积或产品变异大，则控制难度较大，这也是目前亚太地区厂商并未普遍采用这种做法的原因。

分析可知，硬水对带入水洗槽的碱性液体产生了缓冲作用，因此持续显影停滞。而共价盐类降低了这些暴露的干膜的溶解度，对水溶性干膜特别有利。

酸性镀铜槽中的氯离子含量

低氯离子含量是酸性镀铜的基本要求。典型氯离子含量为（50 ~ 70）$\times 10^{-6}$，过高或过低都容易产生电镀问题。由于一般自来水都存在氯离子含量变异问题，因此电镀槽液采用去离子水配制，氯离子含量会经过分析控制。

附　录

图形转移工艺特性参数

附录 1 铜面处理的主要特性参数

各种铜面处理的主要特性参数见附表 1、附表 2。

附表 1 酸性清洁的主要特性参数

特 性	参 数	精 度	工艺影响	检查方法	控制方法
酸或酸性清洁液浓度（水平传动喷淋）	5% ~ 20%（依供应商建议）	±2%	去除氧化、抗氧化剂、部分的有机物	滴定，0.1g/L 氢氧化钠（每天）	添加酸或酸性清洁剂及水 控制方式依据处理量而定或强制定期更换
清洁液温度	室温 ~ 60℃（依供应商建议）	±2℃	较高的温度有较好的清洁效果	用水银温度计测量（每天）	温控系统（开/关、高温/低温警告）
清洁液喷淋时间	1 ~ 3min		影响清洁度、氧化物去除率	测量传动速度（每周）	调整传动速度
喷嘴形式	依据设备设计		影响喷淋压力、均匀性、分布、覆盖率	目视检查是否堵塞（每天）	
清洁喷流泵压力	15 ~ 30psi（1 ~ 2bar）	±20%	影响喷淋压力与清洁速率	目视压力表	高低压警告
水洗温度	15 ~ 26℃	±2℃	较高温度有较好清洁效果	用水银温度计测量（每天）	温控系统（开/关、高温/低温警告）
水洗压力	15 ~ 30psi（1 ~ 2bar）	±2psi	影响喷淋压力与清洁速率	目视压力表	高低压警告
干燥温度、时间、空气流量	依电路板类型而定				

附表 2 浮石（或氧化铝）磨刷或喷砂的主要特性参数

特 性	参 数	精 度	工艺影响	检查方法	控制方法
柠檬酸的添加	依据干膜供应商的建议		减缓氧化的同时中和氧化铝水解产生的碱	检查处理后的铜面状况	
磨料粒径	平均约 60μm		大粒径磨料可以产生较大的铜面粗糙度，但容易残留在孔内；小粒径磨料很难影响铜面粗糙度，但不易残留在孔内		定期更换
磨料形状	不规则形状，边缘有锐角		影响表面粗糙度	定期检查铜面处理状态	定期更换或补充
浮石（或氧化铝）含量	10% ~ 20%（一般为 15%）		低含量降低冲击力，过高含量会影响流速及冲击力	以量筒检查（一班两次）	定期添加或更换
刷轮形式	软质尼龙刷		影响表面状态		
供应水质	软水或去离子水		有机污染可能会影响干膜附着性		
pH	5 ~ 7		高 pH 可能影响干膜附着力	以 pH 计测量（每天）	以硫酸进行调整

续附表 2

特　性	参　数	精　度	工艺影响	检查方法	控制方法
低压水洗	1 ~ 2bar（约 15 ~ 30psi）		去除磨刷颗粒	检查压力表（每天）	高低压警告及开关控制
高压水洗	10 ~ 20bar（约 150 ~ 300psi）		去除磨刷颗粒	检查压力表（每天）	高低压警告及开关控制
干燥温度、时间、空气流量	依电路类型而定				

附录 2　贴膜的主要特性参数

贴膜的主要特性参数见附表 3、附表 4。

附表 3　手动贴膜的主要特性参数

特　性	参　数	精　度	工艺影响	检查方法	控制方法
预热温度	依电路板类型而定		影响干膜变形量及附着力	以温度计测量（每天）	调整设定温度
滚轮驱动速度	0 ~ 4m/min		影响干膜变形量及附着力	以速度计测量（每周）	调整滚轮速度
滚轮压力	1.5 ~ 3.0bar（气压）		影响干膜变形量及附着力	以压力表测量（每天）	调整压力
热滚轮温度	100 ~ 120℃（依材料而定，设定点 ± 5℃）	± 3℃	影响干膜变形量及附着力	以温度计测量（每天）	调整温度设定值
滚轮结构	可承受高压		影响压力均匀性		依据供应商的规格选择
滚轮清洁度	无干膜残留		影响干膜变形量及附着力	目视检查	以 IPA 清洁
干膜张力	依贴膜机结构、干膜类型和尺寸而定		低张力可能导致干膜皱褶		
干膜对位精度（上 / 下）	± 2mm	± 1mm	对位不良会导致板面边缘没有正确覆盖干膜		
干湿法贴膜	依干膜类型而定		影响干膜变形量及附着力	参考干膜的技术数据	
热滚轮包覆材料	硅胶，邵氏硬度为 60 ~ 70HA		影响压力、热传导以及变形量	目视检验板面的重复性缺陷	重新安装滚轮

附表 4　自动贴膜的主要特性参数

特　性	参　数	精　度	工艺影响	检查方法	控制方法
预热温度	依电路板类型而定		改善干膜流动性		
滚轮速度	一般为 2 ~ 3m/min		影响干膜变形量及附着力	以温度计测量（每周）	调整滚轮速度
主压力	4 ~ 6bar（一般为 5bar）		影响干膜变形量及附着力	检查主压力表（每天）	调整压力
热滚轮温度	100 ~ 120℃，± 5℃	± 3℃	影响干膜变形量及附着力	以温度计测量（每天）	调整设定温度

续附表 4

特 性	参 数	精 度	工艺影响	检查方法	控制方法
滚轮结构	可承受高压		影响压力均匀性		选择合格的滚轮供应商并控制规格
热滚轮包覆材料	硅胶，邵氏硬度约为 70HA		影响压力、热传导以及干膜变形量	目视检查，查看与轮径有关的重复性板面缺陷	如果有缺陷可重新包胶
传动速度（与贴膜滚轮同步）	2 ～ 3m/min		影响生产速度、干膜变形量及附着力	以温度计测量（每周）	调整传动速度
压力（左右）	3 ～ 5bar 或 4bar		影响压力均匀性	以压力表测量（每周）	调整压力
封闭压力（上下）	3 ～ 5bar 或 4.5bar		压力不足可能导致干膜下压变差	以压力表测量	调整压力
真空压力	0.5 ～ 2.0bar		影响干膜张力	以压力表测量（每周）	调整压力
夹持棒的温度（与板厚有关）	45 ～ 90℃ 外层板:45 ～ 75℃ 内层板:45 ～ 60℃		低温可能导致干膜下压变差	以温度计 / 功率表测量（每月）	调整设定温度
密合时间（与板厚有关）	2 ～ 5s （一般为 3s）		时间不足会导致干膜填充不良，过长会导致流胶	以马表测量（每月）	调整时间（程控器）
滚轮清洁度	无残膜		影响干膜变形量	目视检查	以异丙醇清洁
膜张力	剥离强度： 0.5 ～ 2.0bar		低张力可能导致贴膜皱褶		
膜宽对位精度（上下轮）	± 2mm	± 1mm	对位不良会造成板外围覆盖不全		
切割速度（切膜时的滚轮速度）	在贴膜循环中为 0.1 ～ 0.2m/min		影响生产速度，太快可能产生角度偏斜，干膜轴也可能会过早产生张力		
膜的起点与终点位置	（100 ～ 300）/（0 ～ 50） （依据板面积）		影响干膜的放置精度	以计数表测量（每月）	
干 / 湿法贴膜	依据膜的类型而定		影响膜变形量及附着力	参考技术资料	
湿法贴膜：水流量	2 ～ 5mL/min		影响膜变形量 / 附着力，过度流动会产生皱褶	以流量计测量（每周）	调节流量
湿法贴膜：润湿均匀性	完整的表面覆盖		湿润不足的区域的变形量不足，过湿的区域会产生皱褶	目视检查	清洁及调整供水系统，检查板面状态（水破试验）
湿法贴膜：水质	蒸馏水（或其他供应商建议的水质）		硬水可能会使容器产生水垢，导致板面污染或流动不均	测量电导率 测量硬度（如滴定或试纸）	清空供水系统，填充干净的水

续附表 4

特　性	参　数	精　度	工艺影响	检查方法	控制方法
排气量	4 ～ 10m^3/min		低流速会导致低分子量的干膜挥发物凝结，高挥发蒸气会影响作业者健康	测量流速	调整抽风系统及风扇

附录 3　曝光的主要特性参数

曝光的主要特性参数见附表 5。

附表 5　曝光的主要特性参数

特　性	参　数	精　度	工艺影响	检查方法	控制方法
灯　管	1 ～ 8kW（高效能型号：5 ～ 8kW）		影响曝光时间、产能、细线路品质及良率	以能量计测量	更换灯管
曝光照度（干膜表面能量密度）	5 ～ 10mW/cm^2（高效能 10 ～ 20mW/cm^2）	± 12%（高效能为 ± 8%）	影响曝光时间、生产速度、细线路品质	以能量计测量	检查及修正反射罩污染、偏移、易位、底片贴附不平
干膜的表面曝光能量	30 ～ 100mJ/cm^2（依据材料类型及厚度）	一般为 ± 12%（高效能为 ± 8%）	线宽均匀性 实际外观尺寸重复性 分辨率能力	以能量计测量	照度调整方法如上，曝光时间可通过曝光遮蔽罩调整
光输出特性（波长）	340 ～ 440nm		有效照度及能量密度直接影响生产速度及线宽稳定性		
灯管的热机时间			影响设备的稼动率		
底片的对位能力	玻璃底片：± 2μm 可重复 一般底片：± 2μm 可重复		影响对位精度（上 / 下；孔 / 盘）		
有效曝光面积	600cm × 500cm		可生产不同尺寸的电路板		
光平行度（半角）	5°（高效能：1.5°）		影响非接触曝光的分辨率		
光偏斜度（半角）	5°（高质量机型：1°）		影响干膜边缘的形状		
冷却温度（曝光中底片及板面都会被加热）	2℃		影响干膜的尺寸稳定性		
真空时间（可调）	10 ～ 45s		影响底片与板面的密合度（排气性）		
单台设备每小时产出	手动：Mylar20 ～ 35 片，玻璃 40 ～ 80 片 自动：90 ～ 150 片		生产能力		

附录 4 显影的主要特性参数

显影的主要特性参数见附表 6。

附表 6 显影的主要特性参数

特 性	参 数	精 度	工艺影响	检查方法	控制方法
有效反应物浓度（质量分数）	一般 0.6% ~ 1.0% 建议 0.8% ~ 1.0%	配制： ± 0.05% 操作中： ± 0.1%	影响显影速率，浓度过高有攻击已曝光区的风险，过低则会有显影不净的问题	配制：酸滴定或电导率检测 操作中：针对盐类含量做酸滴定（滴定终点可能会受干膜及消泡剂的影响）	配制：控制水量及碳酸盐质量，以比重或电导率确认状态 操作中：可直接补充及溢流作业浓度溶液 操作维持：调整速度以维持显影点，显影过慢时考虑换槽 操作检查：抽样滴定显影液活性，结果一般不会作为工艺控制依据，但可作为解决问题的参考
水硬度（碳酸钙含量）	150 ~ 350×10^{-6}	$\pm 50 \times 10^{-6}$	适当硬度可稳定显影速率，停止继续显影作用，但过高硬度会导致污垢累积及喷嘴堵塞	以滴定或试纸检测（每周）	定期检测水质，硬度过高时添加软水、去离子水，硬度过低时添加氯化钙或硫酸镁盐
显影液温度	26 ~ 32℃	± 1℃	温度过高的显影液会攻击已曝光干膜	以水银温度计测量（每周）	调整自动温控系统
显影液喷淋压力	1.4 ~ 2.1bar（20 ~ 30psi）（上喷压一般比下喷压高 2 ~ 5psi）	± 0.3bar	压力过高会损伤已曝光干膜，过低则会有残留	目视检查压力表（每班），校验压力表（每月）	当过滤器两端压差超过 2psi 时，必须更换滤材
显影点	50% ~ 75%	± 5%		目视检查（每班一次）	调整传动速度
显影时间	30 ~ 60s（依干膜特性与厚度而定）	± 5s	过度显影会导致已曝光线路受攻击	确认显影线的长度，同时检查显影速率	1.5mil 干膜：< 45s 2.0mil 干膜：< 60s
干膜负荷量	连续操作 0.15 ~ 0.20mil·ft²/gal（6 ~ 8mil·ft²/gal）	± 2mil·ft²/gal	适当的负荷量控制，超负荷量会导致残膜问题	以滴定法间接测试酸碱浓度，或以紫外光测试残膜量	实施显影点控制与时间控制等，应定期保养换槽
水洗水硬度	如前述				
水洗水 pH	7.0 ~ 9.5	± 0.5	碱度高的原因是显影液的带出量大或水补充量不足，可能会导致持续显影	检查 pH 检测仪（每天）	调整水洗水流量，检查显影液带出量以及补充水的 pH
水洗水流量	三槽连续水洗：< 4L/min（1gal/min）		低流量可能会导致残膜问题或持续显影	以流量计测量（每班）	

续附表 6

特　性	参　数	精　度	工艺影响	检查方法	控制方法
水洗温度	20 ~ 30℃（70 ~ 85 ℉）	±2℃	水洗效率会因水温下降而下降	以水银温度计测量（每周）	以温控器控制阀门
水洗喷嘴形式	高喷压的扇形喷嘴		水洗效率	目视检查喷流形状	调节喷嘴角度，减少相互干扰
水洗喷淋压力	1.5 ~ 2.5bar（25 ~ 35psi）	±5psi	水洗效率	用测压装置检查（每月）	阀门调整
干　燥	根据经验			目视检查	调整干燥时间或温度
显影后停留时间	0 ~ 14d		一般希望时间短，以免受污染，防止机械、盖孔能力弱化		

附录 5　酸性电镀的主要特性参数

酸性电镀的主要特性参数见附表 7。

附表 7　酸性电镀的主要特性参数

特　性	参　数	精　度	工艺影响	检查方法	控制方法
电流密度	10 ~ 80ASF，典型值为 20 ~ 30ASF	±2ASF	电流密度过高会导致金属劣化	测量电镀厚度及电镀时间（依据法拉第定律）	控制整流器、阳极面积及遮板
阴阳极面积比	1.2 ∶ 1 ~ 2.0 ∶ 1		影响电流密度分布，影响电镀均匀性	阳极面积依供应商提供的公式估算铜球表面积，阴极面积依据实际设计估算	阴极用假镀板调节面积，阳极可调节钛蓝位置、铜球尺寸、宽度等
阳极挡板			依需要调整挡板可获得良好的电镀均匀性		
阳极配置	距阴极 18cm 以上				
搅拌及摇摆			影响液体补充、电镀均匀性、电镀速率、电镀质量	频率及摆幅确认	
气体搅拌（位置、口径、流量）			影响电镀均匀性及质量	测量空气流量及流动方式	调整气体搅拌及流向
过　滤	每小时 2 ~ 6 次全槽循环，滤材孔径 < 10μm		过滤可以去除会产生铜瘤的颗粒	确认泵流量	调整泵流量或更换泵
温　度	22 ~ 27℃	±2℃	高温影响添加剂功能、良率及金属性质	以水银温度计测量	调整浸入式加热器、冷却盘管或热交换器、热电偶等
硫酸铜浓度	70 ~ 80g/L	±2g/L	高浓度会降低深镀能力，低浓度会降低电镀效率	滴定分析	添加铜盐或甲酸

续附表 7

特　性	参　数	精　度	工艺影响	检查方法	控制方法
硫酸浓度	200 ~ 210g/L	± 2g/L	影响铜的溶解、深镀以及电镀速率	滴定分析	添加水降低硫酸浓度，添加硫酸提高浓度
氯离子含量	$(20 \sim 100) \times 10^{-6}$	$\pm 5 \times 10^{-6}$	影响有机添加剂的功能及阳极溶解速度	滴定分析	
阳极化学成分	依供应商建议				
有机添加剂：光亮剂、抑制剂、整平剂	依供应商建议		光亮剂影响剥离强度，抑制剂影响电镀均匀性，整平剂影响拐角电镀均匀性	CVS、霍尔槽	依据电镀安时数定量添加
有机污染水平			电化学活性过高会影响添加剂的功能	霍尔槽、CVS、HPLC、TOC	控制有机物、清洁剂、微蚀剂带入量，并注意干膜兼容性，必要时进行活性炭处理
镀液气体饱和度			过饱和空气会产生板面气泡，导致电镀凹陷	关闭过滤，循环确认气泡来源	避免空气进入循环泵，注意是否存在循环漏气现象

附录 6　蚀刻的主要特性参数

蚀刻的主要特性参数见附表 8、附表 9。

附表 8　酸性氯化铜蚀刻、过氧化氢再生系统的主要特性参数

特　性	参　数	精　度	工艺影响	检查方法	控制方法
氧化还原电位（ORP）	500 ~ 580mV（一般设定为 520mV）	± 30mV（高效能：± 25mV）	高电位时蚀刻快，但是电位过高会导致氯气散溢	ORP 在线连续检测	定义上下限电位，确定添加过氧化氢的时机：电位过高表示需要添加铜或补充铜板，过低表示出板过快或过氧化氢补充出现问题
酸浓度		± 0.2g/L	高浓度时蚀刻速率较高，但浓度过高会加速设备腐蚀（如钛冷却管），导致干膜被攻击	酸碱滴定（每周）	依据电导率添加酸（在一定比重下定期校验）
比　重	1.26 ~ 1.30	$\pm 0.03g/cm^3$	间接的铜离子含量指标，过高时蚀刻速率会下降	以量杯在操作温度下测量质量及体积	使用在线波美计，过高时排出部分药液并添加补充液
铜离子含量	21 ~ 25oz/gal		过高会导致沉淀，过低会导致蚀刻速度过低	滴定（每周）	过高时排出部分药液，过低时添加铜或氯化铜

续附表 8

特　性	参　数	精　度	工艺影响	检查方法	控制方法
传动速度	30 ~ 60cm/min（依铜厚度及蚀刻线有效长度而定）	± 2cm/min（高效能：± 1cm/min）			
温　度	47 ~ 52℃	1.5℃（高效能：± 1.0℃）	影响蚀刻速率	以水银温度计测量	温控系统
喷淋压力	1.5 ~ 2.5bar	±0.15bar	影响蚀刻速率及蚀刻因子	活动式压力计检验在线压力表	在线仪表及阀门
喷嘴类型	锥形或扇形		喷流形式及冲击力直接影响蚀刻速率	目视检查堵塞	清洁或更换
喷淋均匀性			影响全板及上下面的蚀刻均匀性	检查全板蚀刻均匀性（每周）	目检电路板两面蚀刻点（上对下；边对边），排除喷嘴堵塞、喷嘴角度不对、喷嘴交错、滚轮干扰
蚀刻速率	20 ~ 30μin/min（1.0 ~ 1.2mil/min）			以半蚀刻法检查铜去除量	控制主要参数以维持期待的蚀刻速率，依据实际情况调整传动速度
水洗压力	1.5 ~ 2.0bar（22 ~ 30psi）		影响水洗效率		监控在线压力表及阀门
水洗温度	环境温度		影响水洗效率		

附表 9　碱性蚀刻的主要特性参数

特　性	参　数	精　度	工艺影响	测试方法与频率	控制方法
铜离子含量	90 ~ 140g/L		过高：导致沉淀 过低：蚀刻速率下降	滴定分析	
氯离子含量	4 ~ 5mol/L		蚀刻反应消耗氯离子，形成氯化铵铜络合物 过高：溶解度受限 过低：蚀刻慢	滴定分析（硝酸银，每周）	比重间接控制 高：加氨水或水 低：加氯化铵
pH	7.5 ~ 9.0（一般为 8.0 ~ 8.5）	± 0.2	氨自由基可由 pH 做指标，是产生溶解性铜盐络合物的必要成分 过高：攻击干膜 过低：有盐类沉淀风险，蚀刻速度低	以 pH 检测仪检测（每天）	添加水溶性氨水或气体氨，也可以调整抽风的方向

续附表 9

特 性	参 数	精 度	工艺影响	测试方法与频率	控制方法
比 重	1.12 ~ 1.20	过高：蚀刻速率下降	定体积称重或用波美计测量	以比重为指标自动补充	
温 度	43 ~ 49℃	± 1℃	过高：蚀刻速率高，氨水消耗量大 过低：蚀刻速率低	以水银温度计测量（每周）	设计温控系统，调整设定点
喷淋压力	2bar（30psi）	± 0.2bar	影响蚀刻速率（液体补充）	目视检查压力表，定期校验器材	检查喷嘴堵塞情况，调节阀门
喷嘴形式	锥形或扇形		影响喷流冲击力及喷流分布，影响蚀刻速率与均匀性	目视检查线路的蚀刻效果	调整喷嘴角度、配置，排除堵塞
补充槽氯离子含量	3.8 ~ 4.7mol/L	±0.2mol/L	药液的补充方向与产品传送方向相反，采用多槽顺序溢流至前一槽	与酸性蚀刻类似	
碱液供应槽	2.7 ~ 3.9g/L	± 0.2g/L	对照 pH 部分		
水洗压力、喷嘴、温度、流量	对照酸性蚀刻部分				

附录 7 退膜的主要特性参数

退膜的主要特性参数见附表 10。

附表 10 退膜的主要特性参数

特 性	参 数	精 度	工艺影响	检查方法	控制方法
温 度	50 ~ 60℃（一般为 55℃）	± 2℃	影响处理速度、干膜负荷量以及清洁度	以水银温度计测量（每周）	温控器
退膜时间	1 ~ 2min		过短会导致退膜不净，过长会导致金属被攻击，影响生产速度	检查传动时间（每周）	调整传动速度
退膜点	30% ~ 50%		退膜点延后可能导致残膜返粘	目视检查（每天）	调节传动速度或提高药液补充量
退膜液浓度			影响退膜速率	滴 定	
消泡剂				目视检查	依据供应商建议添加
退膜液补充速度	以维持退膜点为基准		影响干膜负荷量，负荷量过高会导致退膜不全或退膜速率下降	检查退膜液 pH	依据作业板数添加或依据 pH 调整
喷淋压力	一般为 2bar		较高压力有助于退膜效率	检查压力表	排除喷嘴及过滤器堵塞